高含硫气田培训系列丛书

天然气集输

张庆生　主编

中国石化出版社
·北京·

图书在版编目(CIP)数据

天然气集输 / 张庆生主编. --北京 : 中国石化出版社, 2025. 5. --(高含硫气田培训系列丛书).
ISBN 978-7-5114-8021-7

Ⅰ. TE86

中国国家版本馆 CIP 数据核字第 2025B58D65 号

中国石化出版社出版发行

地址:北京市东城区安定门外大街 58 号
邮编:100011　电话:(010)57512446
发行部电话:(010)57512575
http://www.sinopec-press.com
E-mail:press@sinopec.com
北京科信印刷有限公司印刷
全国各地新华书店经销

*

787 毫米×1092 毫米 16 开本 14.25 印张 345 千字
2025 年 5 月第 1 版　2025 年 5 月第 1 次印刷
定价:98.00 元

编写指导委员会

主　　任　张庆生

副 主 任　蔡东清　王　飞　王德宇　李中超
　　　　　　曹英斌　段金宝

成　　员　陈东升　朱机灵　章　胜　祖钦先

编写委员会

主　　任　曹英斌

副 主 任　刘长松　彭　君　吴红旗　刘　啸
　　　　　　刘建亮　于艳秋　臧　磊

成　　员　朱德华　尹琦岭　彭鑫岭　古小红
　　　　　　商剑峰　刘红磊　耿安然　杭广社
　　　　　　张延风　李永生　王庆银　杨大静
　　　　　　韩兴温　周　健　邵志勇

前　言

天然气集输是天然气工业生产中的关键环节，是实现天然气从井口到终端用户的重要途径。通过天然气集输，不仅能实现天然气资源的合理调配，还能把资源优势转化为经济优势，对于保障国家能源安全和经济可持续发展至关重要。普光气田在集输管网优化、集输效率提升、工艺设备升级改进等方面均有较大的发展和进步，随着致密/页岩气投入开发，在陆相气井的集输方面也取得一定的进展，逐步积累形成一套较为成熟的天然气集输生产技术体系。

在普光气田开发建设20周年之际，为了进一步提升集输系统专业人员技术水平，加快人才培养进程，满足员工专业化培训需要，固化、传承、推广先进工艺技术及经验，夯实高素质人才培训基础，我们在现有生产工艺技术的基础上，编写完成了《天然气集输》培训教材。本教材内容共分10章，涵盖了天然气集输站场、集输管网、产出水处理、自控系统和计量仪表等在现场需要掌握的专业知识，与以往相比新增了酸性湿气增压、段塞流捕集、水洗脱氯、深度水处理及致密/页岩气开发等新技术、新设备及新工艺。本教材尽可能地体现创新求实、紧贴现场的思想理念，既有理论基础知识，又有工艺技术创新，重点突出集输工艺技术和设备工作原理等内容，既适合新入职员工、转岗人员及现场技能操作人员学习使用，也可供专业技术人员、研究人员、管理人员参考。

本教材由张庆生主编，古小红、陈合得、常琳统稿。第1章由陈合得编写，第2章由陈合得、姜景耀、王政举编写，第3章由陈合得、朱一琛、赵延平、蒋建华编写，第4章由吴新梅、罗廷辉编写，第5章由李艳伟、刘张勇编写，第6章由徐小龙编写，第7章由陈超、林涛编写，第8章由王长宏编写，第9章由陈合得编写，第10章由常琳编写。

本教材在编写过程中，得到了各级领导的高度重视和大力支持，吸取了行业内多位专家学者的意见和建议，耿波、祖钦先、王红宾、张广晶、欧天雄、王渝东、刘二喜、马志建、吴明畏、乔运丽、蔡盼、王长宏、程虎、张锦民、陈东军、薛胜利、姚瑾萍、李君、马玉辉、黄河、谭小雨、孙晓雪等专家、技术骨干和技能操作能手为教材编写贡献了集体智慧、付出了辛勤劳动，在此一并表示衷心的感谢。

高含硫气田开发生产管理经验在不断积累完善，恳请同志们在教材使用过程中多提宝贵意见，为进一步修订、完善提供借鉴和参考。书中不当及疏漏之处尚祈业内专家学者雅正。

目　　录

第1章　概　　述

天然气集输是指将分散的天然气通过收集、储存、净化和输配，最终送达用户的过程。气田集输系统包括从各气井采集天然气，并经过降压、分离、净化等处理，使天然气符合管输要求，然后通过长输管道输送至用户或进一步处理。由于天然气矿藏类型的差别、气质的不同，以及所处的地理位置及地面环境的差异，采用的集输工艺也不相同，特别是高含硫化氢的酸性气藏，其集输工艺更为复杂。

1.1　天然气集输系统的构成

天然气集输从井口开始，经过一系列的矿场集输站对天然气进行降压、分离、加热、调压、计量等工艺，再由集气支线、集气干线送至处理厂，经过处理和净化，最后成为合格的商品气。天然气集输系统一般由集输站场、集输管网、自动化控制系统和辅助配套系统构成。

1.1.1　集输站场

集输站场是为了满足天然气集输而定点建设的专用生产场所，用于收集、处理和分配来自多个气井的天然气。按使用功能的不同，可分为集气站、增压站、阀室、调压计量站、清管站和集气总站等。

1)集气站

集气站是指收集两口以上气井产气的站场，气井产气通过管线从井口接至集气站。在集气站内对各气井送来的天然气分别进行节流降压、加热、分离出气体中的游离液和其他机械杂质、计量单井气量，输入集气干线。

2)增压站

当气井井口压力不能达到生产和输送所要求的压力时，需要建设矿场增压站，将输送的天然气增压后外输。主要解决因气井产能较低，无法正常生产的问题。通过管道增压，达到降低气井井口回压、增大气井生产压差、提高气井产量的目的，实现管道连续快速输气。增压站的设置主要根据气田开发的需要，可以是单井、单站、单线或区块整体增压。

3)阀室

为了便于进行管道的维修，缩短放空时间，减少放空损失，降低管道事故危害的后果，输气管道上每隔一定距离需设置干线截断阀。阀室的功能为快速截断、两端放空。

4)调压计量站(配气站)

调压计量站(配气站)一般设于输气干线或输气支线的起点和终点，有时管线中间有用户也需设置，其任务是接收输气管线来气，进行除尘、分配气量、调节压力、计量后将天然气直接送给用户，或通过城市燃气系统送给用户。

5)清管站

为清除管道内铁锈、水等污物，提高管线输送效率，降低管道腐蚀概率，常在集气干线和输气干线设置清管站。通常清管站单独设置，也可与阀室或集气站、配气站设置在一起，便于日常管理。

6)集气总站

集气总站有时也被称为集气末站，是天然气集输系统中的核心设施，是汇集来自多个集气站或气田所有气井产出天然气的集气站场。集气总站的主要功能是将上游来气汇集、分离脱水、计量和脱氯后集中输送至天然气处理厂(净化厂)。

1.1.2 集输管网

集输管网是由不同管径、不同壁厚的金属或非金属管道构成的大面积网状管道结构。它覆盖气田区域内所有的气井，为气井产出的天然气提供通向各类站场并最终通向天然气处理厂(净化厂)的通道，是天然气集输系统中不可缺少的主要生产设施。其布局与气井的分布状况、采用的集输工艺、气田所在地的地形地貌、交通条件、产气区与处理厂之间的相对位置关系等因素有关，但所有的集输管网都是密闭而统一的连续流动管路系统。

1)集输管网构成

集输管网主要包括采气管线和集气管线。

采气管线是指气井与集气站之间的连接管线，其作用是将单井或相互临近的一组气井产出的天然气汇集到集气站。其特点是所输送的天然气洁净度差、腐蚀性强、工作压力高、管径相对小和输送距离较短。

集气管线是指集气站至天然气商品交接点(通常是处理厂)之间的天然气管线，包括集气支线、集气支干线、集气干线等。其中集气支线是指集气站到集气支干线、集气干线入口的管线。集气支干线的作用是将部分集气支线的来气汇集到集气干线。集气干线指的是将各集气支线或集气支干线的来气汇集到天然气处理厂(净化厂)。

2)集输管网分类

集输管网在石油和天然气行业中按照不同的标准可以有多种分类方式，主要包括输送介质、管网结构、操作压力和功能定位等。按照集输管网结构共分为放射状集输管网、枝状集输管网、环状集输管网和组合式集输管网四种类型。

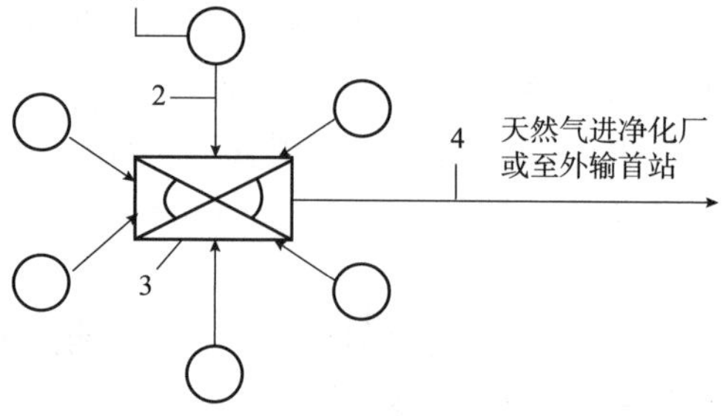

图 1-1 放射状集输管网示意图

1—井场装置；2—采气管线；
3—多井集气站；4—集气管线

(1)放射状集输管网。

放射状集输管网是指多个分支管道汇集到一个中心点，再由中心点向外辐射，适用于集气站的布局，如图 1-1 所示。

放射状集输管网的优点：单井装置简化，可考虑无人值守，生产管理费用低；气田开发后期，天然气压缩机组可集中设在集气站上，共同使用，生产成本相对较低，管理方便。

放射状集输管网的缺点：采气管道采用气液混输方式，管路压损较高；对输送介质为酸性天然气的管道，管内腐蚀较为严重，安全性差；采、集气管线总长度较长，钢材耗量较多。

(2)枝状集输管网。

枝状集输管网又称为树状管网，是一种石油天然气集输领域中常见的管道布置形式。这种管网的结构类似于树枝，从主干管道(树干)分叉出多个分支管道(树枝)，最终延伸到各个用户或集气站，如图1－2所示。

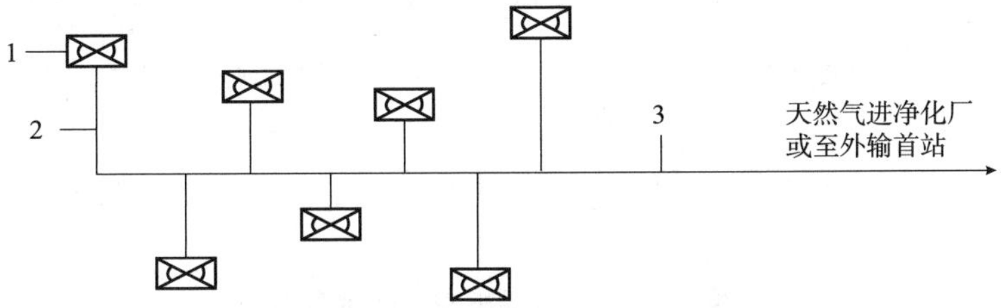

图1－2　枝状集输管网示意图

1—单井站(集气站)；2—集气支线；3—集气干线

枝状集气管网的优点：单井上进行气液分离，有利于降低管路压损，减缓腐蚀；集气支线可就近接入集气干线，有利于缩短管线长度，节省钢材及线路投资。

枝状集气管网的缺点：由于单井均需设置气液分离和计量装置，生产人员较多，不便集中管理，单井站场投资较大；气田开发后期需增压采气时，天然气压缩机组只能设在井场，对每口井单独增压，难以集中使用。

(3)环状集输管网。

环状集输管网是一种在天然气行业中用于收集和输送天然气的集输管网布局，其特点在于管道的布局形成闭环，类似于一个环形结构，如图1－3所示。

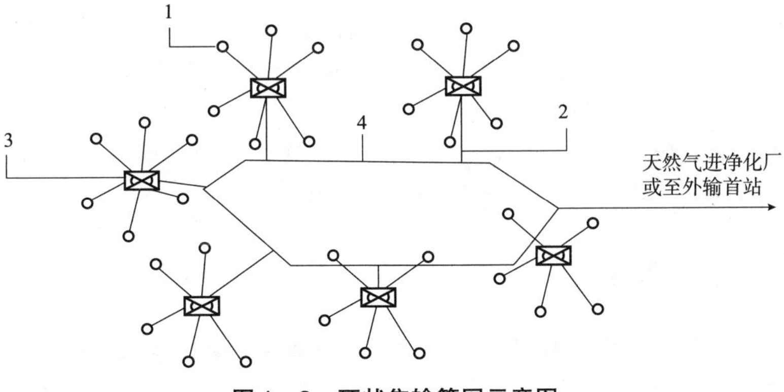

图1－3　环状集输管网示意图

1—井场装置；2—集气支线；3—多井集气站；4—集气干线

环状集输管网的优点：气田内各集气站汇集周边气井来气后，可就近通过集气干线与下游净化厂或外输首站相连通，具有一定的灵活性。

环状集输管网的缺点：工程总投资较大，只适用于区域面积大、气井分布较分散的大型气田开发。

(4)组合式集输管网。

组合式集输管网是天然气集输中一种结合了枝状、放射状和环状管网特点的管道系统结构，尤以前两种结构的组合应用最为常见，如图 1 – 4 所示。这种布局旨在综合两种管网布局的优点，以提高系统的整体效率、可靠性和成本效益。

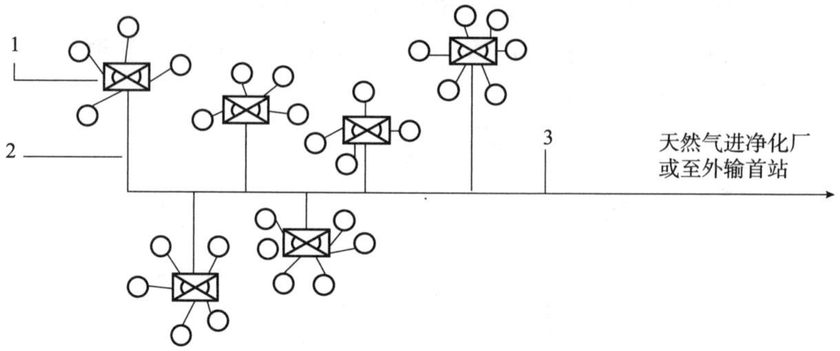

图 1 – 4　组合式集输管网示意图

1—多井集气站；2—集气支线；3—集气干线

3)集输管网的布局原则

集输管网的类别多种多样，但每个气田选择哪一种结构布局较为合适，应根据气田面积的大小、采用的集输工艺、管线的长度或者气田的具体情况而定。

(1)依据气田含气面积大小确定管网布局。对于含气面积较大、井口数相对较少、单井产量较高的气田，宜采用枝状集输管网；对于含气面积较小、井口数较多、单井产量较低的气田，宜采用放射状集输管网；对于含气面积大、井口数较多且井网布置较分散、分期开发的气田，宜采用环状集输管网。

(2)依据采用的集输工艺确定管网结构。如当分离器设在采气站场时，宜采用枝状管网；当分离器设在集气站时，宜采用放射状 – 枝状组合管网或放射状 – 环形组合管网。

(3)依据管线长度确定管网布局。规划集输管网系统时，应同时考虑集气站的设置与采气管线的长度，一般采气管线长度不宜大于 5km，且采气管线不宜敷设在陡峭的山坡地形位置，遇到此类情况，应调整集气站位置。

(4)根据气田的具体情况确定集输管网的布局。从技术的可靠性、集输系统的安全性、地面工程投资等方面进行综合对比，确定最优的方案。

1.1.3　自动化控制系统

自动化控制系统是指用自动控制装置，对生产中某些关键性参数进行自动控制，使它们在受到外界干扰(扰动)的影响而偏离正常状态时，能够被自动地调节回到工艺所要求的数值范围内。它主要作用是提高生产效率，保障生产安全，降低生产成本，提高产品质量。

自动化控制系统现已广泛应用于社会各个领域，石油开采具有易燃、易爆的高风险特点，而天然气开采的风险比石油开采更大，高含硫化氢的天然气还具有剧毒和强腐蚀的特点，因此在生产过程中应用自动化控制系统更是必不可少的。目前普遍采用了以计算机为基础的自动化监控(Supervisory Control And Data Acquisition，SCADA)系统，对生产运行情况实时监控，实现异常情况下快速切断，对企业的生产运行起到安全保障作用。

SCADA系统即数据采集与监视控制系统，是以计算机为基础的生产过程控制与调度自动化系统。它可以对现场的运行设备进行监视和控制，以实现数据采集、设备控制、测量、参数调节以及各类信号报警等各项功能。

普光气田集输系统采用的SCADA系统由调度控制中心、站控系统和阀室控制系统组成。调度控制中心主要是完成整个集输管网、集气站场、集气总站、污水处理站以及线路截断阀室的数据采集监控和安全保护功能，同时作为整个系统的数据中心。

1.1.4 辅助配套系统

辅助配套系统是指为集输系统主工艺流程正常运行提供支持，但不直接参与天然气输送的子系统，主要包括供电系统、通信系统、阴极保护系统等。其中：供电系统是为集输站场中的所有电气设备提供电力，包括压缩机、泵、照明、控制面板和安全系统；通信系统是为内部和外部提供通信，包括电话、无线电、光纤网络和卫星通信，确保操作人员之间的有效沟通和与外界的联系；阴极保护系统是为防止和延缓埋在土壤内的输气干线发生电化学腐蚀，在输气干线上每隔一定距离设置一个阴极保护站。辅助配套系统对于确保集输系统的安全、可靠和高效运行至关重要。

1.2 普光气田集输工艺的进步与发展

天然气是一种重要的能源资源，具有清洁、高效、低碳排放等优势，广泛应用于工业、交通、民用等领域。最初人们可能直接在天然气泄漏处点燃火焰用于照明或取暖，但那时并未形成现代意义上的集输工艺。19世纪末至20世纪初，随着工业革命的推进，人们对能源的需求增加，天然气开始通过简易管道进行输送。中国自流井气田上最早使用竹木和涂布材料制成的管道进行天然气传输，这是天然气管道运输的开端。

1.2.1 天然气集输工艺的发展历程

20世纪初期，随着金属加工技术的进步，尤其是钢铁的广泛应用，更加坚固耐用的钢管开始用于天然气的长途运输，这大大提高了天然气的输送效率和安全性。第二次世界大战后，随着全球对能源需求的急剧增长，天然气作为清洁能源的需求日益增加，推动了天然气集输系统的迅速扩张和技术创新，包括压缩机站、计量站、调压站等关键设施的建设，以及更高效的气体处理技术的发展。

20世纪中叶以来，液化天然气(Liquefied Natural Gas，LNG)技术的发展为天然气的远距离运输提供了新的解决方案，使天然气可以跨越海洋，到达没有直接管道连接的市场，进一步推动了天然气在全球范围内的贸易和利用。

20世纪后期，随着计算机技术的发展，自动化控制系统(如SCADA系统)被引入天然气集输系统中，实现了远程监控和自动化操作，提高了系统的效率和安全性。环保要求的提高推动了脱硫、脱酸等净化技术的进步，以减少排放和提高天然气品质，也推动了泄漏检测和修复技术的发展，以及对更环保集输工艺的探索。

我国天然气集输工艺的发展，经历了较长的时间，由以单个气田为集输单元发展到多气田集输系统组合，进而形成大型集输系统。天然气集输工艺的发展是一个从原始到现代、从手动到高度自动化的演变过程，技术的不断进步促进了天然气这一清洁能源的有效利用和全球能源结构的优化。

1.2.2 普光气田集输工艺的进步与发展

进入21世纪，我国的天然气工业发展进入新时代，开始进入快速增长期，新的气田不断被发现，特别是普光高含硫气田的发现，推动了集输工艺的不断进步，工艺设计、设备、管材、自动化控制技术和安全管控等取得了突飞猛进的发展。普光气田经过十多年的安全高效开发，集输系统整体运行平稳，其工艺技术在实践中得到检验，总结、提炼和固化其工艺技术特点非常必要，有利于进一步推进集输工艺的发展进步。

普光气田采用的是全湿气加热保温混输工艺，简称湿气输送工艺。投产以来，为满足气田开发不同阶段的要求，以及适应气田不同安全生产需求，对天然气集输系统进行了不断的发展和完善，形成了目前的运行稳定可靠、多环线自由切换、海陆联运发展的阶段。

(1)增设段塞流捕集装置。在集气总站进站四条管道下游，增设段塞流捕集装置用于处理集输管道中的段塞流，避免来液不均匀，造成排液不充分，液相进入下游净化系统。

(2)增设水洗脱氯装置。集气干线酸气通过段塞流捕集装置和生产分离器两次分离成气液两相，气相进入水洗脱氯装置进行氯离子脱除，目的是减少氯离子进入净化装置造成的腐蚀。

(3)新建深度水处理站。气田在开发过程中会产生大量的产出水(主要为气井产出水、钻井废水、作业废水等)，早期普光气田产出水处理达标后回注。随着气田开发不断深入，气田产出水量逐年增加，而现有注水井回注能力逐年下降。普光建成了1座气田水深度处理站，主要用于气田水总硬度、盐分、有机物(COD_{Cr})和氨氮等有机成分的处理，达到相关标准，实现资源化回用。

(4)多环线并行，实现各线自由切换。随着气田开发不断深入，各线之间气量差异大，运行不均衡，制约气田产能释放及集输效率的提升，在集输系统中增加了大湾复线、1# ~4#连通线、2# ~3#连通线、1# ~2#跨接线等，实现了各线气量按需调控，提升了集输系统的效率。

(5)海陆联运。随着普光气田陆相致密/页岩气的开发建设，建成了陆相气管网，通过就近的已建酸气集气站接入集输系统，实现了海相气和陆相气联合输送。

(6)建成了酸性湿气增压站。在普光主体建成了2座酸性湿气增压站，首创国内湿气增压技术，为延长气田稳产期、提高采收率、增加可采储量和提升气田综合开发效益奠定了基础。

1.3 高含硫天然气集输的特点

与常规天然气输送相比，由于天然气中高含硫化氢气体，同时还伴有CO_2和其他杂质等存在，使高含硫天然气集输更加复杂。在单井集气工艺、设备管道的材料选择、腐蚀监测与控制、泄漏监测与应急管理、高含硫气田采出水处理工艺、自动化控制技术和通信设施等方面都要比常规天然气输送要求更加严格，初期建设投资更多，日常维护费用更高。一旦出现泄漏造成的后果更加严重，社会影响更大。因此其输送技术、难度、成本远远高于常规天然气输送。

高含硫气田集输除具有常规天然气集输固有的特点，还有别于一般天然气集输的其他特殊性。

(1) H_2S 是一种无色的剧毒气体，在集输过程中一旦出现泄漏扩散，极易引起人畜中毒和环境污染。因此对集输管线、设备的密封性要求极高。

(2) 高含硫天然气分压较高，还存在 CO_2、Cl^-、S、有机硫等，在有游离水的条件下，具有极强的腐蚀性，极易发生管道腐蚀穿孔。因此所使用的钢管、设备及管件、阀门及仪表必须具有抗硫化物应力开裂和抗氢致开裂的性能，对集输管件、设备的材质要求极高。

(3) 输送介质中的高含硫化氢，提高了天然气水合物形成的温度，易出现冰堵，造成管线堵塞、设备超压，严重时甚至出现爆炸等工程事故。因此对集输工艺防冰堵等方面具有更高要求。

(4) 高含硫气田在生产过程中，集输管道或设备中易出现单质硫沉积，造成管道、仪表和设备堵塞，不仅会降低管道输送效率、影响气井正常生产和加剧管线设备电化学腐蚀，严重时还会造成事故。因此对集输系统的生产管理等方面具有更高要求。

(5) 高含硫气田产出水矿化度高，不但高含 Cl^- 等矿物质，而且含有较高浓度的 H_2S，最高可达 100mg/kg，对人的生命产生重大威胁，在运输过程中必须使用管道或密闭罐车输送。

(6) 山区人口较为分散，一旦出现 H_2S 泄漏等极端情况，紧急疏散难度较大，站场及管道沿线必须建设有应急广播系统，以应对紧急情况下的人员应急疏散。

鉴于高含硫气田集输的特殊性，在工艺设计方面必须考虑以下因素：输气管道不能通过人员密集的四级地区，且要避开水网、湿地及水淹区；站场及管道设施满足高含硫气田生产的安全距离要求；进出站场的管道上设置有紧急切断阀，具有自动和远程关断功能；集气站内设置有紧急泄放系统；建设管道智能检测的清管设施，满足管道缓蚀剂涂膜处理的工艺要求；采用 SCADA 系统，对生产过程参数和设备状态全程监控。

思考与练习

1. 天然气集输系统主要由哪些组成部分？集气管网有哪些分类，各有什么特点？
2. 简述天然气集输工艺的发展历史。对未来的发展有什么建议？
3. 高含硫气田集输工艺的难点有哪些？主要特点是什么？
4. 通过本章内容学习，您对普光气田集输系统整体上是怎么认识的？
5. 高含硫气田集输系统在安全控制方面应该考虑哪些因素？

第2章　高含硫集气站场

高含硫集气站场是用于收集、分离、计量、输送高含硫天然气的生产场所，有些还能够实现对高含硫气井天然气的增压和初步加工。普光气田高含硫集气站场集输系统要求极高的密封性，防止 H_2S 等有害气体泄漏到外界环境。工艺上满足加热保温、分离计量的功能，选用抗硫腐蚀的特种材料，加之以缓蚀剂、阴极保护等手段控制腐蚀，具有完备的自动控制及气体泄漏监测系统等。

2.1　高含硫气田集输工艺

高含硫气田集输工艺包括湿气集输和干气集输两种。从井口直接采出，未经脱水脱烃处理，含有少量凝析油、凝析水和饱和水蒸气，持液率较高的天然气称为“湿气”。经过脱水、净化和轻烃回收处理，能满足长距离输送条件的天然气称为“干气”。普光气田采用湿气输送工艺，井口天然气经加热、节流、计量后外输，从集气支线进入干线，再进入集气总站的全湿气加热节流保温混输工艺。经集气总站分离出的产出水输送至气田水处理站处理后回注地层，含饱和水蒸气的酸气送至净化厂进行净化处理。

2.1.1　湿气集输工艺

湿气集输工艺即从井口采出的天然气，含有较多水蒸气或凝析液，不经过脱水和脱烃处理，通过管道直接输送，又分为湿气混输和湿气分输。

湿气混输工艺：井场不设气液分离器，管道系统中产生的水/凝液，由天然气直接携带至集气总站，需要定期清管；井场设加热炉和水合物抑制剂/缓蚀剂以及溶硫剂加注系统，如图2－1所示。湿气混输系统应进行段塞流分析，集气总站分离器应能够承受段塞流的冲击。

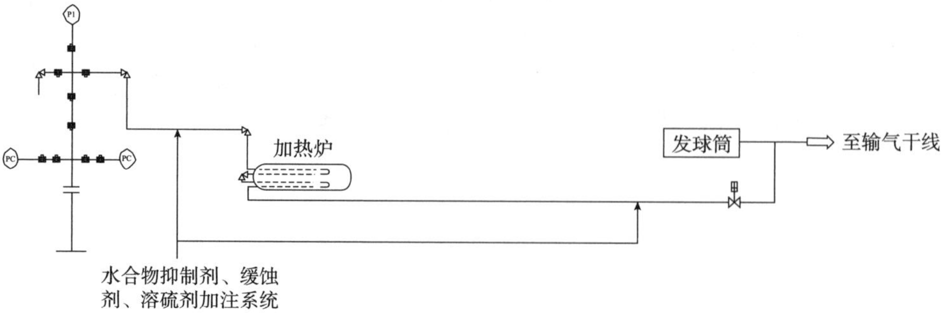

图2－1　湿气混输工艺示意图

湿气分输工艺：井场设气液分离器、产出水罐等，集输管道需保温和定期清管；井场设加热炉和水合物抑制剂、缓蚀剂以及溶硫剂加注系统；产出水可车载或管道输送至产出水处理站。湿气分输工艺如图 2 – 2 所示。

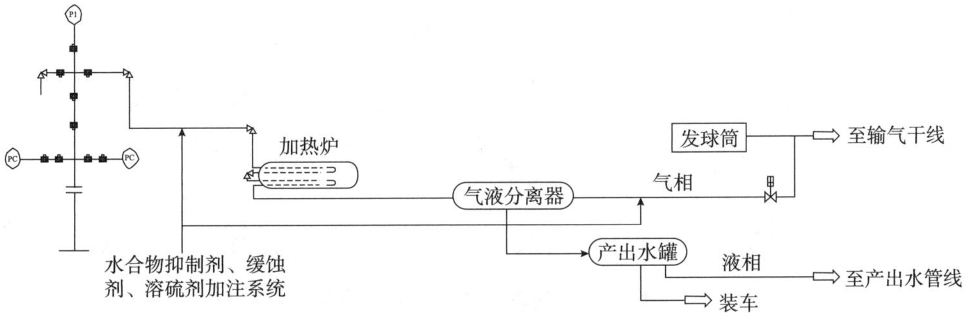

图 2 – 2　湿气分输工艺示意图

2.1.2　干气集输工艺

干气集输工艺即从井口采出的天然气，先经过脱水、净化和轻烃回收等处理，再经管道输送，目的是解决腐蚀和水合物的问题。一般采用低温分离法、三甘醇脱水法或分子筛脱水法。国外应用分子筛脱水法较多，采用抗酸性分子筛，可湿气再生。

2.2　高含硫集气站

高含硫天然气集气站主要由站场集输工艺流程、腐蚀控制与监测、自动控制与泄漏监测，以及配套的供电、给排水、消防等辅助系统组成，具有加热、节流、计量与外输功能。主要内容包括工艺流程、运行参数、设备设施、辅助系统等。

2.2.1　集输工艺流程

集气站工艺流程分为主工艺流程和辅助工艺流程。主工艺流程是将井口采出的高含硫天然气通过节流、加热、分离计量后，输送至站外输气管道。辅助工艺流程是指除主工艺流程以外，确保酸气能在站内完成初步处理的其他流程，包括分酸工艺流程、放空工艺流程、加药(缓蚀剂、乙二醇)工艺流程和燃料气工艺流程。集气站场工艺流程如图 2 – 3 所示。

1) 主工艺流程

高含硫天然气从井口经过一级节流后进入主工艺流程，先后经二级、三级节流，加热，分离计量，输至站外输气管道。该主工艺流程主要由加热炉、计量分离器等设备组成。

在投产初期，大量的残酸(前期酸化压裂时注入)及产出水会随高含硫天然气一起产出，为降低对管线的腐蚀性，在二级节流后增设分酸分离器，通过该设备来分离出酸气中的残酸及产出水，排至酸液缓冲罐。经过分酸处理的酸气通过加热炉的加热节流，达到外输所要求的压力和温度，再经计量分离器计量后，进入站外输气管网。

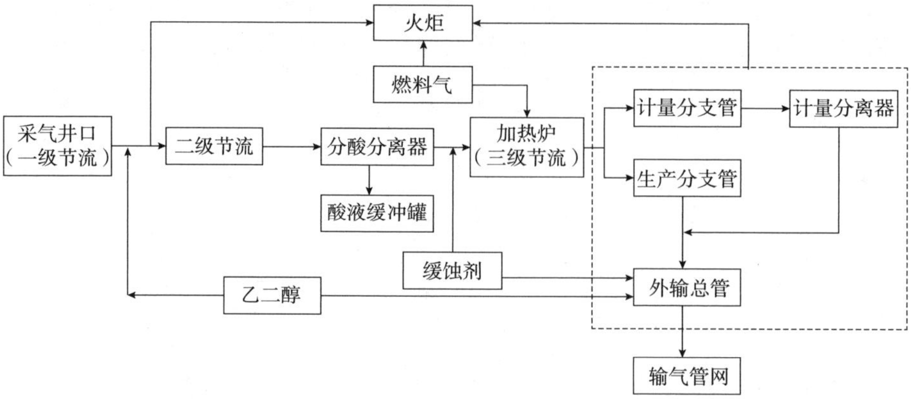

图2－3　集气站场工艺流程框图

采气井口至二级节流管道设计压力为30MPa，二级节流出口至加热炉进口管段设计压力为20MPa，操作温度为40～80℃。为了防止以上管线中强烈的应力腐蚀和CO_2电化学腐蚀等，选用*DN*100镍基合金无缝钢管。

加热炉出口至外输管道系统设计压力为11MPa，操作温度为50～60℃，该段管线应力腐蚀和CO_2电化学腐蚀较强，H_2S和CO_2的分压都较前面管段有很大程度的降低，且管道系统中加注有缓蚀剂，腐蚀强度相对前面有所缓解。本段管线选用L360NCS直缝埋弧焊钢管和L360CS无缝钢管。管道公称直径为*DN*150、*DN*200等。

2）辅助工艺流程

（1）分酸工艺流程。分酸系统用于解决高含硫气井投产初期，残酸返排量大、产出液成分复杂，易造成管道和设备堵塞的问题，通常在井口二级节流阀后采用分酸工艺，设备有分酸分离器、酸液缓冲罐等。分酸分离器分离酸气携带出的残酸及产出水，其中酸气进入下游进行加热炉加热，残酸及产出水则被排进酸液缓冲罐，由密闭罐车拉运至产出水处理站处理，再将处理后的产出水回注。

（2）放空工艺流程。放空工艺流程是对高含硫天然气进行安全泄放的流程。该流程主要由放空管道、火炬分液罐、火炬等组成。泄放的高含硫天然气经过放空管线汇入放空总管，再通过火炬分液罐排放到站外放空火炬燃烧。该流程能够迅速对高压气体进行泄放，保障安全生产，同时降低环境污染风险。

放空过程中，高含硫天然气因压力下降，体积迅速膨胀，根据热力学第一定律，气体对外做功导致自身内能减少、温度降低。因此放空管道需要具备出色的低温韧性和抗冲击性，能在极低温度下保持良好的机械性能。本段管线采用ASTM A－333 Gr.6低温无缝钢，最低操作温度为－35℃。管道公称直径包括*DN*80、*DN*100、*DN*150等。

（3）加药工艺流程。加药工艺流程是指对主工艺流程进行乙二醇、缓蚀剂加注，包括缓蚀剂橇、乙二醇橇等。正常生产时，采用加热炉加热防止水合物的生成，井口温度较低加热炉无法满足的情况下，在一级节流后及外输计量后加注乙二醇，避免生成水合物。缓蚀剂用于减缓加热炉盘管及下游抗硫碳钢材质高含硫天然气管道内壁腐蚀。缓蚀剂橇、乙二醇橇主要由橇座、药剂储存罐、隔膜计量泵、防爆电控柜、Y形过滤器等组成。缓蚀剂、乙二醇储存在药剂储存罐内，经Y形过滤器过滤、隔膜计量泵加压后，通过流量计、管汇、阀门等组件注入井口或外输管线。

(4)燃料气工艺流程。燃料气工艺流程承担站内自用气供应，来自净化厂的燃料气输送至集气站(燃料气橇块)后经分离、调压后分别供给仪表风、井口加热炉用气、吹扫用气和燃气发电机用气。各用气设备自带小型调压稳压设备，调节燃料气压力至所需压力。

燃料气管道过流介质为无腐蚀性的净化天然气，管道选用《输送流体用无缝钢管》(GB/T 8163—1999)中20无缝钢管，管件等均为20锻件或无缝管件。

2.2.2　设备设施

集气站场设备设施主要有分酸分离器、分水分离器、加热炉橇块、乙二醇加注橇块、缓蚀剂加注橇块、计量分离器、火炬分液罐、收(发)球筒、放空火炬、酸液缓冲罐、燃料气分配橇块和燃气发电机等。

1)分酸分离器

分酸分离器是能够实现生产过程中气液混合物分离的设备，通常设置在井口加热炉前，主要用于酸化压裂增产措施实施过程中的残酸返排以及地层产出水的分离及排出。

(1)工作原理。

经过井口节流的气液混合物从分酸分离器侧部进入，首先经伞形罩帽，使液体和固体均匀分散，减少气流击拍液面，同时受重力作用，使气体与液、固体分离，气相在顶部出口处再通过除沫网进一步进行气液分离，增强分离性能。经过分离的液体和少量固体杂质进入分离器下部，经液相出口流出分离器进入液出口管线。底部设有一个排砂口和一个排污口，可对设备进行清洗和排污。以普光主体井口分酸分离器为例，设备结构原理如图2-4所示。

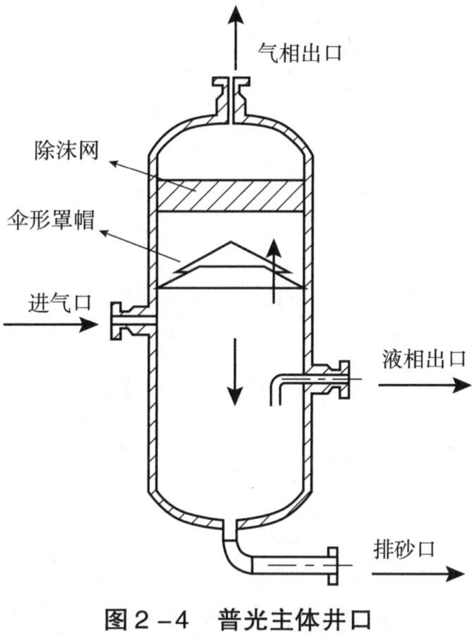

图2-4　普光主体井口分酸分离器结构原理图

(2)结构和材质。

普光主体井口分酸分离器结构形式为立式两相分离压力容器，主要包括除沫网、伞形罩帽、筒体、封头等，所有与分离器橇块连接的管道接口均采用法兰式连接，其设计保持出口处的水不超过50mg/m^3，水滴不大于100μm。设备运行过程中，由于气流对容器冲刷强，加上返排残酸及产出水的腐蚀性，在筒体、封头、接管法兰及底部弯管、接管内部均采用双层堆焊Inclonel625，以提高耐腐蚀性和耐磨性。选用的结构和材质见表2-1。

表2-1　普光主体井口分酸分离器橇块结构和材质表

名称	材质
备用口法兰盖	锻钢　16Mn Ⅲ + 堆焊
下球形封头	锻钢　16Mn Ⅳ + 堆焊
上球形封头	锻钢　16Mn Ⅳ + 堆焊

续表

名称	材质
伞形罩帽	组合件
筒体	锻钢　16Mn Ⅳ + 堆焊
裙座筒体	钢板　Q345R
除沫网	UNS N06625 组合件

(3)运行参数。

普光主体井口分酸分离器运行参数见表2－2。

表2－2　普光主体井口分酸分离器运行参数表

名称	参数	单位
设计压力	22	MPa
设计温度	150	℃
腐蚀裕量	5	mm
焊接接头系数	1	
容积	6.7	m^3
运行温度	25～60	℃
运行压力	7～19	MPa
运行液位	27.5～65	%

(4)注意事项。

分酸分离器正常运行过程中，设定低液位和高液位报警、低低液位和高高液位联锁，避免分离器液体溢出冒罐或排空造成下游高低压互窜。设计上按照液相体积所达到容器计算容积的一定百分比的高度设置高液位和高高液位，按照低液位报警开始一定时间内不排空的要求设置低液位和低低液位。排液时，人机界面上液位高于65%，LV(液位调节阀)自动打开，液位降至27.5%时LV自动关闭，若液位继续降至25%，则触发单元关断引起排液ESDV(紧急切断阀)关闭。

需要注意的是，排液时引起单元关断后，需当液位恢复至高于65%后，人为在SCADA系统ESD－4级关断(单元关断)界面中进行ESD－4复位后，方能打开该阀。

2)分水分离器

分水分离器的主要作用是在气井生产期间，对上游管道含水天然气进行气液分离，并对液体流量进行计量。

(1)工作原理。

含水天然气从分水分离器罐体顶部一端进入，先后在进口缓冲、经TP板组气液分离后气相从顶部出口出，液相自罐体底部出液口流出。TP板组对液体有较强的捕获能力从而对气液进行分离，并在密度差的影响下重力分离，短时间内液滴沉降到液面，同时分离出液体中夹带的气泡，使液体充分脱气。在罐体出液口位置设置防涡流挡板，改变流体流动方向和速度分布，以减少或消除涡流的形成，保证液体平稳排出。以 P_w12.5MPa ϕ2600×12584型分水分离器为例，设备原理结构如图2－5所示。

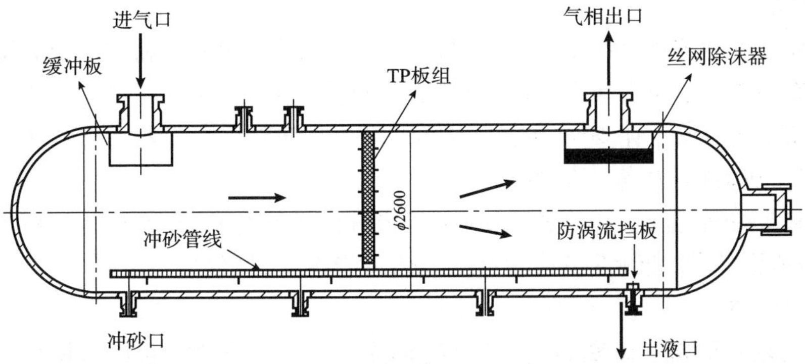

图 2－5　P_w12.5MPa　ϕ2600×12584 型分水分离器设备结构原理图

(2)结构和材质。

P_w12.5MPa ϕ2600×12584 型分水分离器主要由球形封头、缓冲板、TP 板组、丝网除沫器、筒体、防涡流挡板等组成，其结构和材质见表 2－3。

表 2－3　P_w12.5MPa　ϕ2600×12584 型分水分离器结构和材质表

名称	材质
球形封头	钢板 Q345R＋堆焊
缓冲板	钢板 022Cr17Ni12Mo2
TP 板组支架	焊接组合件
TP 板组	钢板 022Cr17Ni12Mo2
套筒	钢板厚 10 022Cr17Ni12Mo2
丝网除沫器	X1400－100 SP 316L/316L
筒体	钢板 Q345R＋堆焊
防涡流挡板	钢板 022Cr17Ni12Mo2
短接、弯管、法兰	锻件 16Mn Ⅱ ＋堆焊
人孔	焊接组合件

(3)运行参数。

P_w12.5MPa ϕ2600×12584 型分水分离器设备运行参数见表 2－4。

表 2－4　P_w12.5MPa　ϕ2600×12584 型分水分离器运行参数表

名称	参数	单位
设计温度	70	℃
设计压力	14.4	MPa
工作温度	30～55	℃
工作压力	7.5～11.2	MPa
设备容积	58	m^3
腐蚀裕量	5	mm

(4)注意事项。

因为分水分离器的材料在承受压力时需要一定的时间来适应和均匀分布应力，在引气投运时，需要控制容器压力缓慢充压，充压过快可能会导致局部应力集中超过材料强度极限。同时，缓慢充压便于让安全阀、仪表等附件及时准确反映容器运行参数变化，确保对容器运行状态的监测不失真、失控。

分水分离器在停运前，应将 SCADA 系统中分离器液位低低打到“超驰允许”状态，防止排液过程中因液位低低触发设备联锁关断而不能排空产出水。

3)加热炉橇块

加热炉橇块主要将井口来的天然气进行加热，以保证集输过程中气体处于正常工作温度，并可实现两级节流、两级加热，自动调节流量、压力、温度和初步计量的功能。以普光主体 1000kW(PRESSON 厂家)型加热炉为例介绍。

(1)工作原理。

加热炉加热方式为水浴间接加热，通过燃料气在火管中的燃烧，使火管升温，火管再传递热量到外部罐内的软化水，被加热的软化水通过冷热交换，使盘管温度升高。天然气自盘管进口流入，被加热后从盘管出口流出。燃料气燃烧的废气从烟囱排出。加热方式如图 2-6 所示。

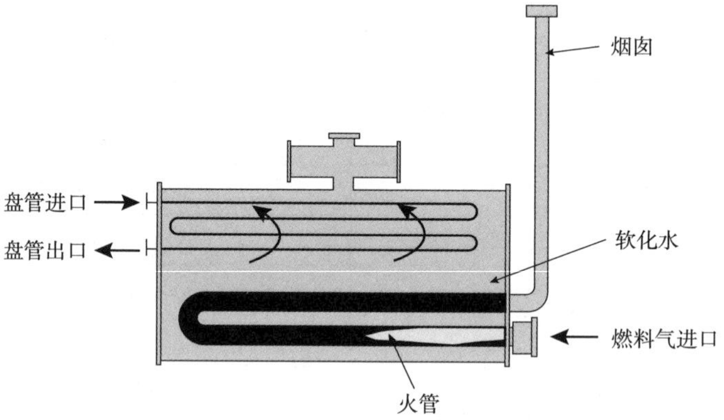

图 2-6 普光主体 1000kW(PRESSON 厂家)型加热炉加热方式

(2)结构和材质。

加热炉结构形式采用圆筒式，由炉身、火管、烟管、缓冲罐、预热盘管、二级加热盘管及附件组成，所有管道连接均采用法兰式，各部件结构和材质见表 2-5。

表 2-5 普光主体 1000kW(PRESSON 厂家)型加热炉结构和材质表

名称	材质
炉身	SA516-70N
火管	SA-106B
烟管	SA-53B ERW
缓冲罐	SA516-70N
预热盘管(盘管 1)	SA-333 Gr. 6
二级加热盘管(盘管 2)	SA-333 Gr. 6

(3)运行参数。

加热炉运行参数见表2-6。

表2-6 普光主体1000kW(PRESSON厂家)型加热炉运行参数表

名称	参数	单位
预热盘管(最大允许工作压力)	20	MPa
二次加热盘管(最大允许工作压力)	10.7	MPa
炉体设计温度	115	℃
最低设计金属温度	-29	℃
炉体最大允许工作压力	0.1	MPa
盘管腐蚀裕量(加拿大标准)	3.2	mm
一级加热进口安全阀(起跳压力)	19.9	MPa
缓冲罐罐顶安全阀(起跳压力)	0.078	MPa
燃料气进口安全阀(起跳压力)	229	kPa

(4)注意事项。

在加热炉启炉运行过程中，要按照复位-启动的顺序进行启炉。复位后控制面板所有报警信息全部消除方为复位成功，再按启动按钮，启机成功后绿灯亮，加热炉开始自动点火。需要注意的是，在加热炉软化水温度达到65℃左右时，需要打开缓冲罐手动排气阀平衡压力，防止由于蒸汽压力高引起设备紧急关断，排气后关闭手动排气阀。

4)计量分离器

计量分离器主要用于将高含硫天然气气量和液量分别进行计量，计量前先进行气液分离。

(1)工作原理。

计量分离器的工作原理是通过重力分离将气液两相分离开来。进计量分离器的气流是紊流，大部分液体保持悬浮状态，在分离器出口设有捕雾网进行拦截，能够除去99.5%的直径不低于10μm的液滴。在正常工作状态下，计量分离器出口处的气体携液量不大于50mg/m³。以普光主体ESF型计量分离为例，其结构原理如图2-7所示。

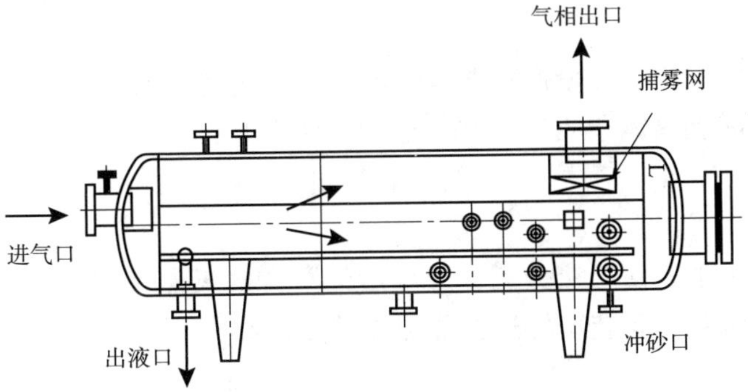

图2-7 普光主体ESF型计量分离器橇块结构示意图

(2)结构和材质。

计量分离器主要由封头、壳体、捕雾网等组成，内部结构和材质见表2-7。

表2-7　普光主体ESF型计量分离器结构和材质表

名称	材质
封头	SA516-70
壳体	SA516-70
锻件	SA-350-LF2
捕雾网	316SS
设备接管开口	SA-350-LF2

(3)运行参数。

计量分离器运行参数见表2-8。

表2-8　普光主体ESF型计量分离器运行参数表

名称	参数	单位
设计温度	70	℃
设计压力	12	MPa
工作温度	50~55	℃
工作压力	8.3~10.8	MPa
设备容积	5.93	m^3
气体处理量	$(40\sim100)\times10^4$	m^3/d
腐蚀裕量	3.2	mm

(4)注意事项。

计量分离器在引气投运过程中，需要缓慢充压，具体原因见分水分离器中的注意事项部分。

需要注意的是，为确保分离器产出水顺利排至外输管道，需时刻保证分离器压力略高于外输压力。在分水分离器出口气相管路上设置背压阀，一般将其压差调节器(DPV)值设置为30psi(表压)。调整该参数时需缓慢，防止背压阀上游流程憋压触发站场关断。

5)酸液缓冲罐

酸液缓冲罐主要作为气井投产初期残酸和产出水收集的临时设备，同时可用来收集处理气体分离后的液体和固体杂质，带有装车泵，易于拆卸，搬迁方便，各站场之间可以交替使用。

(1)工作原理。

酸液缓冲罐通过重力使气液分离，分离后的高含硫天然气通过放空总管至火炬燃烧，部分杂质和液体通过装车泵装车转运，如图2-8所示。

(2)结构和材质。

酸液缓冲罐主要由筒体、封头、支座、接管法兰等部件构成，其结构和材质见表2-9。

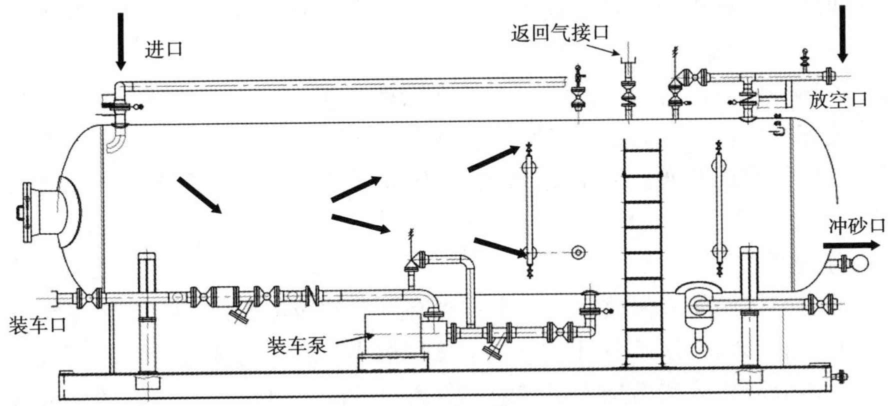

图2-8　酸液缓冲罐结构原理示意图

表2-9　酸液缓冲罐部件结构和材质表

名称	材质
筒体	20R(HIC)
封头	20R(HIC)
支座	20R(HIC)/Q235-B
接管法兰	16Mn(HIC)
接管	16Mn(HIC)
螺栓(外)	35CrMoA
螺母(外)	30CrMoA
螺栓(内)	316L
螺母(内)	316L
垫片	316L+C. C.

(3)运行参数。

酸液缓冲罐运行参数见表2-10。

表2-10　酸液缓冲罐运行参数表

名称	参数	单位
工作压力	0~0.8	MPa
设计压力	1.0	MPa
工作温度	0~40	℃
设计温度	60	℃
入口介质液体流量	50	m^3/d
气体处理量	300×10^4	m^3/d
腐蚀裕量	3.2	mm

(4)注意事项。

分酸分离器排液至酸液缓冲罐的过程是残酸及产出水由高压向低压流动的过程，酸液缓冲罐在接收液体的过程中，要注意罐内压力在工作压力以内，防止罐体超压引发不可控事件。

酸液缓冲罐中的液体含 H_2S，装车必须在密闭环境下完成。在装车前注意做好接地，保证接地装置完好，防止因为液体的流动、冲击、和容器的摩擦产生静电；装车时应保持装车管线、返回气管线畅通；装车完成后，一定要对装车管线残液进行清水置换，避免造成环境污染。

6）火炬分液罐

火炬分液罐的作用是确保放空气体中不含有过多的液体，以免对火炬系统的设备和燃烧过程产生不利的影响。该设备进口与放空总管相连，出口管线直接连通至火炬，放空气体自进口经火炬分液罐分离后到火炬燃烧，分离出的液体可泵至外输管线与酸气混输到下游，也可装车拉运至产出水处理站进行处理。

（1）工作原理。

来自放空总管的高含硫天然气从火炬分液罐气相进口进入，在容器前段分离区内经重力分离。在经过 TP 板分离元件时，气体中挟带的液体被进一步滤出，气相穿过 TP 板分离元件进入容器后端上部，脱离气体的产出水也集聚于容器后端下部，从而完成气液分离。设备内部还装设了冲砂器、捕雾器等内件，其中捕雾网是利用其多孔结构和形成的表面张力，使气体中的小液滴被拦截和凝聚，增强分离效果。以普光主体火炬分液罐（$\phi1800\times3600$）为例，其结构原理如图 2－9 所示。

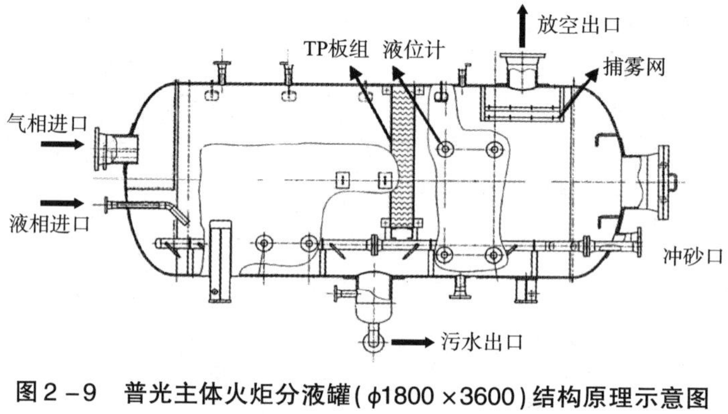

图 2－9　普光主体火炬分液罐（$\phi1800\times3600$）结构原理示意图

（2）结构和材质。

普光主体火炬分液罐结构形式为卧式两相分离压力容器，主要包括壳体、封头、捕雾网、TP 板组、设备接管及接管法兰、底座等，其结构和材质见表 2－11。

表 2－11　火炬分液罐结构和材质表

名称	材质
壳体	SA516M Gr. 415
封头	SA516M Gr. 415
捕雾网	组合件
TP 板组	组合件

续表

名称	材质
设备接管	A333-6
接管法兰	A-350-LF2
底座、支座等	SA516-60N(垫板)+A36

(3)运行参数。

火炬分液罐运行参数见表2-12。

表2-12 火炬分液罐运行参数表

名称	参数	单位
设计压力	1	MPa
操作压力	0.8	MPa
设备容积	10.5	m^3
腐蚀裕量	3.2	mm
防震烈度	7	
气体处理量	100×10^4	m^3/d
罐底泵排量	0.55	m^3/h
罐底泵功率	5.5	kW

(4)注意事项。

火炬分液罐运行过程中，注意其液位在超过40%后，容器的分离效果下降，放空时会增加液相被携带至火炬系统的可能性，增加火炬熄灭、环境污染的风险。因此在超过40%后应立即通过罐底泵泵至外输管道或装车拉走。

7)收(发)球筒

收(发)球筒是高含硫化氢集气站场在清管、管道智能检测、缓蚀剂批处理等作业时进行收发清管器、批处理球的设备，如图2-10、图2-11所示。

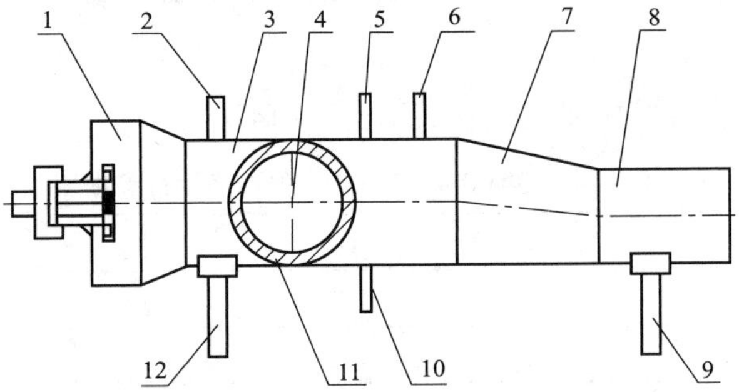

图2-10 发球筒结构示意图

1—快开盲板；2—压力表接管；3—筒体；4—进气接管；5—安全阀接管；6—放空阀接管；7—异径管；8—接管；9—后支架；10—排污阀接管；11—补强圈；12—前支架

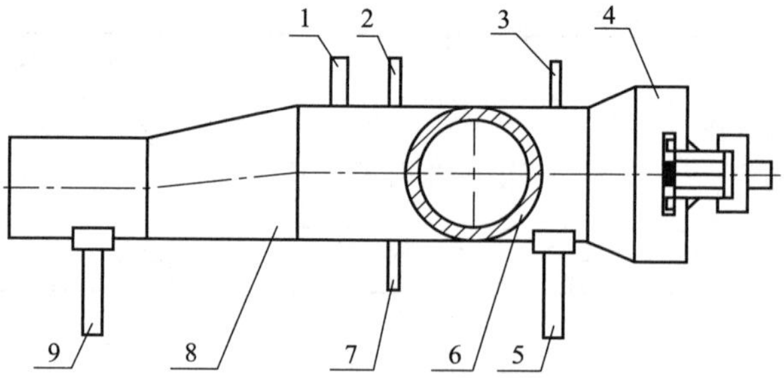

图2－11　收球筒结构示意图

1—压力表；2—安全阀；3—放空阀；4—快开盲板；5—前支架；
6—补强圈；7—排污；8—异径管；9—后支架

(1)工作原理。

高含硫化氢集气站场通过切换收(发)球筒配套流程、开关快开盲板、取放批处理球、加注缓蚀剂等一系列操作实现批处理功能。收(发)球筒均为圆筒形压力容器，其对清管器的发送和接收都是利用高含硫化氢气体在清管器前后形成压差，使清管器在管道中按照气流方向运动。

(2)结构和材质。

收(发)球筒主要由球筒和快开盲板构成。以*DN*600/*DN*500型发球筒为例，其结构和材质见表2－13。快开盲板的结构主要包含端法兰、密封件、头盖等。

表2－13　*DN*600/*DN*500型发球筒结构和材质表

名称	材质
筒体	SA－350M－LF2
偏心大小头	SA－350M－LF2
吊耳	16MnR
垫板	SA－516M Gr. 485
快开盲板卡环	ASME Ⅱ　S31803
快开盲板密封件	HNBR＋INCONEL X750
快开盲板法兰、快开盲板头盖	A350－LF2

(3)运行参数。

*DN*600/*DN*500型发球筒主要运行参数见表2－14。

表2－14　*DN*600/*DN*500型发球筒运行参数表

名称	参数	单位
设计压力	12	MPa
工作压力	8.5	MPa
设计温度	80	℃
工作温度	55	℃
容积	0.75	m^3

续表

名称	参数	单位
容积主体尺寸	$DN600 \times 4200/DN500 \times 800$	mm
腐蚀裕量	3.2	mm
安全阀整定压力	10.98	MPa

(4)注意事项。

在运行过程中涉及收(发)球筒主要有缓蚀剂批处理等。在缓蚀剂批处理操作过程中，注意不同管径的外输管道，需要不同的气量进行管道批处理。同时，在批处理前需进行发送清管球进行清管操作，根据清管质量标准判断清管质量，达标后方可进行缓蚀剂批处理，以保证缓蚀剂涂膜等批处理效果。

批处理作业前，需要在SCADA系统内将作业区域H_2S探头打至“超驰允许”状态。打开快开盲板前，对球筒内高含硫天然气进行燃料气置换，H_2S含量低于20mg/kg，氧含量低于2%为合格。盲板打开后及时对球筒内部进行清水喷淋，防止硫化亚铁自燃。关闭快开盲板时，要检查各密封件情况，对于密封圈破损变形导致密封失效的应及时更换，防止球筒充压后快开盲板密封点渗漏，无法进行后续操作。

8)燃料气分配橇块

燃料气分配橇块的主要作用是将较高进口压力天然气调至设定所需的较低出口压力，并在用气量变化及进口压力波动的情况下自动地将出口压力稳定在一定范围内，供给站场设备、仪表所需的天然气。主要功能有燃料气压力调节、流量计量、紧急切断、安全泄放及燃料气过滤分离等。

(1)工作原理。

燃料气分配橇块主要由入口气动球阀、燃料气分离器、用气计量、压力控制、仪表风缓冲罐、调压系统、安全放散系统、放空系统、仪表电气系统以及相应的管道、阀门、管件等组成。燃料气进入燃料气分离器罐后，经过重力分离、调压，进入仪表风缓冲罐，再经过缓冲罐分配到各个橇块，成为仪表用气；同时又可以直接分配到各个设备作吹扫气、燃料用气，其工艺流程如图2－12所示。

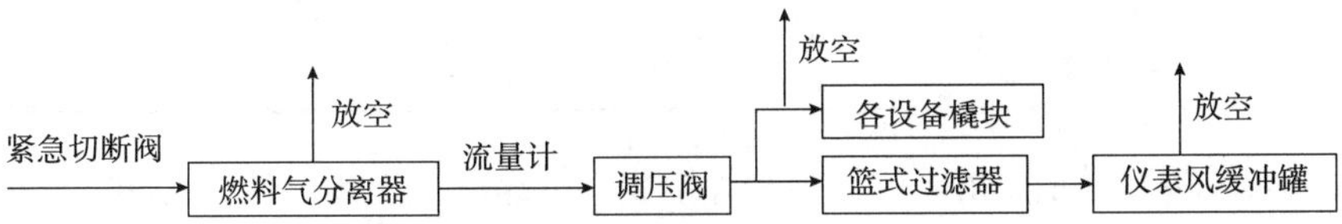

图2－12 燃料气分配橇块流程示意图

燃料气分离器对天然气的净化具备三重分离效应，即第一步重力沉降分离(预处理)、第二步高效旋流分离(预处理)及第三步精密过滤分离(精处理)。当天然气由进气口进入容器，气体流速大大降低，大颗粒杂质由于沉降效应被分离出来，落入容器底部；气体进一步进行旋流分离，气流受旋流板的导流作用，改变运动方向，气流沿筒体呈螺旋形向下进入筒体下部，密度大于气体的尘粒在离心力作用下甩向器壁并失去惯性，在重力及气流的带动下，沿筒壁下落。同时，通过滤芯对气体精密过滤，气体得以高效净化。结构原理如图2－13所示。

仪表风缓冲罐主要是缓冲储存天然气以及通过重力沉降进行天然气和杂质分离的设备，所储存的天然气主要作为仪表风供站场使用。其结构原理如图 2－14 所示。

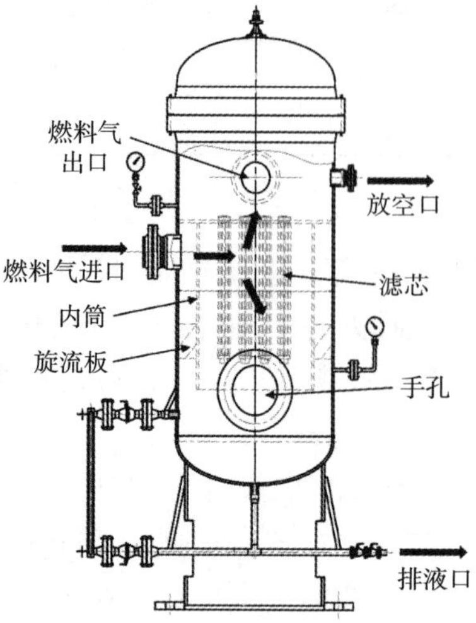

图 2－13　燃料气分离器结构原理示意图

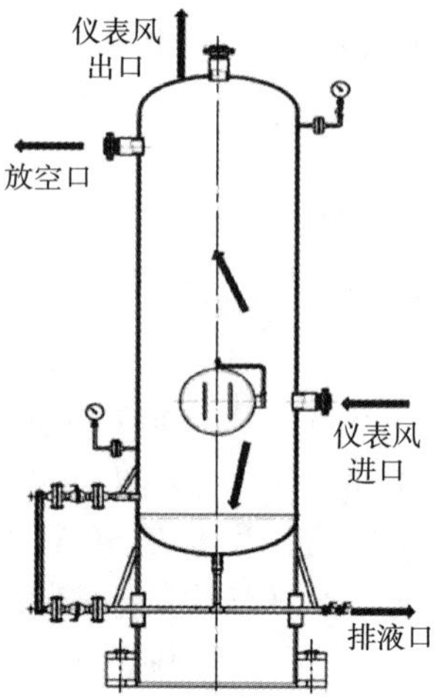

图 2－14　仪表风缓冲罐结构原理示意图

(2)结构和材质。

燃料气分离器主要包括筒体、上封头、下封头、滤芯、滤芯座、旋流板、内筒等，其结构和材质见表 2－15。

表 2－15　燃料气分离器结构和材质表

名称	材质
筒体($\phi500$ $H=2000$)	16MnR
上封头(EHA 500×12)	16MnR
下封头(EHA 500×12)	16MnR
滤芯座	Q235－B
滤芯($\phi80\times750$)	SRIP
旋流板	Q235－B
内筒	Q235－B
引出管	20

燃料气仪表风缓冲罐主要由壳体、支座等组成，依靠法兰连接，其结构和材质见表 2－16。

表 2－16　燃料气仪表风缓冲罐结构和材质表

名称	材质
筒体($\phi1000$　$H=3600$)	16MnR
上封头(EHA 1000×8)	16MnR
下封头(EHA 1000×8)	16MnR
裙座筒体($\phi1000$　$H=688$)	Q235－B
裙座底板($\phi1200/\phi950$)	Q235－B

(3)运行参数。

燃料气分配橇块运行参数见表2－17。

表2－17　燃料气分配橇块运行参数表

名称	参数	单位
燃料气分离器设计压力	5	MPa
燃料气分离器操作压力	3.0～3.6	MPa
燃料气分离器操作温度	－5～40	℃
仪表风缓冲罐设计压力	1	MPa
仪表风缓冲罐操作压力	0.6～0.8	MPa
仪表风缓冲罐操作温度	－5～40	℃
高效篮式过滤器设计压力	1	MPa
高效篮式过滤器操作压力	0.8	MPa
燃料气分离器安全阀整定压力	3.96	MPa
仪表风缓冲罐安全阀整定压力	0.96	MPa
橇内汇管安全阀整定压力	0.96	MPa

(4)注意事项。

燃料气分离器引气投运时，以压降速率不大于0.1MPa/min缓慢开启进出口阀门，以免压降过大损坏滤芯。分离器正常运行时，总压降不宜过大，可设定20kPa为上限，考虑到滤芯可承受0.4MPa的差压，为延长滤芯的使用寿命，可将压降设定为50kPa，但不宜超过100kPa。当过滤器进出口压差达到50kPa时，必须进行清洗或更换。

燃料气分离器缓慢充压完成后，调节一级调压阀压力为0.6～0.8MPa后，再打开去仪表风缓冲罐、加热炉燃料气、火炬、管线及橇块吹扫等用气流程阀门；调节二级调压阀至压力为1.74～2.74kPa后，方可供燃气发电机单独用气。

9)放空火炬

火炬是高含硫化氢集气站场的一种安全控保装置，是集气站泄压放空时燃烧高含硫天然气的主要装置，高含硫天然气经火炬燃烧后排至大气。

(1)工作原理。

火炬点火原理是集气站燃料气通过火炬底部的阀门，进行过滤调压后进入火炬头，通过火炬头的自动点火装置自动打火点燃长明火，长明火引燃火炬筒体排出的高含硫天然气使火炬处于燃烧状态。火炬点火主要是通过控制箱高压包放电，点火系统循环打火，当热电偶检测到温度高于设定值后，点火即可成功。火炬装置还装设了吹扫口，当火炬头需要检修时，通过吹扫口对有害气体进行吹扫，防止人员伤害，火炬工艺如图2－15所示。

图2－15　火炬工艺示意图

(2)结构和材质。

火炬结构形式为塔架式支撑，整个塔架为三边形桁架钢管结构，变截面柔性体系。塔架和火炬筒体的固定通过垂直方向的抱箍和水平拉杆，将火炬筒体固定在塔架中，筒体连接集气站放空管线。火炬头固定于塔架顶部平台，火炬头起打火和长明火燃烧作用。站场所采用的火炬结构和材质见表2－18。

表2－18　火炬结构和材质表

名称	材质
塔架主体	Q235B
扶梯及平台	20
火炬筒体	A333－GR6
筒体法兰	A350 LF2
燃料气管线	20
管道支架	Q235A

(3)运行参数。

火炬装置运行参数见表2－19。

表2－19　火炬装置运行参数表

名称	参数	单位
火炬高度	60～75	m
最大燃烧速度	20000～37500	m^3/h

(4)注意事项。

在火炬投运前，需要对火炬筒体进行燃料气吹扫5～10min，用于置换作业气体(氮气等)或空气。若自动点火3次，热电偶仍未检测到温度，表明点火不成功，则需进行原因排查。

10)燃气发电机

燃气发电机组是集气站场的备用电源，主要作用是站场停市电后能自动启动，为站场设备正常运行提供电力。

(1)工作原理。

燃气发电机连续地从大气中吸入空气并将其压缩，压缩后的空气进入燃烧室与喷入的燃料混合后燃烧，成为高温燃气，并将燃料燃烧的化学能转变为热能，继而再将热能转变为机械能，带动发电机转动。

(2)运行参数。

以普光主体80RZG型燃气发电机为例，设备运行参数见表2－20。

表2－20　80RZG型燃气发电机设备运行参数表

名称	参数	单位
机油压力	45～75	psi(表压)
进气压力	1.74～2.74	kPa

(3)注意事项。

启动发电机前需确认进气压力在1.74～2.74kPa，超压会损坏压力开关等部件，压力不足则不能正常运行；发电机正常状态下主开关应置于“AUTO(自动)”位，以确保在站场停市电后该发电机会自动运行；停机卸除负载后，注意将发电机空载运行至少5min，使发电机的零部件有足够的时间进行冷却。

11)乙二醇加注橇块

乙二醇加注橇块是连续加药(乙二醇)的专用设备，包括井口管线加注系统和外输管线加注系统。

(1)工作原理。

加注介质(乙二醇)储存在药剂储存罐内，经Y形过滤器过滤、隔膜计量泵加压后，通过流量计(计量数据传至站控室)、管汇、阀门、雾化装置等配套设施注入井口或外输管线。隔膜计量泵的启停都由防爆控制柜控制，并接受远程信号，进行保护性停机。隔膜计量泵出口设置有脉冲阻尼器，用于减小介质加注的冲击，使加注量趋于平稳；流量标定柱用于标定流量计；Y形过滤器用于过滤乙二醇中的固体悬浮物，防止杂质对流程中各元器件造成堵塞、损坏。乙二醇加注工艺流程如图2－16所示。

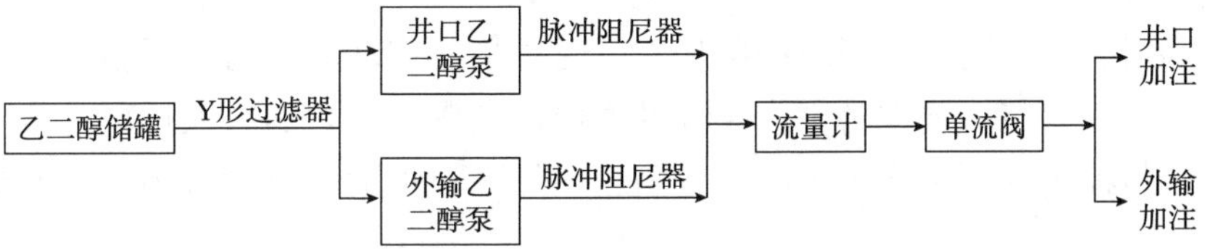

图2－16 乙二醇加注工艺流程示意图

(2)结构和材质。

乙二醇加注橇块结构和材质见表2－21。

表2－21 乙二醇加注橇块结构和材质表

名称	材质
乙二醇储罐筒体	Q245R
乙二醇储罐封头	Q245R
Y形过滤器	316L
脉冲阻尼器	316L
流程部件	阀件、管接头、法兰等 316L
外输法兰	法兰HG20617－97 WN25－15.0 RJ Sch80 316L 法兰HG20617－97 WN25－42.0 RJ Sch80 316L
上料法兰	法兰HG20593－97 PL100(B)－1.6 RF 316L
排污法兰	法兰HG20593－97 PL50－1.6 RF 316L
入泵法兰	法兰HG20593－97 PL25－1.6 RF 316L

(3)运行参数。

乙二醇加注橇块运行参数见表2－22。

表 2－22　乙二醇加注橇块运行参数表

名称	参数	单位
乙二醇储罐腐蚀裕量	2	mm
乙二醇储罐容积	15	m^3
工作温度	－5.3～40	℃
井口加注管线设计压力	30	MPa
外输加注管线设计压力	11	MPa
井口加注泵安全阀整定压力	30	MPa
外输加注泵安全阀整定压力	10.98	MPa
井口加注泵设计排量(JMY50－700/30－YB)	700	L/h
外输加注泵设计排量(JMYT－1000/11－YB)	1000	L/h

(4)注意事项。

乙二醇加注泵在运行过程中，加载前需调整排量至0空载5～10min，主要目的：一是检查各机械部件在无负载自由运转的情况下，有无异常摩擦、卡顿、松动等情况；二是使各部件充分润滑，减少初始运行时的磨损；三是提前发现动静密封点泄漏情况。注意空载时间不可过长，以免造成部件磨损、发热及能源浪费等现象。加载完成后，需要顺时针旋转锁紧螺母，将流量控制旋钮手柄固定，防止因机泵振动造成流量失衡，达到保持该流量的目的。

12)缓蚀剂加注橇块

缓蚀剂加注橇块用于高含硫气田集输系统缓蚀剂连续加注。是将计量泵、药剂储存罐、控制系统及管路阀门等设备、组件按一定的技术规范和工艺流程组装在同一个橇座平台上，实现药剂储存、计量、投加，并具有全程序自动停泵和报警等功能的橇块。该系统包括井口加注系统和外输管道加注系统。

(1)工作原理。

缓蚀剂通过隔膜泵加压，经雾化将高压下的缓蚀剂液体转化为细小的雾化颗粒，在管道内壁形成保护膜，将管道内壁与高含硫天然气介质隔离开来，减少管道内壁腐蚀。隔膜计量泵的启/停由防爆控制柜控制，并能接受远程信号，进行保护性停机。缓蚀剂加注工艺流程如图2－17所示。

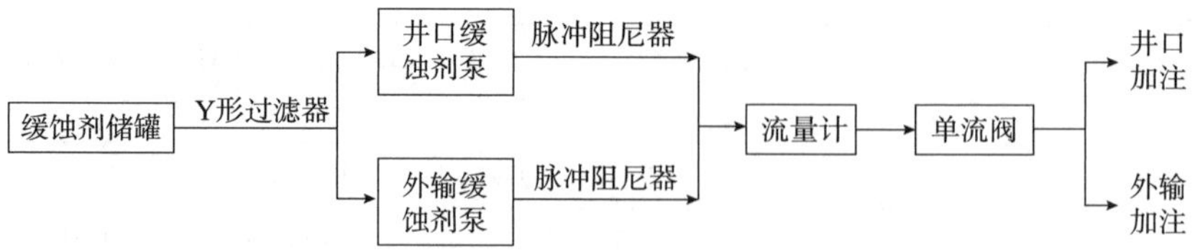

图2－17　缓蚀剂加注工艺流程示意图

(2)结构和材质。

缓释剂加注橇块主要结构和材质见表2－23。

表2－23　缓蚀剂加注橇块主要结构和材质表

名称	材质
缓蚀剂储罐筒体	Q235B
Y形过滤器	316L
脉冲阻尼器	316L
外输法兰	316L
上料法兰	316L

(3)运行参数。

缓蚀剂加注橇块运行参数见表2－24。

表2－24　缓蚀剂加注橇块运行参数表

名称	参数	单位
井口加注泵设计压力(型号：25HJ)	20	MPa
外输加注泵设计压力(型号：25HJ)	11	MPa
井口加注泵设计排量	2.4	L/h
外输加注泵设计排量	7.3	L/h
齿轮流量计流量范围	0.227～56.775	L/h
井口脉冲阻尼器额定压力	20	MPa
外输脉冲阻尼器额定压力	11	MPa
井口安全阀整定压力	19.9	MPa
外输安全阀整定压力	10.98	MPa
ABB电机功率	0.55	kW
ABB电机转速	1450	r/min
缓蚀剂储罐容积	8	m^3
Y形过滤器规格	*DN*15　140目	
Y形过滤器规格	*DN*50　60目	

(4)注意事项。

缓蚀剂加注橇块所用机泵类型为隔膜泵，与乙二醇加注泵类型相同。需要注意的是，所加注的CI－1204型缓蚀剂对人体有害，现场在进行管道药剂排空、压力表更换等作业时，需要做好个人防护。

2.2.3　运行管理

1)开关井

开关井前需将上位机SCADA系统井口压力、出站压力高高低低报警打至“超驰允许”的状态，屏蔽高低压限位阀，避免开关井过程中因压力波动触发关断联锁；启动缓蚀剂、乙二醇加注泵，其中井口、外输缓蚀剂加注泵分别按照18L/(10^6m^3·d)、24L/(10^6m^3·d)进行加注(后期根据产出液量进行调整)，确保能够在管道表面形成保护膜，减缓管道腐蚀。根据井口温度调整乙二醇加注量，避免开井初期因井口温度过低，形成水合物堵塞地面集输流程。

开井时按照从内到外的顺序，依次开启采气树生产阀门，避免高速气流直接冲击管道、设备，减少对设备的损害，降低故障风险。同时，由内向外打开阀门，可以更好地控制气流速度和流量，便于精确调节、控制压力、气量等参数。关井则按照从外到内的顺序，依次关闭采气树生产阀门，有助于保护内部阀门。

开井生产稳定后，注意及时将上位机 SCADA 系统井口压力、出站压力高高低低报警打至“超驰禁止”的状态，投用高低压限位阀。采气树各闸阀不能半开或半关，严禁用采气树闸阀控制流量。

2)设备巡回检查

岗位人员应按照规定的时间、路线、内容和标准对设备各部位进行检查，对设备动静密封点验漏，做好设备清洁工作，及时消除设备跑、冒、滴、漏、脏、松、缺、锈、乱等现象，认真填写运行记录、操作日志。

若发现异常情况，应立即查明原因，及时汇报。在紧急情况下，应按操作规程和现场处置方案果断采取措施或处置，并立即汇报。在未查清故障原因、未排除故障时不得启用设备。

3)设备维护保养

一般设备的维护保养分为日常维护保养、例行保养、一级保养、二级保养，重大(关键)设备及其他特殊设备要根据具体情况提出针对性的特护保养规程。

日常维护保养是指设备每日(班)必须进行的保养，主要内容为加油、调整、检查、清洁等。例行保养是指根据不同类型设备的相关规定，定期进行的保养，主要是对设备用油、用水、散热、保温，易损件和性能参数进行更换、调整、改善和提高等。一级保养是指动设备维护的基础性工作，一般包括局部拆卸、检查、清洗，疏通油路，调整各配合间隙，紧固各连接部位等。二级保养是在一级保养的基础上，为有效恢复和提升设备的性能、精度和可靠性，开展的保养深度更深、范围更广、技术要求更高的保养。

集气站的主要动设备为各类机泵，机泵保养分为一级保养和二级保养，根据机泵实际运行情况制订保养周期，长期运转的机泵按照 1000h 保养一次，一个季度运转达不到 1000h 的机泵执行每季度保养一次。

2.3 集气总站

集气总站主要负责接收集气干线来气，具有分离计量、水洗脱氯、智能清管(批处理)接收、紧急关断放空等功能，主要有收球筒、旋流分离器、生产分离器、氯洗塔、酸水汽提塔、高压储液罐和污水缓冲罐等设备。

2.3.1 工艺流程

集气干线酸气通过旋流分离器(段塞流捕集装置)和生产分离器两次分离成气液两相，气相进入水洗脱氯装置进行氯离子脱除，酸气脱氯后输送至净化厂联合装置进行净化处理，主要工艺流程如图 2－18 所示。

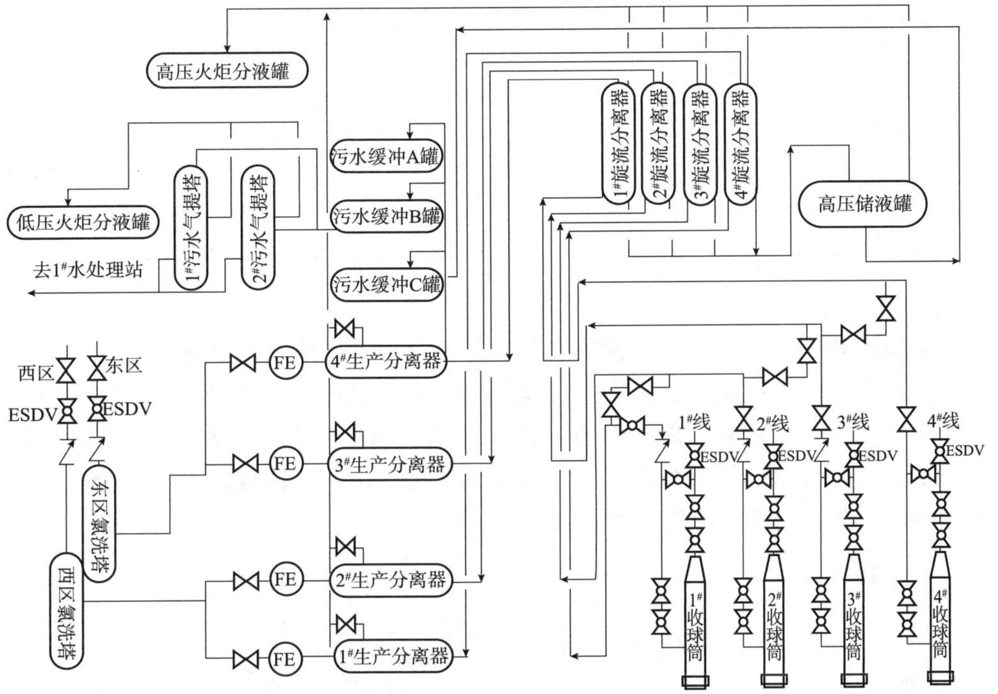

图2－18　集气总站主要工艺流程示意图

集气总站主要工艺参数见表2－25。

表2－25　集气总站主要工艺参数表

名称	参数	单位
设计压力	11.0	MPa
设计温度	60	℃
进站压力	7.0～8.5	MPa
出站压力	7.0～8.5	MPa
进站温度	30～50	℃
出站温度	30～45	℃

1）进站阀组流程

集气总站进站阀组流程主要负责接收上游4条集输干线来气，同时利用进站阀组区联通阀门控制停运下游设备，在不影响上游气量情况下实现设备检维修。除此之外，流程中的收球筒主要实现上游站场与集气总站之间管线批处理收球功能，其工艺流程如图2－19所示。

进站阀组区主要工艺参数见表2－26。

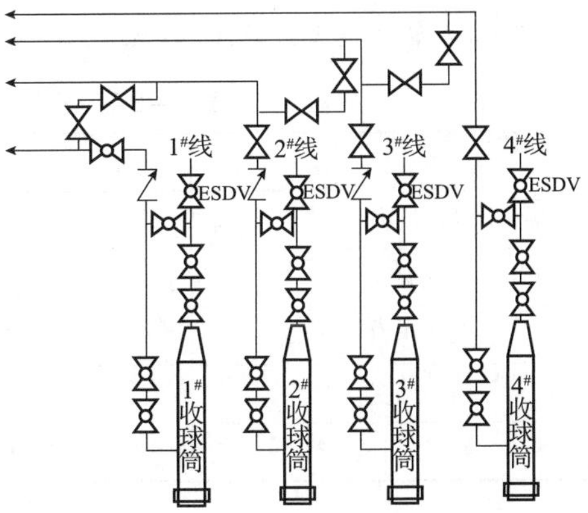

图2－19　进站阀组区工艺流程示意图

表 2－26　进站阀组区主要工艺参数表

名称	参数	单位
设计压力	11.0	MPa
设计温度	60	℃
进站压力	7.0～8.5	MPa
进站温度	30～50	℃

2)气液分离流程

气液分离流程主要包括段塞流捕集装置和计量分离器，段塞流捕集工艺用于处理天然气集输管道中出现的段塞流，目的在于控制和改变段塞流态，以减少其对下游集输系统的影响，提高输送及处理效率，保护下游设备。计量分离器主要负责对气液进行二次分离，同时完成对酸气的计量。旋流分离器与计量分离器分离出的液体经底部的排液出口管线进入污水缓冲罐。气液分离工艺流程如图 2－20 所示。

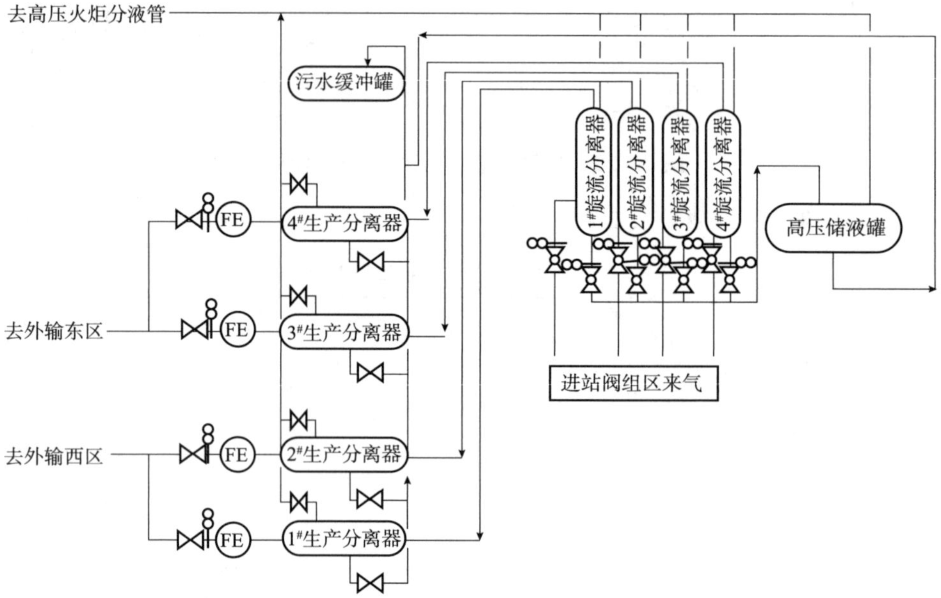

图 2－20　气液分离工艺流程示意图

气液分离流程主要工艺参数见表 2－27。

表 2－27　气液分离流程主要工艺参数表

名称	参数	单位
设计压力	9.5	MPa
设计温度	70	℃
操作压力	7.0～8.3	MPa
操作温度	25～50	℃
设计处理量	1400×10^4	m^3/d

3）水洗脱氯流程

水洗脱氯工艺主要是用来降低酸气携液中氯离子浓度，减少其对下游设备管线的腐蚀。主要工艺流程如下：自总站流程酸气从氯洗塔下部进入上部出去，冲洗水从氯洗塔上部进入底部排出，酸气与冲洗水经过三段18层塔盘的逆流接触，酸气中氯离子不断溶于冲洗水中，达到降低酸气氯离子浓度的效果。氯洗塔底部的污水进入酸水缓冲罐，经过换热升温后去酸水汽提塔，净化水经降温冷却后外排。汽提尾气和酸水缓冲罐闪蒸气进入净化厂尾气处理单元。水洗脱氯装置主要工艺流程如图2－21所示。

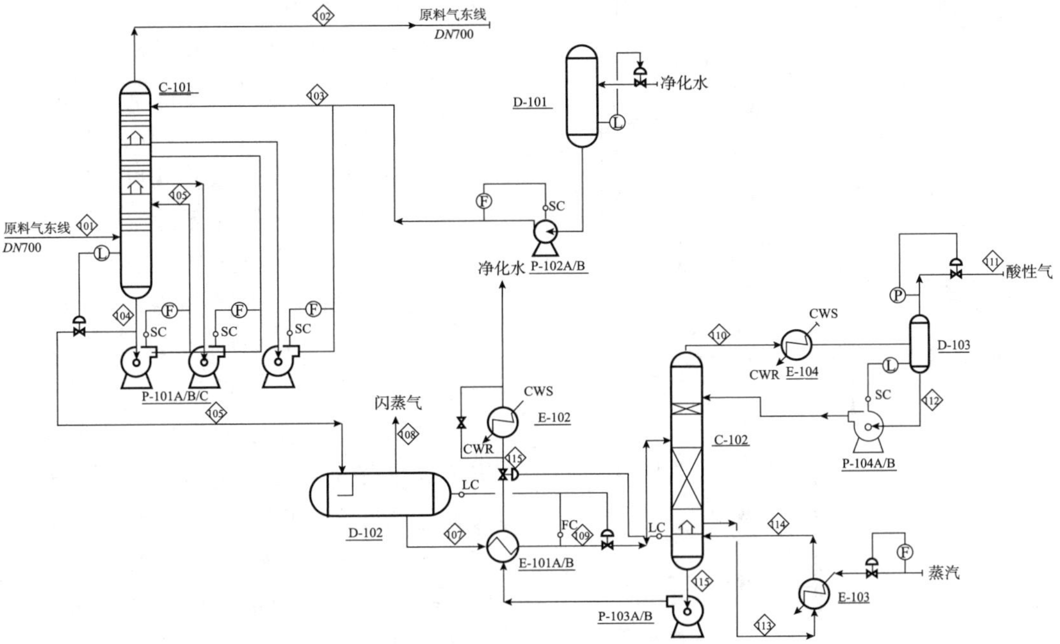

图2－21　水洗脱氯装置主要工艺流程示意图（东区）

4）辅助工艺流程

辅助工艺流程包括放空系统、仪表风系统、氮气吹扫系统、燃料气系统和排液系统。站场内用的燃料气和仪表风、氮气、生产生活用水及水洗脱氯公用工程均来自净化厂。

站场设置安全可靠的事故放空系统，在进站和出站管道分别设置紧急切断阀，当出现事故时可以自动或手动紧急切断，保护集气总站的设备安全。在站内设自动和手动放空阀，当出现事故时可自动放空泄压。BDV、安全阀和放空管线出口汇入放空总管后，输送到净化厂的放空火炬系统，最大放空量为$7.5\times10^{4}m^{3}/h$。

站内所用的仪表风为净化厂输送的压缩空气，正常压力为0.6～0.8MPa。

站内氮气主要用来污水汽提、收球筒氮气置换和生产分离器氮气置换等，操作压力为0.6～0.8MPa。

燃料气系统负责输送整个普光气田各集气站所需的燃料气，燃料气来自净化厂返输的净化天然气。燃料气管道设计压力为4.0MPa，操作压力为3.2～3.5MPa。

2.3.2　设备设施

集气总站属于集输末端站场，承担整个普光气田天然气汇集、气液分离、计量外输及

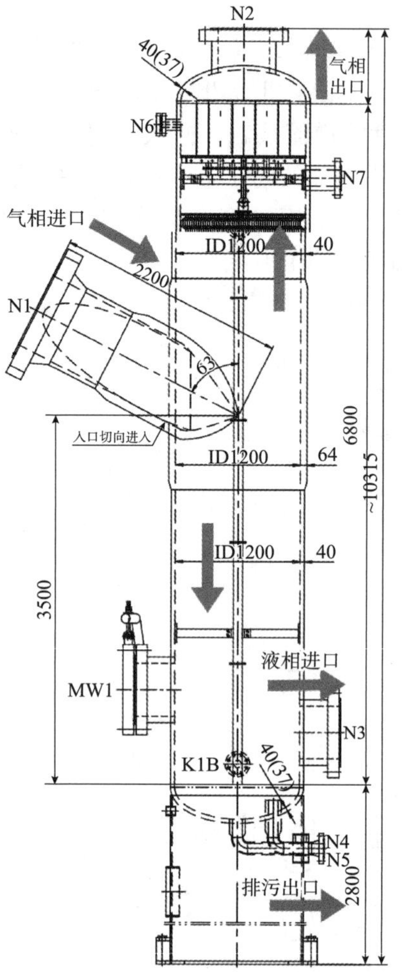

图 2-22　旋流分离器设备结构示意图

水洗脱氯任务，主要设备与设施有段塞流捕集装置、生产分离器、水洗脱氯装置、污水缓冲罐、污水汽提塔等。

1)段塞流捕集装置

段塞流捕集装置用于处理集输管道中的段塞流，主要由 4 台旋流分离器、1 台高压储液罐组成。

(1)工作原理。

旋流分离器依靠气液相密度不同而产生不同的离心力原理，当含段塞流的气体切向进入旋流分离器，气相离心旋转分离、液相沉降捕集进入储液罐，实现气液捕集。同时依靠设备内部折流板除雾器和旋流除雾器两类除雾设备，确保气体携液量不大于 $13mg/m^3$，液滴直径不大于 $8\mu m$，液滴去除率为 99.9%。旋流分离器设备结构如图 2-22 所示。

高压储液罐主要用于接收来自 4 台旋流分离器分离出来的液体。在旋流分离器与高压储液罐之间的气相平衡管线的作用下，4 台旋流分离器与储液罐的液位将保持一致。利用此原理，高压储液罐能实现缓冲与稳定同一液位的作用。高压储液罐结构如图 2-23 所示。

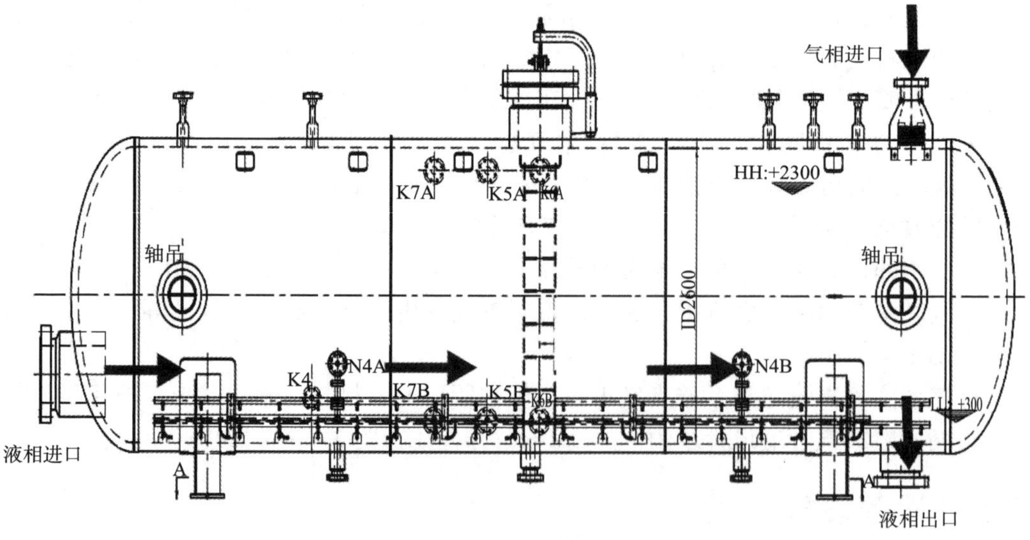

图 2-23　高压储液罐结构示意图

(2)结构和材质。

段塞流捕集装置结构和材质见表2－28。

表2－28 段塞流捕集装置结构和材质表

名称	材质
筒体	Q345R(HIC)
椭圆封头	Q345R(HIC)
人孔接管法兰	16MnⅢ(HIC)
双螺纹螺柱	35CrMo
人孔法兰盖	16MnⅢ(HIC)
筒体	Q345R(HIC)
椭圆封头	Q345R(HIC)
人孔接管法兰	16MnⅢ(HIC)
双螺纹螺柱	35CrMo
人孔法兰盖	16MnⅣ(HIC)

(3)运行参数。

段塞流捕集装置设备运行参数见表2－29。

表2－29 段塞流捕集装置设备运行参数表

名称	运行参数		
	液位/%	压力/MPa	温度/℃
旋流分离器	5～100	8.5～17.5	0～100
高压储液罐	25～75	7.0～8.5	0～100

(4)注意事项。

旋流分离器排污管线吹扫前必须保持上游进站阀组区处于混输状态，避免系统憋压；旋流分离器排污管线吹扫时，缓慢打开旋流分离器 *DN*500 排液球阀，严格控制旋流分离器与高压储液罐之间的差压，避免差压过大时流体流速过快冲击设备造成损坏或事故。

2)生产分离器

段塞流捕集装置分离后的酸气仍然含有部分液体或在来液量过大时无法及时有效分离，含液酸气进入生产分离器进行二次分离，增加气液分离效果。气液分离后，酸气输入下游氯洗塔，然后输送至净化厂进行处理；气田产出水经过计量后，排入污水缓冲罐。

(1)工作原理。

生产分离器采用“重力沉降、丝网吸附”原理，对游离水、雾滴进行分离，密闭排放至污水缓冲罐。生产分离器装有捕雾网，可捕获液滴直径大于2μm气溶胶雾，液滴去除率为99.5%。生产分离器结构原理如图2－24所示。

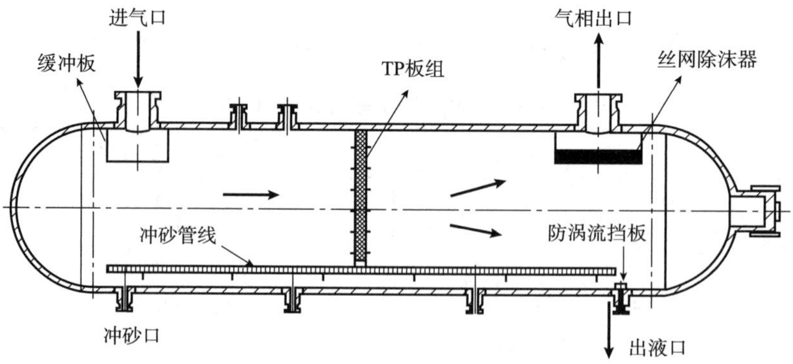

图 2-24　生产分离器结构原理示意图

(2)结构和材质。

生产分离器结构和材质见表 2-30。

表 2-30　生产分离器结构和材质表

结构名称	材质
筒体	SA-516-70N(HIC)
椭圆封头	SA-516-70N(HIC)
人孔接管法兰	SA-350-LF2
橇内液相管线	SA-333-6(HIC)

(3)运行参数。

生产分离器运行参数见表 2-31。

表 2-31　生产分离器运行参数表

名称	参数	单位
设计压力	9.5	MPa
设计温度	80	℃
操作压力	7.0~8.5	MPa
操作温度	10~80	℃
运行液位	10~40	%

(4)注意事项。

为防范验漏过程中压力意外释放造成物体打击风险，投运过程中必须进行充压验漏，当分离器压力达到3MPa、6MPa、8MPa时，分别对各动静密封点进行验漏，确保设备动静密封点无漏点；投运时当分离器达到系统压力后，打开生产分离器出口阀，生产分离器投运，观察设备运行压力和液位，及时排液避免液位过高携液至下游；停运时，将SCADA系统中分离器液位控制打到“超驰允许”状态，便于远程排尽罐内液体；现场手动排污时，出现流量计排量突然上涨、缓冲罐压力迅速上涨或排污管线节流声音突变，必须迅速关闭液位调节阀旁通阀，停止排污，避免高压窜低压。

3）水洗脱氯装置

水洗脱氯装置主要由氯洗塔、酸水汽提塔、冲洗水缓冲罐、酸水缓冲罐、酸水回流罐、酸水回收罐和换热器等七部分组成。

（1）工作原理。

氯洗塔为板式塔类型，高30m，顶部装有30个旋流管进行气液分离，筒体中的18层塔盘均分Ⅰ、Ⅱ、Ⅲ段循环冲洗，Ⅱ、Ⅲ段底部有集油箱和4个旋流管的固液旋流分离器，实现冲洗水临时收集，满足循环泵进水。通过入口分布器和塔盘，冲洗水在塔内形成水滴，与向上运动的天然气水滴逆流接触，稀释天然气中的氯离子，避免下游装置设备受氯离子腐蚀。氯洗塔内部由塔顶气脱液旋流器、冲洗水入口分布管、塔盘、冲洗水出口集油箱和固液旋流分离器等部件构成。氯洗塔结构如图2－25所示。

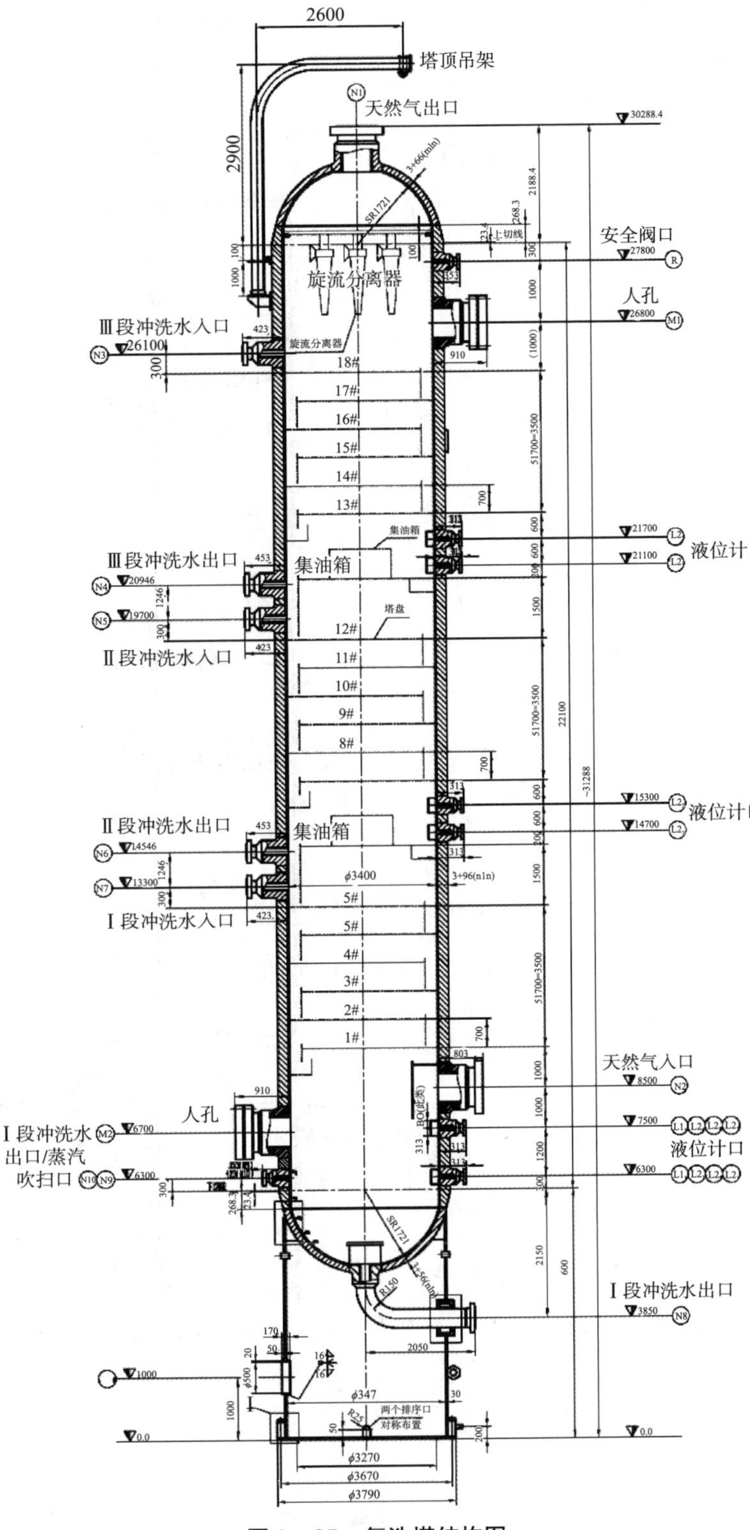

图2－25　氯洗塔结构图

酸水汽提塔是填料塔，安装高度25m，3层规整填料，每层顶部均安装有液态分布器，底层填料底部有集油箱。含硫废水从塔上部进入，通过蒸汽或重沸后的蒸汽吹脱，除去H_2S，满足后续处理要求。主要由液态分布器、压紧格栅、填料、集油箱等结构组成，结构如图2－26所示。

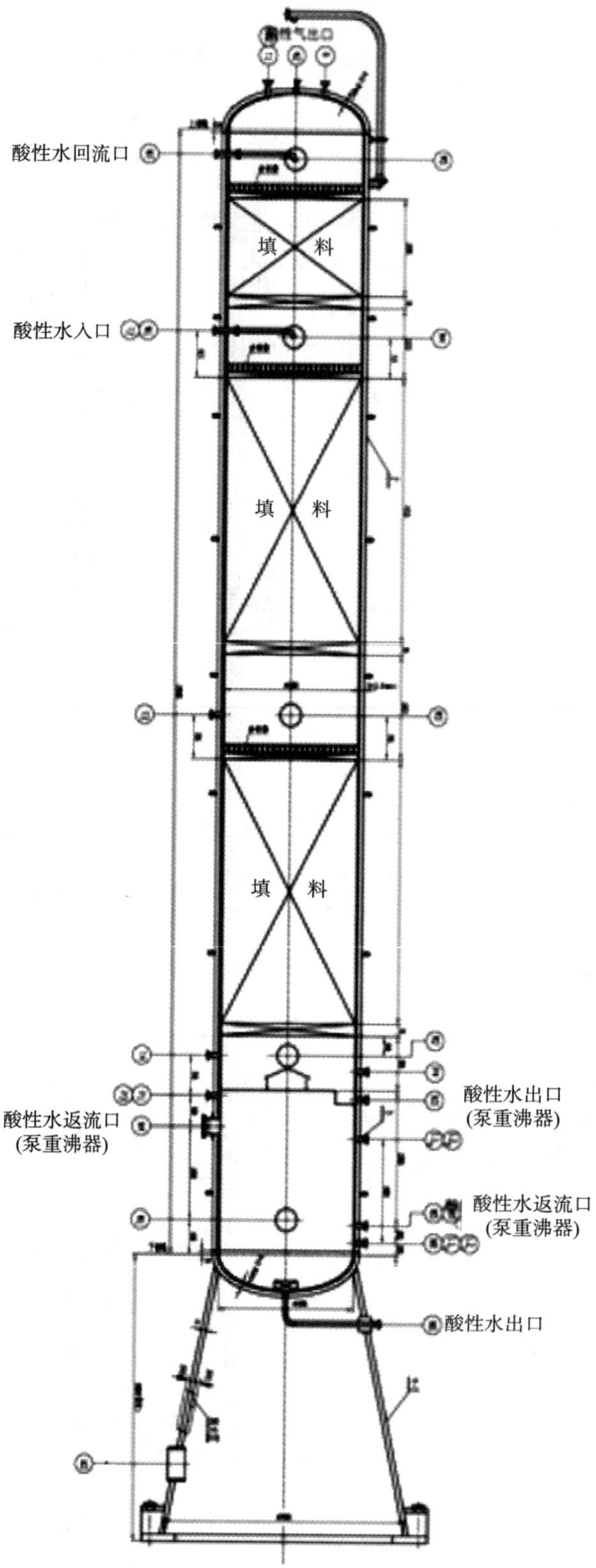

图 2 –26　酸水汽提塔结构图

冲洗水缓冲罐为立式储罐，缓冲净化厂来水，确保冲洗水泵的正常运行。储存介质腐蚀性较小，采用 Q245R 材质，结构如图 2－27 所示。

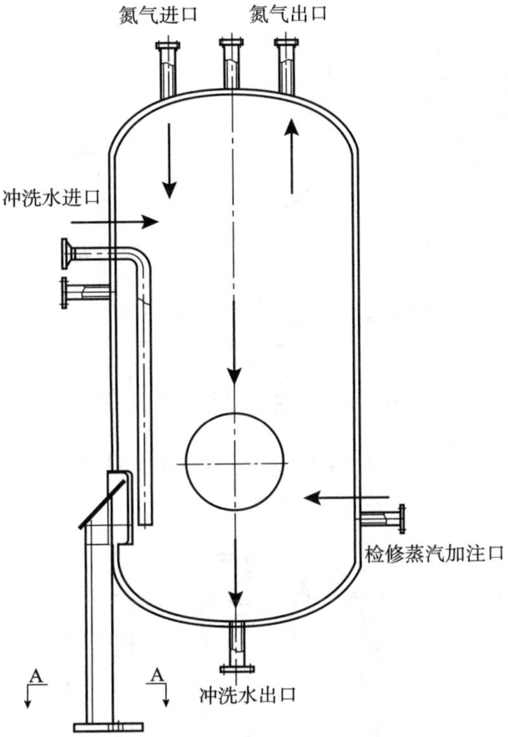

图 2－27　冲洗水缓冲罐结构图

酸水缓冲罐为卧式罐，主要接收氯洗塔出水，起到闪蒸和酸性水缓冲作用。由于容器涉硫，所以选取 UNS N08367＋Q245R 复合材质，结构如图 2－28 所示。

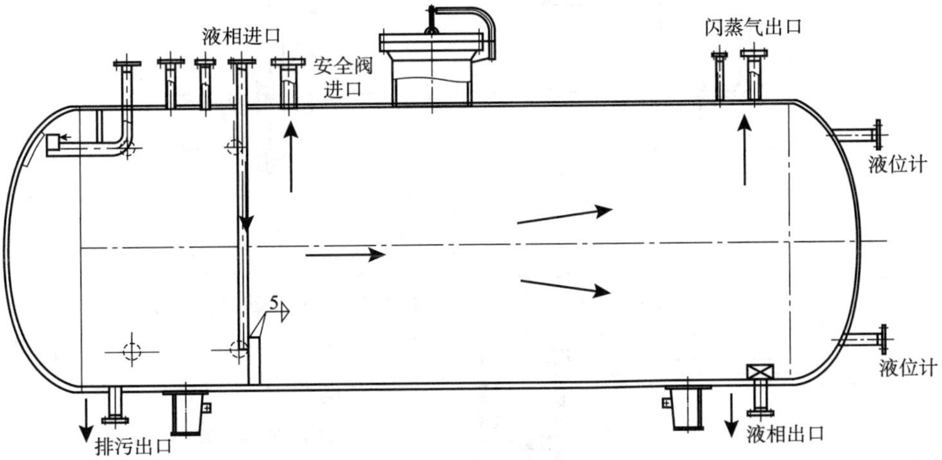

图 2－28　酸水缓冲罐结构图

酸水回流罐为立式罐，汽提塔顶部酸性气经过换热冷却后进入酸水回流罐进行气液分离，酸性气去净化厂硫黄回收装置，酸性水通过计量泵打回汽提系统，结构如图 2－29 所示。

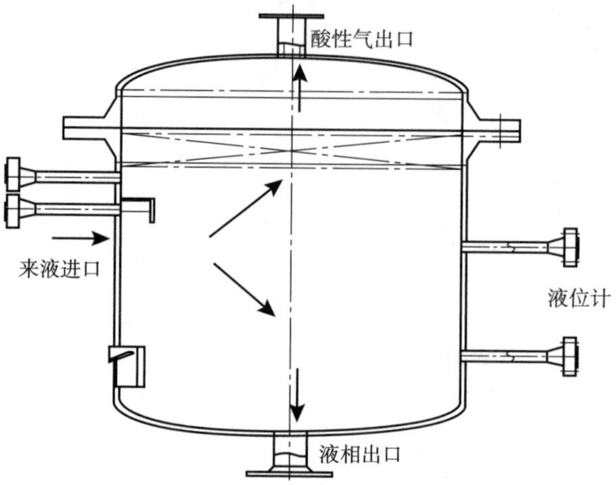

图 2－29　酸水回流罐示意图

酸水回收罐主要接收检修过程中的密闭排空，罐体有调压阀平衡罐内压力，罐内液体利用平衡压力打入酸水缓冲罐，如图 2－30 所示。

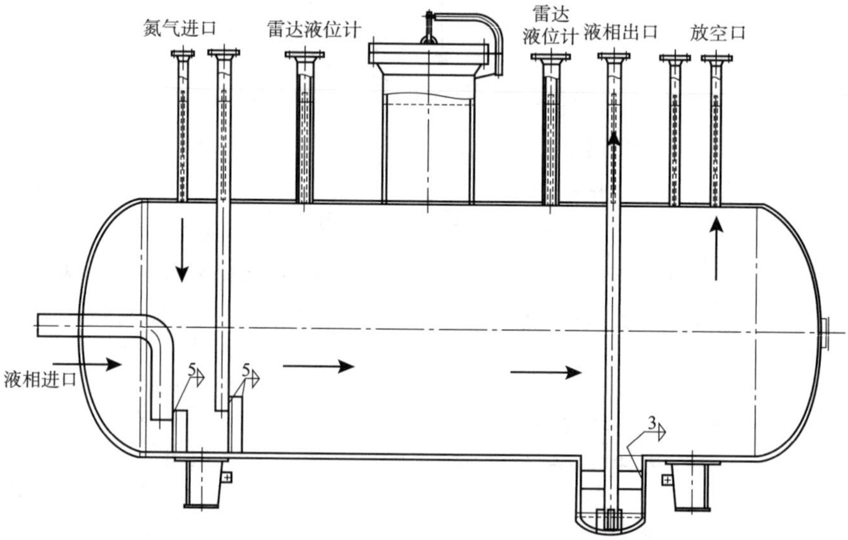

图 2－30　酸水回收罐

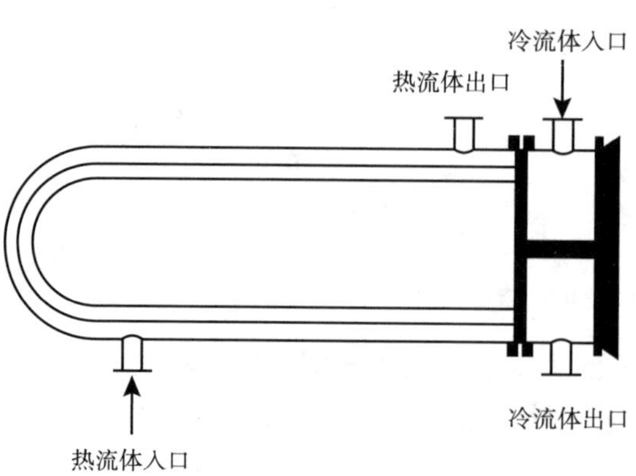

图 2－31　U 形管式换热器

换热器一共有 10 台 4 种，分别是酸水进料/产品换热器、酸水汽提塔重沸器、汽提塔塔顶冷却器、净化水冷却器。所有换热器均为 U 形管式换热器，属于常规换热器类型，结构简单，清洗方便，并耐高温高压，适于冷热流体温差较大、腐蚀性强的流体介质，如图 2－31 所示。

(2)结构和材质。

水洗脱氯装置主要结构和材质见表 2－32。

表2－32　水洗脱氯装置主要结构和材质表

设备名称	名称	材质
冲洗水缓冲罐	筒体	Q245R
	椭圆封头	Q245R
	接管及法兰	20
	固定板	Q245R
氯洗塔	筒体	UNS N08825 + Q345R
	球形封头	UNS N08825 + Q345R
	接管及法兰	16MnⅢ + 堆焊
	拉筋、支持板、防冲板	S31608
	排凝口	UNS－N08367
酸水缓冲罐	筒体	UNS N08367 + Q245R
	椭圆封头	UNS N08367 + Q245R
	接管及法兰	UNS N08367
	侧板、盖板、挡板	SB－424－N08825
	镇静槽	SB－423－N08825
酸水汽提塔	筒体	UNS N08367 + Q245R
	椭圆封头	UNS N08367 + Q245R
	接管及法兰	UNS N08367
	筋板、盖板、垫板、支撑板	Q235B
	挡板	S31603
酸水回流罐	筒体	UNS N08367 + Q245R
	椭圆封头	UNS N08367 + Q245R
酸水回收罐	接管及法兰	UNS N08367
	限位板	S31603
产品进料换热器	壳体	UNS N08825
	管束	UNS N08825
	固定鞍式支座	Q235R/UNS N08825
	活动鞍式支座	Q235R/UNS N08825
	管箱垫片	组合件
净化水冷却器	壳体	S32205
	管束	S32205
	固定鞍式支座	S32205/Q235B
	活动鞍式支座	S32205/Q235B
	管箱垫片	组合件

续表

设备名称	名称	材质
重沸器	管板	S32205Ⅲ
	定距管	S32750
	U 形管组	S32750
	支持板	S32205
	拉杆、滑道、螺母	S31803
塔顶冷却器	壳体	S32205
	管束	S32205
	固定鞍式支座	Q235B/S31603
	活动鞍式支座	Q235B/S31603
	管箱垫片	组合件

(3)运行参数。

水洗脱氯装置设备较多，工艺复杂，主要运行参数见表 2－33。

表 2－33　水洗脱氯装置主要运行参数表

设备名称	参数名称	设计值	操作值	单位
公用工程	冲洗水压力	1	0.25～0.5	MPa
	仪表风压力	1	0.6～1	MPa
	工厂风压力	1	0～1	MPa
	氮气压力	1	0.6～0.8	MPa
	低压蒸汽压力	1	0.4～0.6	MPa
	除盐水压力	1	0.6～0.8	MPa
	冷却水给水压力	1	0.2～0.5	MPa
	冷却水回水压力	1	0.1～0.5	MPa
	冷却水给水流量	0～150	60～150	m^3/h
冲洗水缓冲罐	冲洗水缓冲罐压力	1	0～0.2	MPa
	冲洗水缓冲罐液位	5～95	30～75	%
	冲洗水泵出口流量	0～6	2～6	m^3/h
氯洗塔	氯洗塔工作压力	9.5	7.0～8.5	MPa
	氯洗塔一段液位	15～80	20～80	%
	氯洗塔二段液位	20～100	25～100	%
	氯洗塔三段液位	20～100	25～100	%
	循环泵频率	60～100	60～100	%
	循环泵电机温度	100	0～100	℃
	循环泵流量	15～55	15～55	m^3/h

续表

设备名称	参数名称	设计值	操作值	单位
酸水缓冲罐	酸水缓冲罐工作压力	1.2	0.4~0.8	MPa
	酸水缓冲罐液位	5~95	30~75	%
酸水汽提塔	酸水汽提塔工作压力	0.4	0.08~0.16	MPa
	酸水汽提塔液位	0~100	30~70	%
	酸水汽提塔顶部温度	160	90~160	℃
	填料上部温度	160	90~160	℃
	填料中部温度	160	90~160	℃
	填料下部温度	160	90~160	℃
	净化水出水工作温度	160	110~160	℃
	净化水泵出口流量	0~8	0~8	m^3/h
酸水回流罐	酸水回流罐工作压力	0.4	0~0.12	MPa
	酸水回流罐液位	5~95	30~80	%
酸水回收罐	酸水回收罐工作压力	1	0~0.2	MPa
	酸水回收罐液位	0~95	0~70	%
产品进料换热器	产品进料换热器酸水出口温度	160	65~160	℃
净化水冷却器	净化水冷却器净化水出口流量	0~8	0~8	m^3/h
	净化水冷却器净化水进口温度	100	0~100	℃
	净化水冷却器净化水出口温度	50	30~45	℃
重沸器	重沸器酸汽出口温度	160	110~160	℃
	重沸器蒸汽进口流量	0~500	150~350	kg/h
	重沸器蒸汽进口温度	260	150~170	℃
塔顶冷却器	塔顶冷却器酸气出口温度	160	10~120	℃
凝结水冷却器	凝结水冷却器凝结水进口温度	260	10~160	℃
	凝结水冷却器凝结水出口温度	80	10~75	℃

(4)注意事项。

氯洗塔投运过程中，缓慢开启容器进口 *DN*500 阀门，分别控制容器压力在 3MPa、

6MPa、8MPa时，及时关闭进口球阀，停止加压，并用验漏壶对各动静密封点进行验漏，如有漏点则泄压进行整改，确认无漏点方可进行下步操作；停运前，需提前降产至1800m³/d，确认进站连通阀处于开启状态，避免氯洗塔超负荷运行或系统憋压。

当酸水汽提塔塔底温度不足120℃时，及时打开塔底低压蒸汽进酸水汽提塔流程阀门，使汽提塔底部升温至120℃以上，确保净化水中不含H_2S；酸水汽提塔停运后要时刻关注塔内压力，及时打开氮气补压或塔顶尾气流程畅通，避免汽提塔因温度降低塔内形成负压造成设备损坏。

重沸器投运时，打开重沸器排凝流程阀门，并确认备用排凝阀门处于关闭状态，至蒸汽流出时方可关闭排凝阀门，确保蒸汽流程畅通；重沸器温度达到120℃以上时，方可打开酸水汽提塔让酸水进重沸器流程阀门，确保酸水加热重沸后H_2S含量达标。

换热器投运前必须进行流程确认，进出口旁通流程均处于关闭状态，确保介质正常换热。

4）污水缓冲罐

集气总站共有三台污水缓冲罐，旋流分离器和生产分离器日常排污及批处理时收球筒来的高压污水，汇入排污总管后，进入污水缓冲罐。

（1）工作原理。

污水中溶解的气体由高压转变为低压状态时，气体闪蒸析出后通过放空系统进行泄压；液体经过缓冲、沉降后，通过污水提升泵，泵入污水汽提塔进行氮气汽提，结构如图2－32所示。

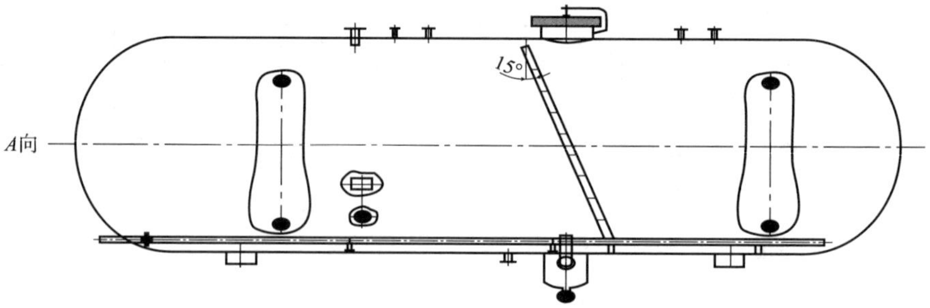

图2－32　污水缓冲罐结构示意图

（2）结构和材质。

污水缓冲罐结构和材质见表2－34。

表2－34　污水缓冲罐结构和材质表

名称	材质
壳体	Q245R
封头	Q245R
橇内管材	A333 Gr6

（3）运行参数。

污水缓冲罐运行参数见表2－35。

表2－35 污水缓冲罐运行参数表

名称	参数	单位
设计压力	1.0	MPa
设计温度	60	℃
运行温度	0～50	℃
运行压力	0～0.8	MPa
运行液位	10～80	%

(4)注意事项。

污水缓冲罐操作过程中，要严密监控压力、液位、流量和泵运行温度等各项参数的变化，避免发生憋压、电解烧毁、冒罐等事故；缓冲罐投运后才可开始高压容器排污操作，防止排污管线超压；氮气置换前要将缓冲罐的液位降至最低，置换过程中放空时压力不得低于0.1MPa，以防放空管线倒流；集气总站执行排污操作前，必须告知中控室，由中控室协调水处理站做好接收集气总站排污的准备。

集气总站向水处理站污水回收罐排液期间，需要合理控制排液压力，缓慢进行，污水回收罐的液位不得超过85%；排液期间，污水回收罐的放空需处于开启状态，罐内压力需低于0.1MPa，便于集气总站污水缓冲罐排液。

5)污水汽提塔

污水汽提塔是污水处理工艺中的一种设备，主要用于从废水中分离和去除有毒有害气体。

(1)工作原理。

分离器分离出的高酸生产污水从塔上部进入，N_2从塔下部进入，在塔内进行气液交换后，污水中N_2组分的增加造成污水中的H_2S、CO_2的溶解度降低，从而实现汽提，进入放空系统；污水则从塔底流出，去污水处理装置进行处理，结构如图2－33所示。

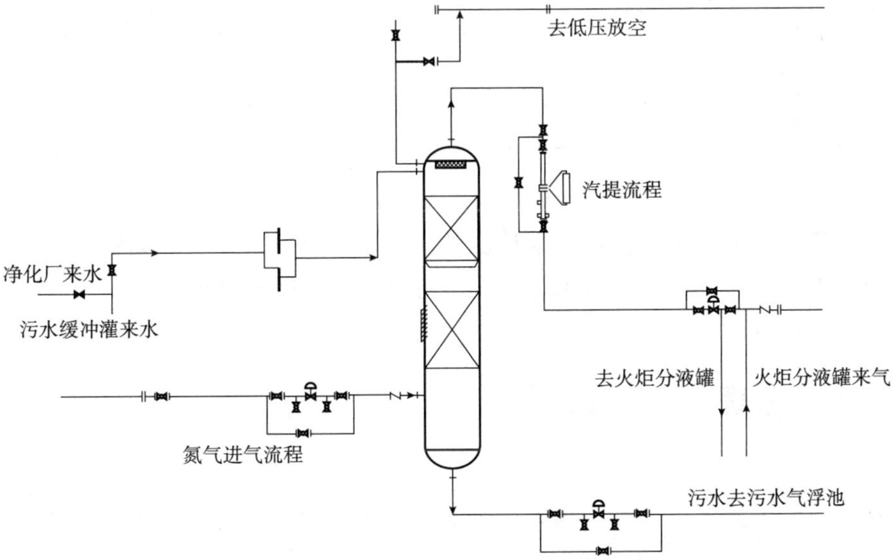

图2－33 污水汽提塔流程示意图

(2)结构和材质。

污水汽提塔主要结构和材质见表2-36。

表2-36 污水汽提塔主要结构和材质表

名称	材质
壳体	SA-516M Gr415
椭圆封头	SA-516M Gr415
法兰	SA-350M LF2
弯头	SA-4202
橇内管材	A333 Gr6

(3)运行参数。

污水汽提塔主要运行参数见表2-37。

表2-37 污水汽提塔主要运行参数表

名称	参数值	单位
污水处理量	22.25	m^3/h
工作压力	0.4~0.8	MPa
工作温度	10~40	℃
安全阀起跳压力	0.98	MPa
氮气流量	0~668	m^3/h
高高液位	1400	mm
高液位	1300	mm
低低液位	500	mm
低液位	600	mm
高压报警	0.65	MPa
低压报警	0.3	MPa
差压报警值	20	kPa

(4)注意事项。

污水汽提塔操作过程中，要严密监控压力、液位、流量、上下段填料差压等各项参数的变化，避免发生憋压、淹塔、冒罐等事故；对汽提塔进行排液前，告知水处理站做好监控工作，防止容器冒罐。

2.3.3 运行管理

1)干线切换

根据集气总站上游4条来气干线运行要求或集气总站站内施工作业工艺条件需求，对集气总站进站流程进行切换。

(1)停运进站干线。当接到调度指令后，由中控室确定集气总站上游流程切换完毕后，指挥总站外操现场进行停运操作；在关闭进站阀门前由外操人员负责确认进站联通阀门处于导通状态，防止上游管线憋压；在关闭阀门时要缓慢操作，避免上游压力、系统气量剧烈波动。

(2)进站各线单输。在单输前需汇报调度并获得同意后方可进行操作；单输操作过程必须相邻管线逐一进行，避免系统波动。

(3)部分进站单输。当集气总站下游设备需要停运检修或流程需要吹扫时，由集气总站向调度请示，在获得同意后方可进行下步操作。在切换流程前，要充分分析单输气量是否超过容器设计值，在确认无误下由总站外操与内操配合缓慢操作。

2)日常巡护

(1)严格遵守巡回检查制度，按照规定的站场巡回检查路线、检查部位、检查内容及检查时间进行巡回检查，并认真做好相关记录，及时处理或上报设备设施存在的异常情况和安全隐患。

(2)重要设备设施、重点区域要设置相应的防毒、防火、防爆等安全警示标志、消气防用品存放点标识、事故应急疏散通道标识、风向标等，禁止随意挪动或取消。

(3)严禁工作人员擅离岗位或做与工作无关的事情。当站场人员离开站控室进入生产区域例行工作，在站控室无人值守的情况下，必须向中控室报告，并由中控室人员接管站场运行监管和对进入生产区域的人员进行监护。

(4)严禁在未开展风险评价、识别危险点源、采取有效防范措施、无监护人及雷雨等恶劣气象等条件下进行各种作业。

3)设备保养

(1)日常管理：每日核对运行压力、流量，严禁机泵超温、超压、超负荷运行，发现异常及时组织处理。按时开展巡检、维护、保养工作，重点做好机泵一级、二级保养工作，机泵保养计划执行率 100%。

(2)油水润滑管理：按照油水润滑五定表要求，分级开展油品取样、检测、更换工作。A、B 级管理机泵应定期开展油品取样、化验、更换工作，C 级管理机泵应定期开展油品更换工作，确保机泵油水指标合格。

(3)备品备件管理：根据配件消耗规律，提前储备机泵备品备件，确保机泵备品备件能够满足生产运行需求。

(4)旋流分离器排污及吹扫管理：每日 16：00 或批处理结束 12h 以内，通过底部 *DN*100 排污管线对旋流分离器进行排污；每月开展 1 次 *DN*500 排污管线吹扫；或批处理、旋分进出口差压超过 10kPa 发生堵塞及时组织开展一次吹扫。

2.4 酸性湿气增压站

随着普光主体的持续开发，地层压力持续下降，以及较高的外输压力制约了持续稳产及采收率的提高。为延长气田稳产期、提高采收率、增加可采储量和提升气田综合开发效益，在普光 101 集气站湿气增压先导试验成功的基础上，采用分线增压模式，实施了普光主体湿气增压。普光主体建增压站 2 座(1#增压站和 2#增压站)，1#增压站设高含硫压缩机组 3 套，主要对 1#集气干线所辖气井来气增压；2#增压站建高含硫压缩机组 4 套，主要对 2#和 3#集气干线所辖气井来气增压。普光主体湿气增压工艺技术路线如图 2－34 所示。

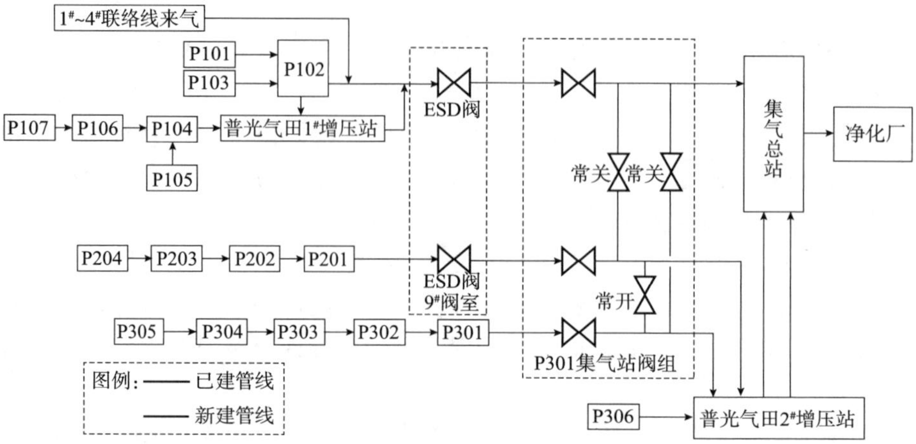

图 2－34　普光主体湿气增压工艺技术路线框图

2.4.1　工艺流程

1）增压站工艺流程

普光气田主体增压站（1#、2#增压站）采用“重力＋过滤分离＋压缩机增压＋空冷＋除油”湿气增压工艺，如图 2－35 所示。站内设置轴流式止回阀作为越站旁通，防止上游超压。

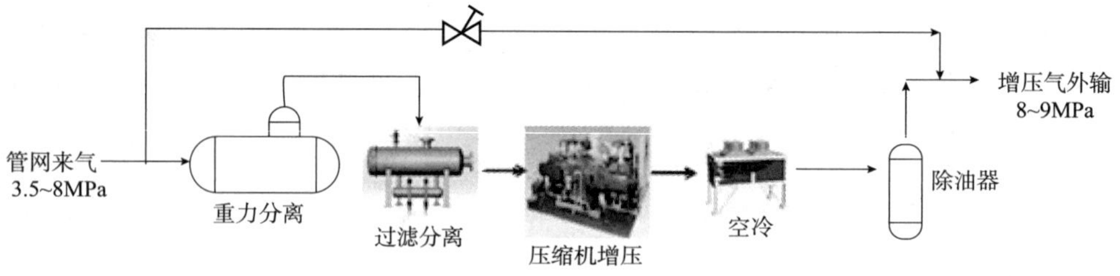

图 2－35　增压站场工艺流程示意图

普光主体集输系统元素硫粒径主要分布在 5～150μm，为实现固相高效分离，进一步提高压缩机入口原料气气质，在重力分离器后增设高精度过滤分离器，在压缩机入口前增加深度过滤结构，实现高含硫湿气增压预处理。

在天然气压缩过程中，压缩机气缸润滑油与工艺气体混合后，将形成大量微小油滴。大量润滑油未得到充分回收进入输气管网将造成防腐层破坏、进入净化系统导致脱硫、脱水系统发泡等。高含硫压缩机选用复合滤芯，机组前端配套高效叶片分离进行大液滴的脱除，形成多级复合高效除油技术，最大限度地减少对集输和净化系统的污染。

2）增压站辅助工艺流程

增压站辅助工艺流程包括放空工艺流程、燃料气工艺流程、空氮工艺流程、采出水工艺流程、缓蚀剂加注工艺流程。

（1）放空工艺流程。

放空工艺流程与集气站放空工艺流程功能一致，对高含硫天然气进行安全泄放，并通过放空火炬进行燃烧。该流程包括放空管道、火炬分液罐、火炬等，泄放的高含硫天然气经过放空管线汇入放空总管，再通过火炬分液罐排放到站外放空火炬燃烧。

(2)燃料气工艺流程。

燃料气用于酸气压缩机组中气体放空引射动力及收发球筒、火炬放空管线及采出水罐燃料气吹扫、进站分离模块检修置换等，该工艺流程主要包括燃料气橇块，燃料气经缓冲罐缓冲、计量、调压后分布至各用气点。

与集气站燃料气工艺流程作用不同的是，增压站燃料气供应压缩机组中体、排污罐引射用气，主要是根据引射原理利用外界高压燃料气来引射高含硫压缩机中体排污罐和填料排污罐中的高含硫气体，将其引入放空流程，达到定向排放。集中排放的目的。

(3)空氮工艺流程。

空氮系统用于增压站仪表风以及氮气的日常使用。其中，仪表风主要用于气动调节阀、气动开关阀、压缩机 PLC 控制柜正压通风防爆以及压缩机主电机吹扫等；氮气主要用于设备运转、密封气、设备检修置换。

(4)采出水工艺流程。

采出水工艺流程指站内重力分离器、过滤分离器、压缩机洗涤罐、收球装置等设备设施排污至采出水罐，通过离心泵增压汇入气田采出水管网输至污水处理站处理。

(5)缓蚀剂加注工艺流程。

缓蚀剂加注工艺流程指增压后气相管线缓蚀剂的加注。缓蚀剂通过储罐储存，经隔膜计量泵增压后注入压缩机出口管线。

2.4.2　主要运行参数

增压站主要运行参数见表 2－38。

表 2－38　增压站主要运行参数表

名称	参数	单位
1#增压站处理气量	33～265	$10^4 Nm^3/d$
2#增压站处理气量	188～930	$10^4 Nm^3/d$
增压站出口压力	8～8.5	MPa
增压站进口压力	3～8	MPa
增压入口温度	40～50	℃
增压出口温度	≤52	℃

2.4.3　高含硫增压机组

高含硫增压机组是能够实现对高含硫化氢天然气增压的设备，普光主体原料气中 H2S 含量 15.16%，CO_2 含量 8.64%，在实现增压的前提下，还需极强的耐腐蚀性能、严密的密封性能、安全的运行及维护体系。

1)工作原理

增压站选用的高含硫压缩机组为往复式结构，曲轴的旋转运动带动连杆转变为十字头在机体滑道内的往复直线运动，十字头又通过活塞杆使活塞在气缸内做往复直线运动，实现气体的膨胀、吸气、压缩、排气4个过程，从而达到气体的连续压缩，其工作原理如图2-36所示。

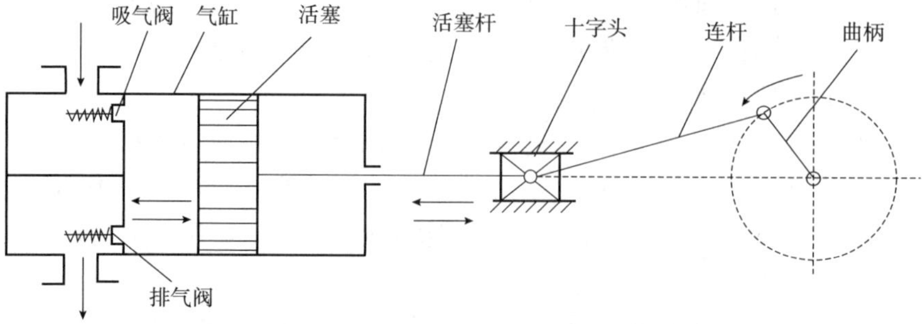

图2-36 往复式压缩机工作原理图

2)结构和材质

高含硫往复式压缩机由进气分离器、进/排气缓冲罐、气缸、机体、中体、出口除油器、空冷器、气阀、连杆、曲轴等组成。基于高含硫天然气生产系统所要求的密封性和安全性，与常规天然气压缩机相比，高含硫压缩机组具有以下特点：①具备防止 H_2S 泄漏的隔距件结构(图2-37)。机组采用双腔室隔距件(形成内中体、外中体)和多组填料密封，提高气缸与机体之间的密封性，有效防止机组运动部件腐蚀和润滑油酸化，保障高含硫压缩机安全稳定运行。②采用阶梯式充氮密封技术。机组通过高低压并联、阶梯充氮压力方式(图2-38)，为密封件和隔距腔提供差异化充氮密封，设置压力切换功能，在机组不同工作状态下，可切换相适应的充氮密封。③具备压缩机组高背压放空工艺(图2-39)。该工艺主要包括燃料气引射器，通过使用燃料气引射技术，将隔距件与中体排污罐泄漏的含硫天然气引射至火炬放空系统，避免放空系统背压高时中体易超压。④可靠的材质选择，以1#增压站3JT-HSR50/3.7-8.5型高含硫压缩机为例，各部件材质见表2-39。

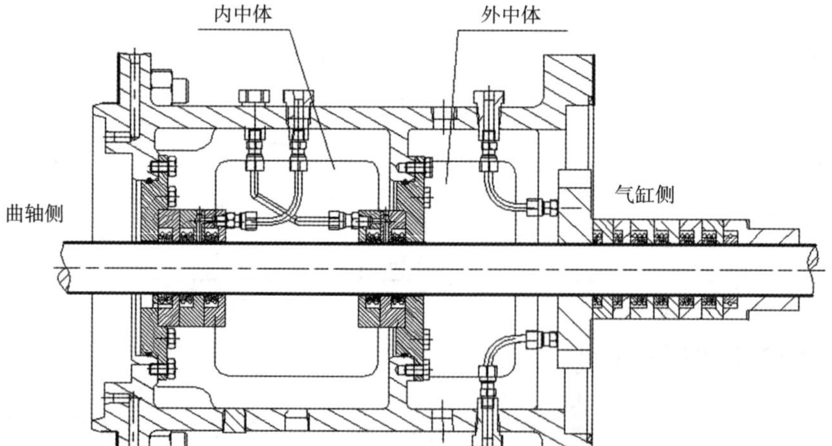

图2-37 双隔腔结构(内中体、外中体)

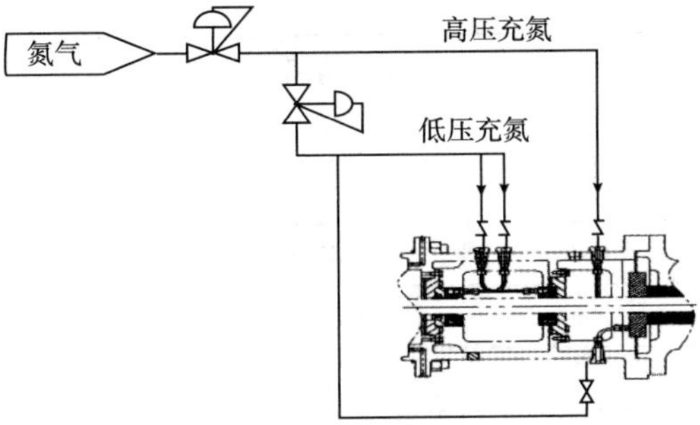

图2-38 阶梯充氮压力方式

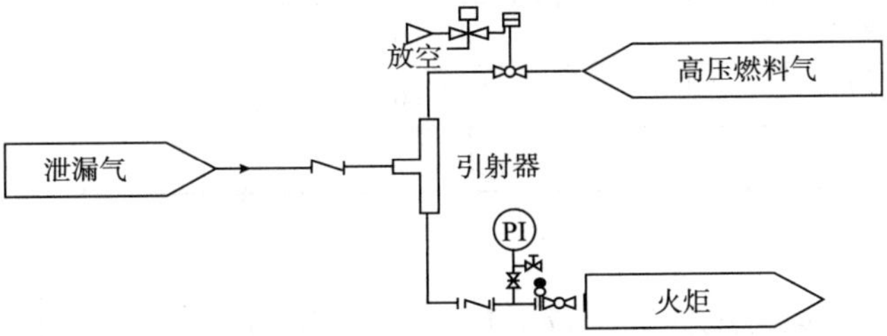

图2-39 高背压放空工艺

表2-39 1#增压站3JT-HSR50/3.7-8.5型高含硫压缩机结构和材质表

名称	材质
进气分离器壳体	SA-516 Gr.70N(HIC)
进气分离器凸形封头	SA-516 Gr.70N(HIC)
排气缓冲罐壳体	SA-516 Gr.70N(HIC)
排气缓冲罐凸形封头	SA-516 Gr.70N(HIC)
出口除油器壳体	SA-516 Gr.70N(HIC)
出口除油器凸形封头	SA-516 Gr.70N(HIC)
空冷器管箱及换热管	镍基合金825
冷却水换热器管箱及换热管	碳钢
润滑油管道	304不锈钢

3)运行参数

以1#增压站3JT-HSR50/3.7-8.5型高含硫压缩机为例，运行参数见表2-40。

表2-40 3JT-HSR50/3.7-8.5型高含硫压缩机运行参数表

名称	运行参数	单位
进气压力	3.0~8.0	MPa
排气压力	8.0~8.5	MPa
进气温度	40~55	℃
机组出口温度	≤52	℃
润滑油压力	0.35~0.45	MPa

续表

名称	运行参数	单位
润滑油温度	32～65	℃
排气温度	≤144.67	℃
电机驱动端轴承温度	≤85	℃
电机非驱动端轴承温度	≤85	℃
电机绕组温度	≤140	℃
轴瓦温度	≤88	℃
进气洗涤罐液位	20～60	mm
出口除油器上液位	20～60	mm
出口除油器下液位	20～60	mm
仪表风压力	0.4～1	MPa

4)注意事项

高含硫压缩机组在运行过程中，高压充氮主要作用于主填料，用于防止活塞杆在往复运动中所产生的硫化氢泄漏，压力需要控制在0.12～0.18MPa；低压充氮主要作用于中体，使其保持微正压，压力需要控制在0.03～0.06MPa。

在机组需要停机检修、故障整改、安全阀更换前，需要通过站内空氮橇块对机组进气分离器、进/排气气缸、出口除油器等进行氮气置换，确保作业环境安全。

思考与练习

1. 根据本章所学内容及生产现场实际情况，绘制集气站工艺流程图。
2. 普光气田集气站主要有哪些设备？简述各设备功能及用途。
3. 简述集气总站全气田ESD－2级关断复位如何操作。
4. 简述集气总站水洗脱氯工艺有哪些设备，如何投运。
5. 简述什么叫湿气增压及其主要的工艺流程。

第 3 章　致密/页岩气站场

致密/页岩气站场是指专门收集、处理和初步加工来自致密砂岩气藏和页岩气藏的天然气的场所，具有将从井口采出的天然气进行除砂、加热、节流、分离、计量与外输的功能，并能够实现产出水低压闪蒸、油水分离、储存与拉运功能。普光气田目前致密/页岩气的开发以陆相的致密砂岩气藏和页岩气为主，兼顾少部分的海相页岩气开发。由于致密/页岩气的气质、集输工艺及设备工艺参数一致性较高，本章按照陆相集气站场、CNG 生产站场、LNG 生产站场和陆相试采站场等四类集输工艺进行介绍。

3.1　陆相集气站场

陆相集气站场是指进行一站多井陆相天然气生产的集气站场，站场设置有采出气井口除砂、加热节流、混相连续计量及混合气气液两相分离、油气水三相闪蒸分离、原料气保温输送等工艺流程。本节将以开发陆相的致密砂岩气藏和页岩气为主的集输站场统称为陆相集气站场。

3.1.1　陆相站场集输工艺流程

根据陆相气藏的地质条件、气井特点、气质成分和气田规模，普光陆相集气站场采用了基本相同的集输工艺。气井产出单井产物从井口采气树经过一级节流并经除砂器除砂后，先后进入两台加热炉橇，进行两级加热、两级节流后，经多相流量计进行单井产气量、产油量和产水量的计量，计量后的单井井口气汇至气液分离器进行气液两相分离，分离出的气体经过孔板计量后外输至下游集气站，分离出的液相进入闪蒸分离器进行油、气、水闪蒸分离，分离出的凝析油和采出水分别进入凝析油罐和采出水罐储存，定期拉运，分离出的闪蒸气经过燃料气分离橇块供给站内加热炉及火炬使用。其基本工艺流程如图 3－1 所示。

3.1.2　陆相站场主要设备

站内主要工艺设备采用橇装化设计，主要有滤网式除砂器、水套式加热炉、气液分离器、闪蒸分离器、燃料气分离器、凝析油和采出水储罐、放空分液罐等设备，下面按照工作原理、结构材质、运行参数、操作要点和故障判断与处理等几方面逐一介绍。

1）滤网式除砂器

滤网式除砂器是一种防止地层出砂堵塞下游管线及设备的装置，它能够从井口产出气

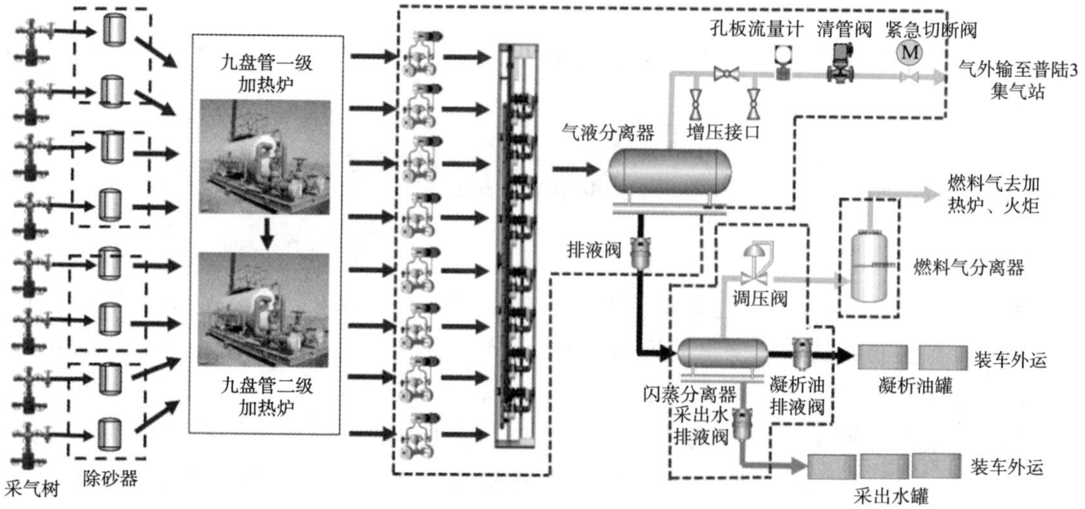

图3－1　某陆相井站场集输工艺流程简图

中分离出砂粒及石子等固体构成的较重杂质。设置滤网式除砂器能够保护下游设备，降低设备腐蚀，减少固体杂质在管线及沟槽内的沉积量。

（1）工作原理。

以XLCSQ18－35型除砂器为例，滤网式除砂器的基本工作原理为在高压容器内置高强度滤砂筒，将容器分成两个分离腔。含砂气流由容器上部的进口进入滤砂筒内腔，经滤网过滤渗透后流入容器内，固相颗粒则沉淀在滤网的底部，通过排污口排出。过滤后的流体经过滤网与除砂筒之间的环空，由容器下方的出口流向下游管线，除砂器外部的压差表可指示滤网的工作情况，依据压差情况可判断是否需要排污。其结构原理如图3－2所示。

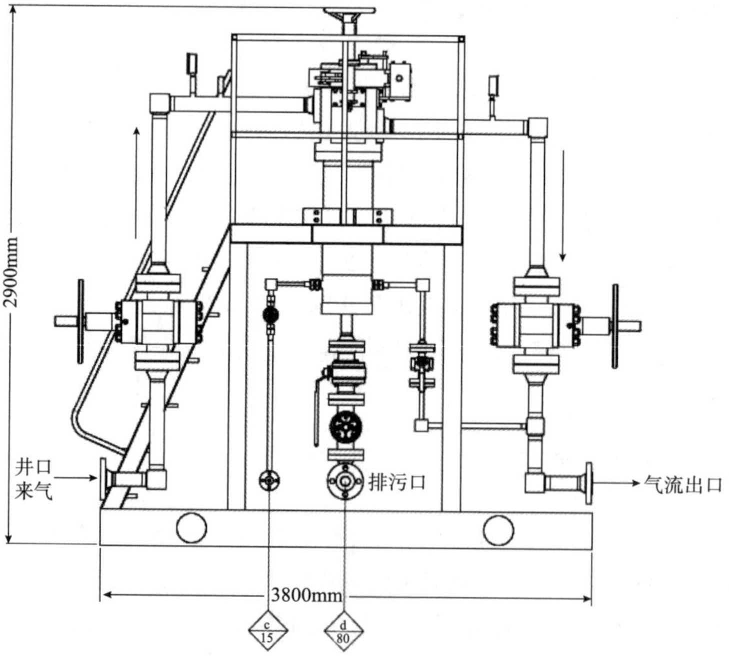

图3－2　滤网式除砂器结构原理图

(2)结构和材质。

滤网式除砂器结构和材质见表3－1。

表3－1　滤网式除砂器结构和材质表

名称	规格型号	材质
下法兰盖	XLSQ18－42－08B	35CrMo
丝扣法兰	XLSQ18－42－05	35CrMo
盲板	XLCSQ18－35－01	35CrNo
壳体	XLCSQ18－35－03	16Mn
卡箍体	XLCSQ18－35－04	16Mn
对焊法兰	XLCSQ18－42－WJ	16Mn
丝扣接管	Φ34×150(NPT1in)	16Mn
丝扣接管	Φ60(NPT 2in)	Q345D
丝扣接管	Φ26.7(NPT 3/4in)	Q345D
筒体(无缝钢管)	Φ273×45	Q345D

(3)运行参数。

滤网式除砂器主要运行参数见表3－2。

表3－2　滤网式除砂器主要运行参数表

名称	参数	单位
单台处理量	10×10^4	m^3/d
操作压力	23～33	MPa
设计压力	35	MPa
操作/设计温度	25	℃
设计温度	50	℃
过滤精度	≥0.1	mm

(4)注意事项。

除砂器投运时，应注意其流程阀门状态及各仪表运行情况，此外，除砂器差压表是判断除砂器运行情况的重要依据，还应重点关注除砂器差压表运行是否正常。充压时，应缓慢引入气体，避免气体流速过大损坏其内部滤网结构，当除砂器充压至前后压力平衡，再将全部流程导通，使除砂器进入正常运行状态。

除砂器排污前应确认除砂器排污出口闸阀处于关闭状态，除砂器排污进火炬分液罐截止阀处于打开状态，且火炬分液罐液位不高于60%；当除砂器前后压差达到额定值或巡检需要对除砂器排液时，缓慢打开除砂器排污出口阀门进行排污，当压差减少至正常范围则停止排污。

(5)故障判断和处理。

除砂器常见的故障主要是开启放空阀门后，看不到有气体、液体和固体杂质排出，针对此类问题参见表3－3中的处理方法。

表3－3　除砂器常见故障处理表

故障现象	可能原因	处理方法
放空阀门开启无反应	放空管线堵塞	热洗排污管线； 蒸汽车加热排污管线； 通过火炬分液罐内液体判断堵塞杂质类型
	两道阀门中放空球阀未开启	关闭已开启阀门，对流程进行检查； 全开放空球阀，控制放空截止阀以控制流量

2)水套式加热炉

水套式加热炉是为提高生产现场天然气温度而设置的加热设备，主要由筒体(水套)、火筒、烟管、盘管等部件组成，火筒、烟管、盘管浸泡于筒体内的水中，设备以水为热媒对流体进行加热。

(1)工作原理。

加热炉使用的燃料气为经过燃料气分离器分离后的站场自产气，燃料气在火筒中燃烧后，产生的热能以辐射、对流等传热形式将热量传给水套炉中的软化水，使水的温度升高，并部分汽化，水及其蒸汽再将热量传递给盘管中的天然气，使天然气获得热量，温度升高。其结构原理如图3－3所示。

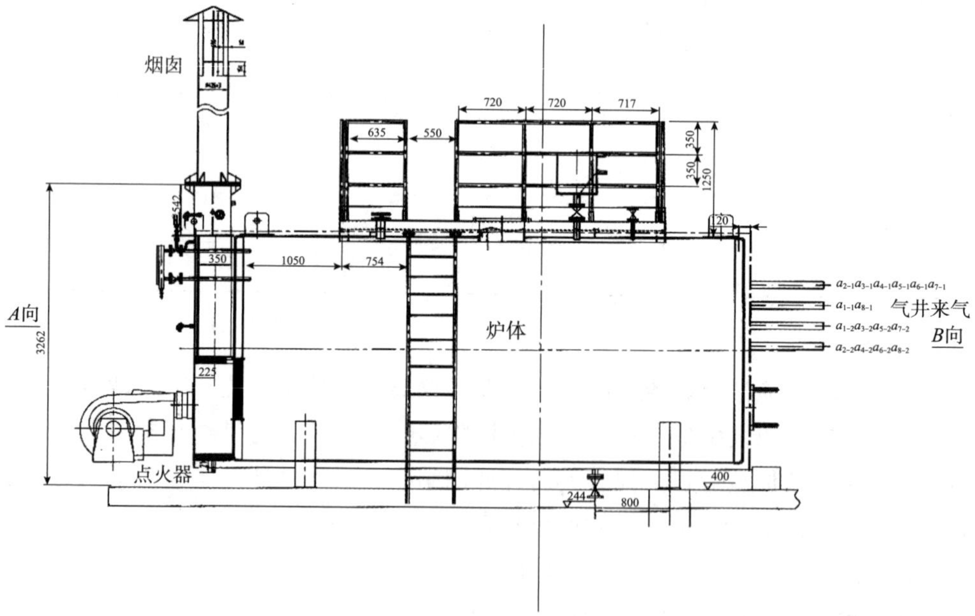

图3－3　水套式加热炉结构原理图

(2)结构和材质。

以800kW真空相变加热炉(九盘管)为例，其结构和材质见表3－4。

表3-4　加热炉结构和材质表

名称	规格型号	材质
筒体	2400×5000	Q245R
封头	EHA2400×12	Q245R
壳体		Q245R
法兰	PL500-16RF	20Ⅱ
人孔法兰	PL500-0.6RF	20Ⅱ
人孔法兰盖	PL500-0.6RF	Q235B
管材		16Mn
鞍座		Q235B
插入式接管		Q245R
组合炉胆		Q245R
主盘管	ϕ76×12	Q345D

(3)运行参数。

水套式加热炉主要运行参数见表3-5。

表3-5　水套式加热炉主要运行参数表

名称	参数	单位
壳程操作压力	-0.03~0	MPa
壳程设计压力	0.6	MPa
管程操作压力	18~33	MPa
管程设计压力	35	MPa
壳程操作温度	30~100	℃
壳程设计温度	150	℃
管程操作温度	0~60	℃
管程设计温度	100	℃
热负荷	800	kW

(4)注意事项。

启动加热炉前应对加热炉软化水液位和燃气管线压力进行检查，当加热炉软化水液位过低时，由于软化水无法将盘管完全浸泡在水中，易造成加热炉对工艺管线加热能力变差，当加热炉软化水液位过高时则容易造成软化水外溢。

对燃料气压力进行检查，如果燃料气压力过低，加热炉将无法开启，而且燃料气压力低也有可能是气体泄漏造成的，所以当发现燃料气压力低时应及时对燃料气管线进行检查，降低可燃气体外泄造成的风险。

在完成检查后，可以通过加热炉控制器对加热炉进行启动操作，使用炉头切换开关，实现自动控制和手动控制两种状态切换；当加热炉处于自动控制状态时，参数达到启炉条件，加热炉会自动启动。

也可以通过炉头启动/停止按钮手动控制加热炉的启停，此时应注意加热炉是否按照程序设置的温度上下限进行启停炉，防止持续升温造成液体沸腾，或长时间熄火造成管线温度过低而出现冰堵。

(5)故障判断和处理。

加热炉常见故障判断和处理方法见表3－6。

表3－6　加热炉常见故障判断和处理方法表

故障现象	可能原因	处理方法
加热炉到达指定温度未自动启动	就地、自动控制开关在就地位	确认现场就地、自动控制开关情况，将控制开关切换至自动位
加热炉未到停炉温度停炉	燃料气橇块供压不足	确认加热炉燃料气供气压力，排查燃料气分离器恢复加热炉燃料气供气压力

3)气液分离器

气液分离器主要作用为分离气液两相流体，并对分离后的气体和液体进行计量，上游各井产出气经过除砂、节流和加热后进入汇管，并通过气液分离器顶部管线进入气液分离器，气液分离器在分离出气液两相后，气相至外输管线，液相通过排液流程进入闪蒸分离器进行下一步处理。

(1)工作原理。

气液分离器用于天然气生产现场气、液两相分离，它利用气、液的密度差异以及流体动力学效应来分离气、液混合物，通常通过重力作用使气、液分离。在管道中，高速流动的气、液混合物进入分离器筒体后，由于流通通道突然变大，气、液混合物流速降低，在重力作用下，密度较大的液体下沉至分离器底部，密度较小的天然气由分离器顶部管道流出，从而实现气、液初步分离。同时，分离器还设有气相和液相流量计，可分别对分离后的天然气和液体进行计量，如图3－4所示。

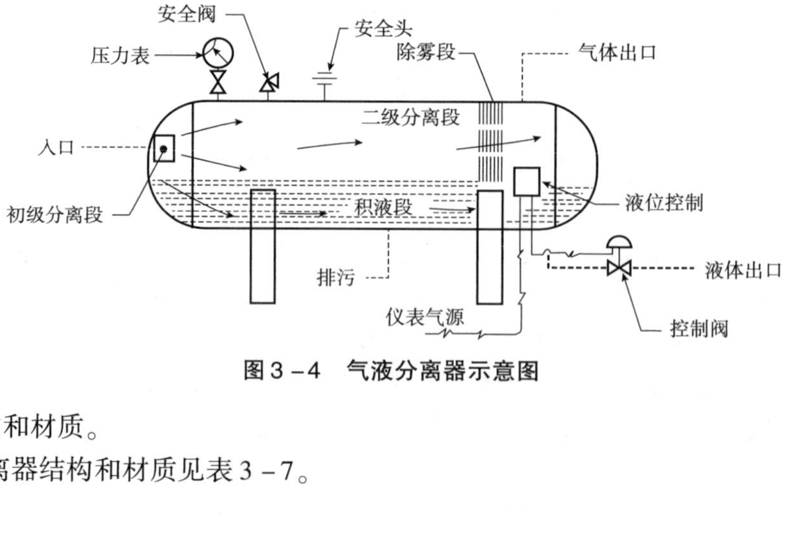

图3－4　气液分离器示意图

(2)结构和材质。

气液分离器结构和材质见表3－7。

表3－7 气液分离器结构和材质表

名称	规格型号	材质
筒体	1200mm×6000mm	Q345R
封头	26mm	Q345R

(3)运行参数。

气液分离器运行参数见表3－8。

表3－8 气液分离器运行参数表

名称	参数	单位
处理气量	50×10^4	m^3/d
处理液量	10	m^3/h
操作压力	8～9	MPa
设计压力	9.9	MPa
操作温度	30～50	℃
设计温度	70	℃

(4)注意事项。

投用前要确认压力表控制阀、安全阀上下游阀门、液位计上下游阀门均处于打开状态，排液阀门、计量阀门及放空阀门为关闭状态，气液分离器进、出口闸阀为关闭状态。确认符合投用条件后缓慢打开除砂器进口闸阀一定开度，将管道内的天然气缓慢引至分离器，待罐内压力与罐外管道压力平衡，全开分离器进口闸阀，运行平稳后再投用流量计，并对分离器各密封点开展全面验漏。

排液前检查确认分离器排液出口闸阀处于关闭状态，分离器排液进闪蒸分离器球阀处于打开状态，且闪蒸分离器油仓、水仓内液位符合排液标准。当分离器液位高于60%或判断需要进行排液时，缓慢打开气液分离器排液阀门，同时做好闪蒸分离器压力液位监控，防止容器超压。

(5)故障判断和处理。

气液分离器常见故障判断和处理方法见表3－9。

表3－9 气液分离器常见故障判断和处理方法表

故障现象	可能原因	处理方法
气液分离器无法排液	排液管线堵塞	使用橡皮锤进行敲击解堵； 锅炉车蒸汽吹扫解堵
流量计无显示	流量计未投用	投用流量计
	流量计导压管堵塞	按照解堵操作要求进行解堵

4)闪蒸分离器

闪蒸分离器上接计量分离器排液流程，闪蒸分离器的主要功能是对气液分离器排出的污水降压闪蒸，对液相部分进行油水的细致分离，分离后的油水进入凝析油、采出水储罐进行储存。闪蒸气进入燃料气分离器橇块，供给站场加热炉及火炬使用。

(1)工作原理。

闪蒸分离器内部结构分为油水混合仓、储油仓和储水仓，储水仓内设置集水管，从气、液两相分离器来的混合液体进入闪蒸分离器后，在混合仓内进行初步分离、沉降，对凝析油和产出水进行分离，形成油水界面，根据连通器原理，当混合仓内的产出水达到一定高度(集水管高度)时，产出水通过集水管进入储水仓；随着进入分离器内的液量增加，凝析油的高度也不断地增加，当总高度(凝析油和产出水的总高度)高于储油仓挡板高度时，凝析油进入储油仓，从而实现分离器内部的油、水分离，如图3-5所示。

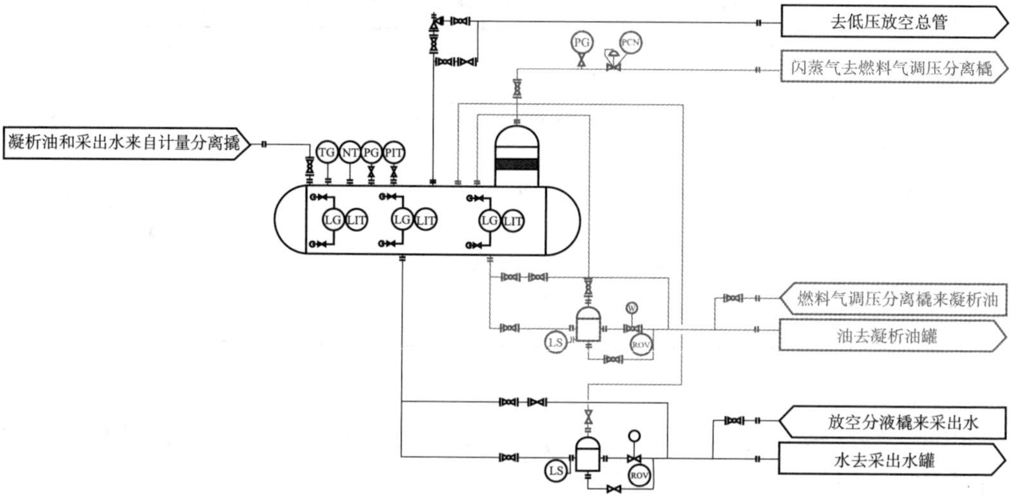

图3-5　闪蒸分离器工作原理

(2)结构和材质。

闪蒸分离器结构和材质见表3-10。

表3-10　闪蒸分离器结构和材质表

名称	规格型号	材质
筒体	1200mm×4800mm	Q245R
封头	8mm	Q245R

(3)运行参数。

闪蒸分离器运行参数见表3-11。

表3-11　闪蒸分离器运行参数表

名称	参数	单位
处理气量	8000	m^3/d
处理液量	200	m^3/h
操作压力	0.2~0.35	MPa
设计压力	0.6	MPa
操作温度	30~50	℃
设计温度	70	℃

(4)注意事项。

投用前检查确认压力表控制阀、安全阀上下游阀门和液位计上下游阀门均处于打开状态，容器至燃料气分离器调压阀处于投运状态，排液及放空阀门为关闭状态，闪蒸分离器入口球阀处于关闭状态。确认符合投用状态后，缓慢打开闪蒸分离器入口球阀，待管线及容器内压力平衡后全开入口球阀，缓慢打开气液分离器排液控制阀，控制排液速度，将气液分离器内液体引入闪蒸分离器。投用过程中监控现场闪蒸分离器压力变化情况，确认调压阀工作正常。设备投用后对闪蒸分离器各密封点开展全面验漏，确认无漏点。

排液前检查确认闪蒸分离器排液出口闸阀、球阀处于关闭状态，闪蒸分离器排液流程疏水阀处于投运状态，闪蒸分离器罐体压力在0.3MPa左右，下游凝析油、采出水储罐入口球阀已开启，且储罐液位符合进液条件。确认符合排液要求后，若闪蒸分离器油仓、水仓液位高于60%，需要缓慢打开气液分离器排液球阀及闸阀，调节排液控制阀开度对闪蒸分离器进行排液。排液期间做好凝析油、采出水储罐压力监控，严防闪蒸分离器排液流程过气造成储罐带压。

(5)故障判断和处理。

闪蒸分离器常见故障判断和处理方法见表3－12。

表3－12　闪蒸分离器常见故障判断和处理方法表

故障现象	可能原因	处理方法
闪蒸分离器压力高	气液分离器排液过快	关闭气液分离器排液控制阀，通过闪蒸分离器罐顶放空对闪蒸分离器泄压
闪蒸分离器无法排液	排液流程疏水阀未投用	检查疏水阀与闪蒸分离器罐体连接球阀是否处于开启状态，如未开启，缓慢开启连接球阀，投用疏水阀
	闪蒸分离器罐体无压力	确认闪蒸分离器罐顶放空阀门及安全阀状态，调节气液分离器排液球阀，通过排液球阀调节闪蒸分离器压力

5)燃料气分离器

燃料气分离器是将较高进口压力天然气调节至设计所需的较低出口压力，并在用气量变化及进口压力波动的情况下能自动地将出口压力稳定在一定范围内，并对天然气进行下一步净化处理，以满足现场自用需求的一种重力式分离器。燃料气分离器气源有两部分：一部分是从分离器中分离出的自用天然气，经加热炉加热后，由两级自力式压力调节阀调压至0.35MPa后进入燃料分离器内；另一部分是从闪蒸分离器中分离出的天然气，经过调压后进入燃料分离器。经过净化调压后的天然气作为加热炉和火炬点火的燃料气使用。

(1)工作原理。

燃料气分离器的工艺原理主要为重力沉降，气液分离器及闪蒸分离器来气通过容器中部进入缓冲罐内，气体进入筒体后，由于气流速度突然降低，成股状的液体或大的液滴在重力作用下被分离出来直接沉降到积液段，而经初级分离的天然气流携带着较小的液滴向气流出口以较低的流速向上流动，此时，由于重力的作用，液滴则向下沉降与气流分离。最终气流经过容器上方的捕雾网，微小液滴在此发生碰撞、凝聚，结合成大液滴下落，完成最终的气体净化，净化后的天然气则从罐顶管线进入下游加热炉和火炬燃料气的供气流程，如图 3－6 所示。

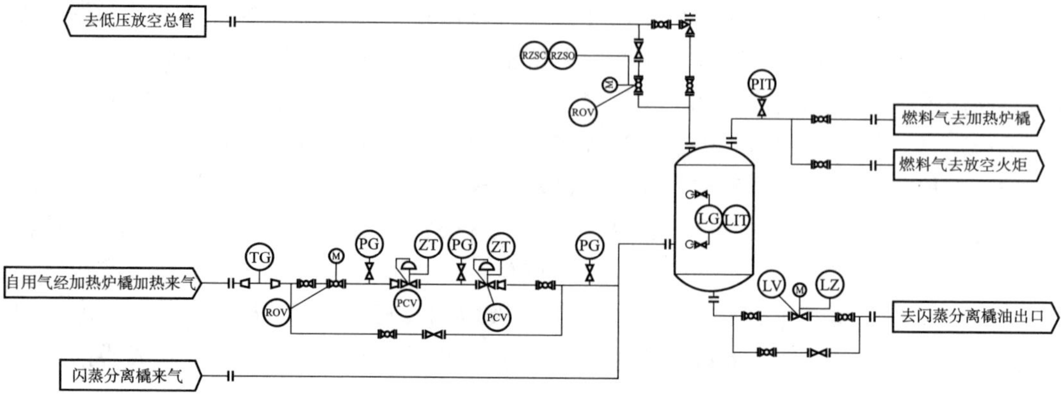

图 3－6　燃气分离器工作原理

(2) 结构和材质。

燃料气分离器结构和材质见表 3－13。

表 3－13　燃料气分离器结构和材质表

名称	规格型号	材质
筒体	600mm × 2916mm	Q245R
封头	8mm	Q245R

(3) 运行参数。

燃气分离器运行参数见表 3－14。

表 3－14　燃气分离器运行参数表

名称	参数	单位
操作压力	0.2～0.35	MPa
设计压力	0.6	MPa
操作温度	30～50	℃
设计温度	70	℃

(4) 注意事项。

投运前检查确认压力表控制阀、安全阀上下游阀门和液位计上下游阀门均处于打开状态；气液分离器来气及闪蒸分离器来气调压阀已投运，排液及放空阀门为关闭状态，罐顶放空控制阀处于远程控制状态，闪蒸分离器供气球阀和气液分离器供气球阀处于关闭状态。

投运时缓慢打开气液分离器供气球阀，注意供气阀门全开后，调压阀后压力是否平稳且符合调压阀压力设置；缓慢打开闪蒸分离器供气球阀，待球阀前后压力平衡后全开球阀；对燃料气分离器各密封点开展全面验漏，确认无漏点。

6)放空分液罐

放空分液罐设置在火炬前端，主要是去除放空天然气中夹带的凝液，减少放空总管中的凝液量，避免液滴被带至火炬头，火炬分液罐配有罐底泵，可以将储罐内液体打入凝析油和采出水储罐，如图3－7所示。

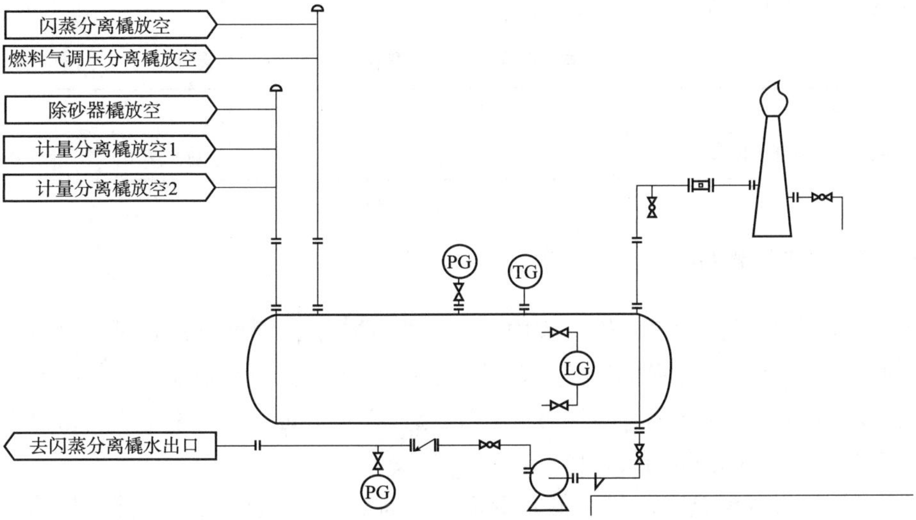

图3－7　放空分液罐工艺流程图

(1)工作原理。

放空分液罐的工作原理主要为重力沉降，各容器放空排出气体从容器一端上方入口进入罐体，气体流速变低后大液滴会沉降至底部，气体经过整个罐体，通过卧罐内TP板分离元件脱除气体内液体，气体则从罐另一端上部气体出口排出，完成气液分离过程。

(2)结构和材质。

放空分液罐结构和材质见表3－15。

表3－15　放空分液罐结构和材质表

名称	规格型号	材质
筒体	1600mm×6866mm	16MnDR
封头	8mm	16MnDR

(3)运行参数。

放空分液罐运行参数见表3－16。

表3－16　放空分液罐运行参数表

名称	参数	单位
操作压力	30～150	kPa
设计压力	0.4	MPa
操作温度	50	℃
设计温度	70	℃
离心泵流量	20	m^3/h

(4)注意事项。

进行放空操作前需确认放空分液罐液位，液位低于30%，再进行放空。放空操作应遵循缓开慢放的原则，除紧急情况外禁止短时间大量放空。

(5)故障判断和处理。

常见故障判断和处理方法见表3－17。

表3－17　放空分液罐常见故障判断和处理方法表

故障现象	可能原因	处理方法
放空分液罐液位计不准确	磁翻板液位计阀门堵塞	热洗解堵；拆卸阀门清堵

3.1.3　陆相气增压

陆相气增压工艺是天然气集输过程中的一项重要技术，因地层能量下降造成的气井产量下降，通过增压可以达到降低气井井口回压、提升低产气井产量的目的。增压分为单井增压和集中增压两种方式，两种增压方式在工艺上基本相同，因此本节以普陆3集气站场集中增压工艺为例，讲述陆相气井增压技术。

由于致密/页岩气藏具有的异常低孔低渗的特征，气井投产前储层都需要进行大规模的体积压裂改造，投产后表现为初期产量高、递减速度快和低产期时间长的特点。因此需要采用合适的工艺配套措施才能实现气井连续稳定生产，早期开发的涪陵页岩气藏，均配套有增压开采技术，普光陆相集气站场也采用了同样的增压技术，达到了提升气井产量、连续稳定生产的目的。普陆3集气站场共有普陆2、普陆3和普陆页1HF共3口气井，采用的是3口井集中增压的方式，即将3口井产出的天然气经过节流、加热、除砂和三相分离后，引至压缩机，经增压后外输。

1)工艺流程

普陆2、普陆3和普陆页1HF 3口气井，经三级节流、加热和除砂后进入三相分离器，从三相分离器出来的天然气进入压缩机增压，分离出的油和水分别进入凝析油储罐和产出水储罐。进入压缩机的天然气必须增压至8.5MPa，才能满足进外输系统去酸气管网的条件，工艺流程如图3－8所示。

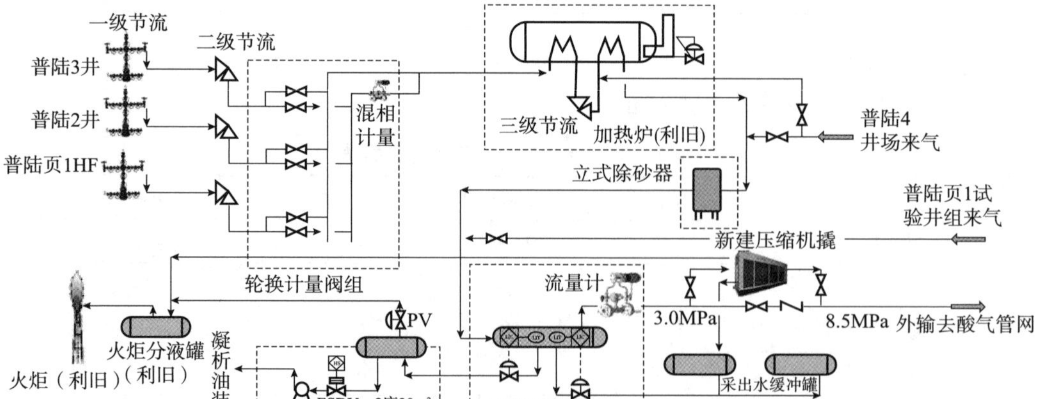

图3－8　普陆3集气站增压工艺流程图

2)主要设备及运行参数。

主要设备有压缩机和压缩机配套的预制舱。普陆3集气站设置1台往复式压缩机组，配套重力分离器和过滤分离器，采用“气液分离(设丝网除沫器)+过滤分离器+增压+空冷”湿气增压工艺。主要设备的运行参数见表3-18。

表3-18　压缩机运行参数表

名称	参数	单位
机组进气压力	3.0	MPa
机组进气温度	20~40	℃
机组出口压力	8~9	MPa
机组出气温度	<50	℃
机组排量范围	$(2\sim6)\times10^4$	m^3/d
冷却方式	空冷	
启动方式	变频启动	

3)注意事项

压缩机启动前，要先检查并导通增压工艺流程，检查进气压力、进气温度达到启机条件；按复位按钮，消除故障，机组在卸载状态，按启动按钮启动压缩机。

运行中的检查注意观察各缸温度，细听各缸声音，检查工艺气系统有无漏气现象、参数值是否正常，检查润滑油系统有无漏点、参数值是否达到标准，检查现场就地表与PLC显示数值是否一致，若传输数据正常，观察各级洗涤罐液位和自动排污情况，检查各级气缸进出口温度和压力变化情况。

停运后每周对压缩机组预润滑一次、手动盘车一次，每次盘车两圈以上。冬季排净各分离器内的积液，防止冻坏设备流程管线，并保持设备干净、整洁、无油污。

3.1.4　辅助系统

普陆页1井组配置有电信控一体化橇，橇内设置站场控制系统(Station Control System，SCS)一套，由过程控制系统(Process Control System，PCS)、安全仪表系统(Safety Instrumented System，SIS)及火气系统(Fire and Gas System，FGS)三部分构成，其中火气系统由火灾报警系统(FAS)和可燃气体检测系统(GAS)组成。SCS可完成整个生产过程的监视控制、紧急停车及火气监测，并将数据上传至上级调控的SCADA系统。

3.2　CNG生产站场

普光气田在致密/页岩气开发过程中，部分气井井场位置偏远、道路崎岖、弯多路陡。同时由于气藏储量规模小，产量很低，稳产时间不长；远离气田集输管网，交通不便，缺少外部供电条件和天然气外输管道，要在这种情况下建设完整的集输设施较为困难，也没有经济效益。而采用CNG生产工艺，能很好地解决以上存在的问题，目前普光气田为实现天然气增储上产，对边远不含 H_2S 天然气井采用 CNG 生产工艺，尽可能实现气井长期稳定生产。

3.2.1 CNG 生产工艺流程

本节以雷页 1 井生产现场为例，介绍 CNG 生产工艺。具体工艺如下：气井产出的高压来气，经井口采气树角式节流阀和节流管汇台节流后，进入下游自动控压管汇进行调压，调压后的天然气进入高压旋流分离器，进行气液初步分离；分离后的天然气进入下游组合式加热分离净化脱水橇，进行深度脱水处理。经过脱水后的天然气基本能够达到充装要求，压力控制在 20～25MPa，进入下游加气橇，然后 CNG 装车外运，主要工艺流程如图 3－9 所示。

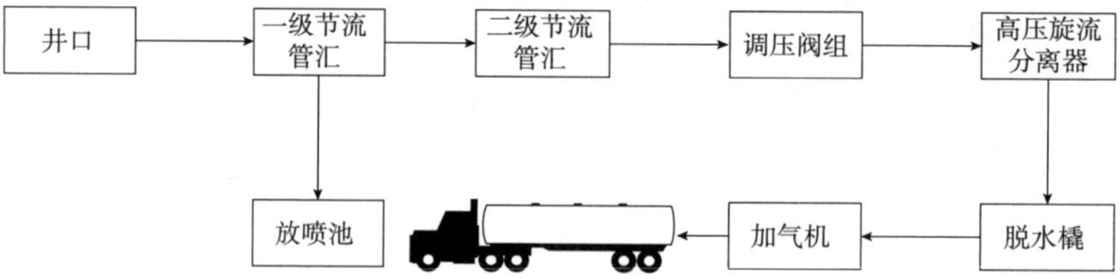

图 3－9　雷页 1 井工艺流程简图

3.2.2 CNG 生产运行参数

CNG 站场主要设备有采气树、井口控制柜、一级管汇台、二级管汇台、高压管汇、高压分离器、排污管汇、脱水橇、加气机、发电机及充气泵等，主要设备设计运行参数见表 3－19。

表 3－19　CNG 站场主要设备设计运行参数表　　MPa

名称	设计压力	安全阀起跳压力
井口采气树	150	
一级管汇台	70	
二级管汇台	70	
高压管汇	35	
高压分离器	34	30
脱水橇	27.5	24
加气机	25	

3.2.3 设备设施

CNG 生产站场关键设备主要有高压旋流分离器、分离净化脱水橇和加气机等。

1）高压旋流分离器

高压旋流分离器设计压力 34MPa，可实现井口来气的初步气液分离和除砂功能，防止了井口除砂对下游设备的腐蚀，同时减少了下游分离净化脱水橇的脱水压力。

(1)工艺原理。

流体进入高压旋流分离器后，把介质中的液体及固体颗粒从天然气中分离出来。固体颗粒储存在分离器进口端容器底部储砂腔，通过排污口排至污水池。在最底部排污口安装有双闸板阀控制排污口，末端安装有自动控制阀，可以实现定液位自动排放，其工作如图3－10所示。

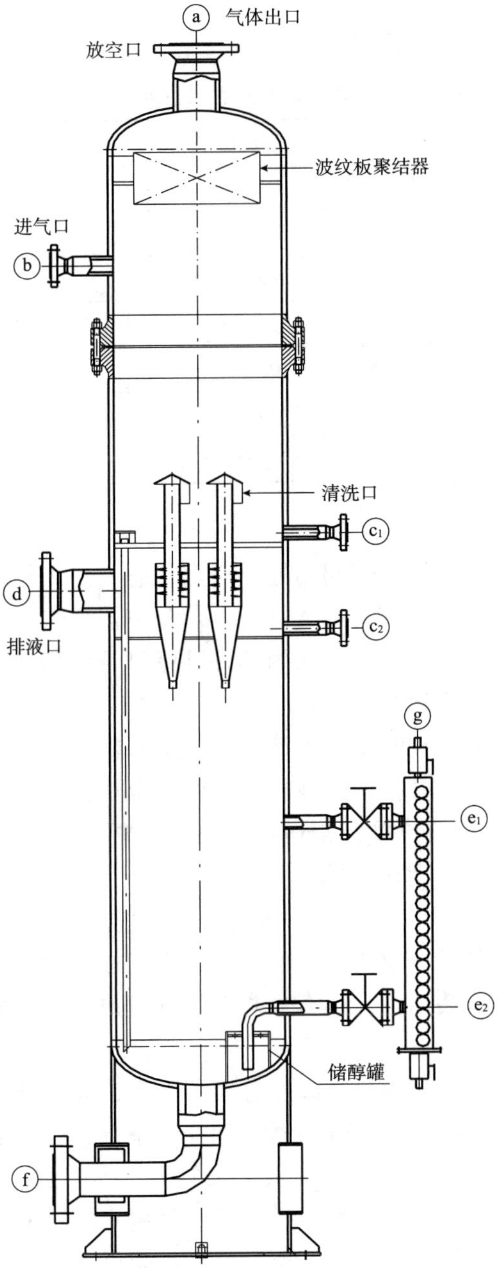

图3－10 高压旋流分离器结构原理示意图

(2)结构和材质。

高压旋流分离器结构和材质见表3－20。

表 3-20　高压旋流分离器结构和材质表

名称	规格型号	材质
筒体	500mm × 1500mm	Q345R
封头	32mm	Q345R

(3)运行参数。

高压旋流分离器主要运行参数见表 3-21。

表 3-21　高压旋流分离器主要运行参数表

名称	参数	单位
设计压力	34	MPa
最高工作压力	29.5	MPa
运行温度	-20 ~ 60	℃
容积	0.19	m^3
工作压力	0 ~ 23.0	MPa
安全阀起跳压力	30.0	MPa
工作介质	天然气混合物	

(4)注意事项。

投运分离器前，确认分离器进气阀门处于开启状态，排污阀门处于关闭状态，液位计阀门处于开启状态，缓慢打开分离器进气阀门，使分离器缓慢升压，观察分离器进气压力表；检查各连接管线，验漏正常后按照从内到外顺序打开分离器下部各管线上的阀门，最后打开分离器出口阀门，投入运行。

运行过程中通过防爆液位控制箱设置液位的上下限数值，当高压分离器中的液位到达设定的上限时，气动阀自动打开排液，液位下降到下限后，气动阀自动关闭，设置液位上限 400mm、下限 200mm，高液位报警 450mm，当液位超过 400mm，气动阀打开排液，当液位下降至 200mm 以下时，气动阀关闭。

2)分离净化脱水橇

分离净化脱水橇是集分离、净化、干燥脱水、智能控制等多项技术为一体的分离计量设备。该设备采用了组合橇装结构，具有分离效果好、操作弹性大、操作简单等特点。

(1)工艺原理。

组合式加热分离净化脱水橇主要由高压分离器 1 台，天然气精密过滤器 1 台，天然气脱水塔 2 台、分离器液位控制系统、分离器温度控制系统、分离器节流减压系统、天然气干燥脱水系统和 PLC 数据采集控制系统组成。天然气进入该脱水橇后，先进入高压分离器进行初步脱水，并经过精密过滤器过滤后进入天然气脱水塔，橇装内有脱水塔两座，利用分子筛进行脱水，分子筛利用井口自产天然气进行加热循环再生；当使用 1 号脱水塔进行脱水时，2 号脱水塔进行再生，当使用 2 号脱水塔进行脱水时，1 号脱水塔进行再生，橇块内流程切换由 PLC 自动控制，其工艺流程如图 3-11 所示。

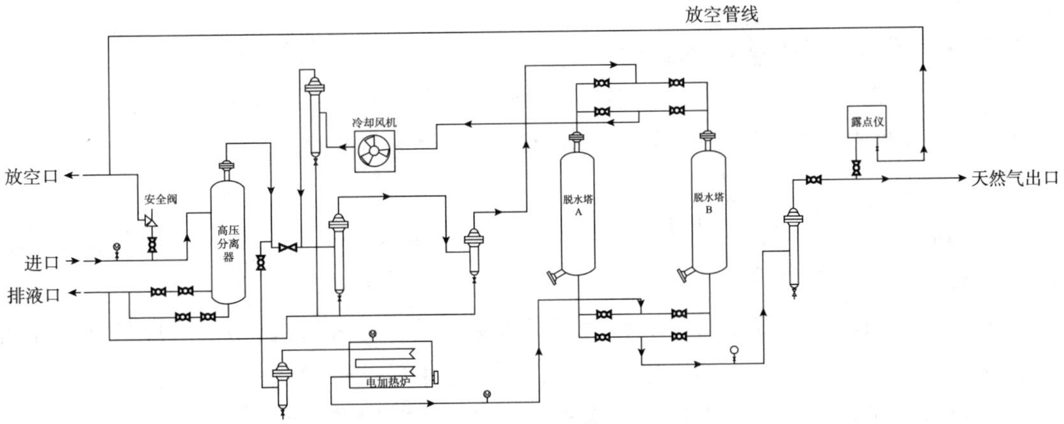

图 3－11　分离净化脱水橇工艺流程图

(2)结构和材质。

分离净化脱水橇结构和材质见表 3－22。

表 3－22　分离净化脱水橇结构和材质表

名称	材质
受压元件板材	Q345R
锻件	16Mn
钢管	16Mn
常压设备	Q345R
设备内部不可拆卸内构件	Q235B 或 Q345R
设备内部可拆件	316 不锈钢

(3)运行参数。

分离净化脱水橇主要工艺是利用分子筛脱水，其工艺参数见表 3－23。

表 3－23　分离净化脱水橇工艺参数表

名称	参数	单位
处理能力	$(0.5\sim10)\times10^4$	m^3/d
设计压力	27.5	MPa
设计温度	≥250	℃
工作温度	180～230	℃
常压干气水露点	≤－60	℃
成品气含尘粒径	≤3	μm
设备压降	≤30	kPa
配置形式	双塔自动再生、手动排污	
再生方式	闭式电加热	
切换方式	手动切换	
再生控制方式	PLC 自动控制	
吸附剂	4A 分子筛	

(4)注意事项。

投运脱水橇前，确认脱水橇进气阀门处于开启状态，排污阀门处于关闭状态，液位计阀门处于开启状态，电加热炉电源已连接，导热油液位在正常油位。确认干燥塔阀门处于待机时，A、B 吸附塔的吸附进气阀和吸附出气阀都处于打开状态，再生进气阀和再生出气阀都处于关闭状态。

使用过程中观察干燥塔运行状态，观察压力、温度是否正常，水露点是否达到要求，机器运行是否有异常响声等。

当脱水橇停机时，干燥塔再生流程为闭式再生循环，将旁通阀打开，再生气进口阀和出口阀关闭，对需要进行再生的塔进行再生，再生结束后，干燥塔进入待机状态。

干燥塔停止工作时，必须保证干燥塔再生已经完成，避免干燥剂再生不彻底而造成露点升高，禁止采用直接切断电源的方式使干燥塔停止工作。

3)加气机

加气机是指以压缩天然气(CNG)形式向 CNG 罐车内进行充装的设备，该设备主要用于计量现场 CNG 罐车的充装量。

(1)工艺原理。

雷页 1 井现场加气机使用科里奥利质量流量计进行气体计量，是一种利用流体在振动管道中流动时产生与质量流量成正比的科里奥利力原理来直接测量质量流量的装置，由流量检测元件和转换器组成，加气机同时通过切断阀具有紧急切断的功能。

CNG 经过输送管道进入加气机，依次流经入口球阀、过滤器、手动球阀、电磁阀(低压、中压、高压)、单向阀、质量流量计、快速切断阀、拉断阀、高压软管、枪阀(二位三通球阀)、加气枪头，最后流入被充装汽车的气瓶。质量流量计把测出的流过加气机的气体质量等参数的物理信号由信号转换器转换成数字信号传递给控制器，控制器经过自动计算得出相应的质量(体积)，从而完成一次加气计量过程。加气机工作原理如图 3 - 12 所示。

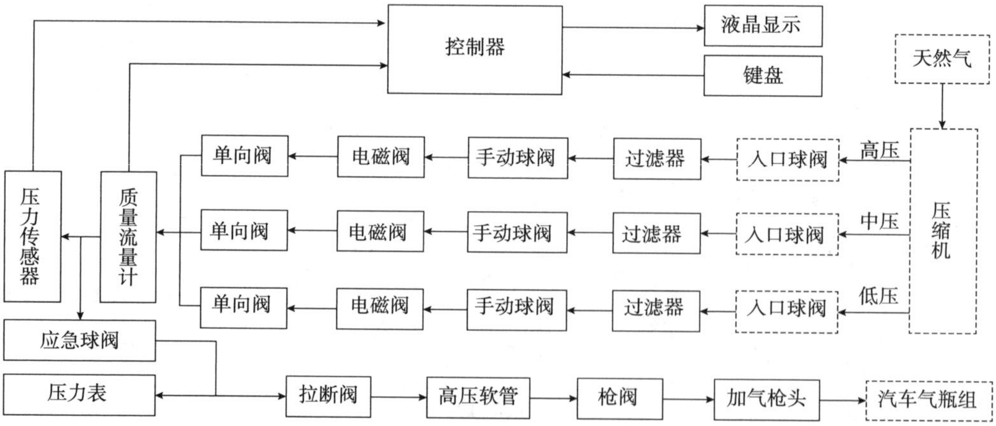

图 3 - 12　CNG 加气机工作原理图

(2)运行参数。

加气机主要运行参数见表3－24。

表3－24　加气机主要运行参数表

内容	参数	单位
单枪流量	4～150	m^3/min
最大工作压力	25	MPa
使用环境温度	－35～50	℃
最小被测量	4	m^3

(3)注意事项。

加气前检查加气机进气过滤器排污阀处于关闭状态，加气机加气阀门处于关闭状态，气管线与槽车连接可靠，确认槽车静电接地线连接可靠。

加气前进行质量流量计零点调整，完成零点调整后，打开加气柱总开关阀，并慢慢打开管线截止阀，使加气机的表压与CNG储罐表压相等，确认流程导通，按加气键加气机开始加气，直至充装结束。

加气车辆应关闭发动机和所有车上灯光，车辆熄火，拔出车钥匙；仔细检查确认加气软管状态完好无损；在加气过程中，严禁在加气柱内部进行任何操作。

3.3　LNG生产站场

LNG(Liquefied Natural Gas)又称液化天然气，是天然气经净化处理(脱除重烃、硫化物、二氧化碳、水等)后，在常压下深冷至－162℃，由气态转变成液态。天然气在液化过程中进一步得到净化，纯度更高、不含CO_2、硫化物，无色无味、无毒且无腐蚀性。液化天然气的体积约为同量气态天然气体积的1/625，质量仅为同体积水的45%左右，大大方便储存和运输。

目前，LNG生产只在普光分公司通南巴工区应用。

3.3.1　天然气液化工艺

天然气液化工艺主要有阶式制冷、混合制冷和膨胀制冷三种工艺。

1)阶式制冷工艺

阶式制冷工艺是一种常规制冷工艺。对于天然气液化过程，一般是由丙烷、乙烯和甲烷为制冷剂的3个制冷循环阶段组成，逐级提供天然气液化所需的冷量，制冷温度梯度分别为－30℃、－90℃及－150℃左右。净化后的原料天然气在三个制冷循环的冷却器中逐级冷却、冷凝、液化并过冷，经节流降压后获得低温常压液态天然气产品，送至储罐储存。阶式制冷工艺的制冷系统与天然气液化系统相互独立，制冷剂为单一组分，各系统相互影响少，操作稳定，较适合于高压气源(利用气源压力能)。但由于该工艺制冷机组多、流程长、对制冷剂纯度要求严格，不适用于含氮量较多的天然气。因此这种液化工艺在天然气液化装置上已较少应用。

2)混合制冷工艺

混合制冷工艺是20世纪60年代末期由阶式制冷工艺演变而来的，多采用烃类混合物(N_2、C_1、C_2、C_3、C_4、C_5)作为制冷剂，代替阶式制冷工艺中的多个纯组分。其制冷剂组成根据原料气的组成和压力而定，利用多组分混合物中重组分先冷凝、轻组分后冷凝的特性，将其依次冷凝、分离、节流、蒸发得到不同温度级的冷量。又据混合制冷剂是否与原料天然气相混合，分为闭式和开式两种混合制冷工艺。

闭式循环：制冷剂循环系统自成一个独立系统。混合制冷剂被制冷压缩机压缩后，经水(空气)冷却后在不同温度下逐级冷凝分离，节流后进入冷箱(换热器)的不同温度段，给原料天然气提供冷量。原料天然气经“三脱”处理后，进入冷箱(换热器)逐级冷却冷凝、节流、降压后获得液态天然气产品。

开式循环：原料天然气经“三脱”处理后与混合制冷剂混合，依次流经各级换热器及气液分离器，在逐渐冷凝的同时，也把所需的制冷剂组分逐一冷凝分离出来，按制冷剂沸点的高低将分离出的制冷剂组分逐级蒸发，并汇集构成一股低温物流，与原料天然气逆流换热的制冷循环。开式循环系统启动时间较长且操作较困难，技术尚不完善。与阶式制冷工艺相比，混合制冷工艺具有流程短、机组少、投资低等优点；其缺点是能耗高，对混合制冷剂各组分的配比要求严格，设计计算较困难。

3)膨胀制冷工艺

膨胀制冷工艺的特点是能利用原料天然气的压力对外做功以提供天然气液化所需的冷量。系统液化率主要取决于膨胀比和膨胀效率，该工艺特别适用于天然气输送压力较高而实际使用压力较低，中间需要降压的气源场合。优点是能耗低、流程短、投资省、操作灵活；缺点是液化率低。

3.3.2 主要工艺流程

LNG生产以马301井为例，采用MDEA脱酸、干法脱水、DMR混合制冷工艺，天然气液化能力为$6\times10^4m^3/d$(20℃、0.101325MPa的气体状态)。

来自马301井的天然气经除砂器除砂后进入水套炉，经水套炉加温节流降压至8MPa，然后经压力调节阀进入气液分离器及过滤分离器，分离过滤机械杂质和液体颗粒，再进入流量计进行计量；原料气进吸收塔脱出CO_2，吸收了CO_2的溶液经再生塔加热、减压释放出CO_2，溶液再生循环使用；脱出了CO_2的天然气经脱水塔将水分降至露点-70℃以下，该单元采用三塔等压再生流程，用干燥净化气作再生气，再生气经冷却后分离掉游离水，送往燃料气系统供发电和导热油使用；净化合格的天然气进入液化单元，经制冷剂逐级降温，将天然气降温至-160℃，液化合格的LNG产品装车外输。本单元制冷由高温冷剂压缩机和低温冷剂压缩机完成，高温冷剂压缩机提供高温段冷量，低温段冷量则由低温冷剂压缩机提供，其流程如图3-13所示。

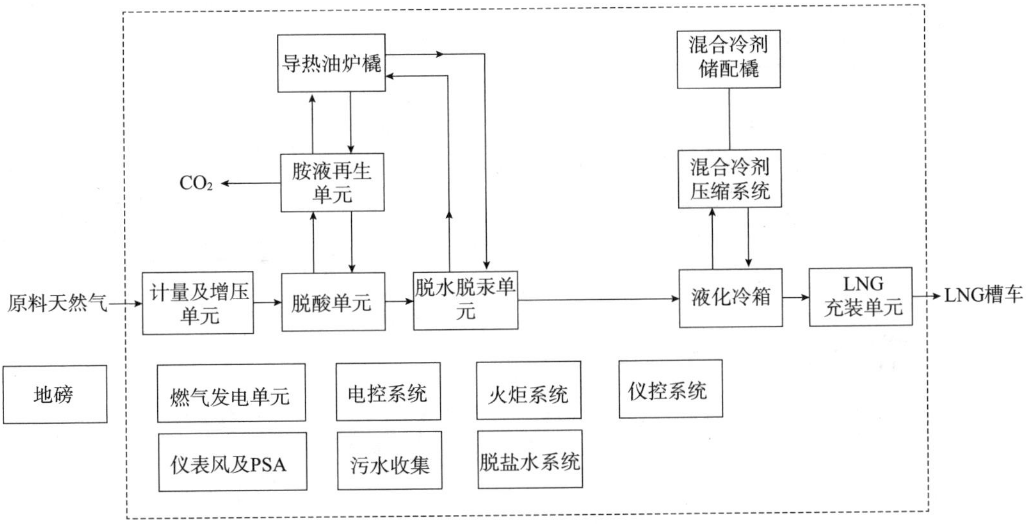

图3-13　工艺系统流程框图

3.3.3　主要设备装置

LNG生产装置的主工艺单元包括：除砂单元、水套炉加温减压单元、调压计量单元、脱酸单元、脱水脱汞单元、循环制冷单元、低温液化单元和LNG装车单元。

1)除砂单元

原料气从井口经一级节流后，节流至25MPa内。经除砂器除砂后进入水套炉，经水套炉加温减压至8MPa，然后进入调压计量单元，马301井现场使用的为旋流除砂器，工艺流程如图3-14所示。

井口除砂器主要基于旋流分离和重力沉降的原理进行工作。当井口流体(包括气体、液体和固体颗粒)进入除砂器时，会被导向一个旋转流动路径，通常通过斜切接管或旋流器实现。在高速旋转的过程中，流体中的固体颗粒受离心力的作用，被推向设备的外围，而较轻的气体和液体则倾向于向中心流动。在旋流分离之后，固体颗粒由于自身的重力作用，会沿着除砂器的倾斜壁面下滑，最终聚集在设备的底部或专门的收集区域沉积，而后从排砂口排出，从而达到除砂的目的。

(1)结构和材质。

旋流除砂器的主要结构为筒体和封头。设备材质为16MnⅢ/20G。

(2)运行参数。

旋流除砂器运行参数见表3-25。

表3-25　旋流除砂器运行参数表

名称	参数	单位
最大处理气量	10×10^4	m^3/d
设计压力	35	MPa
设计温度	-29~120	℃
操作压力	8~25	MPa

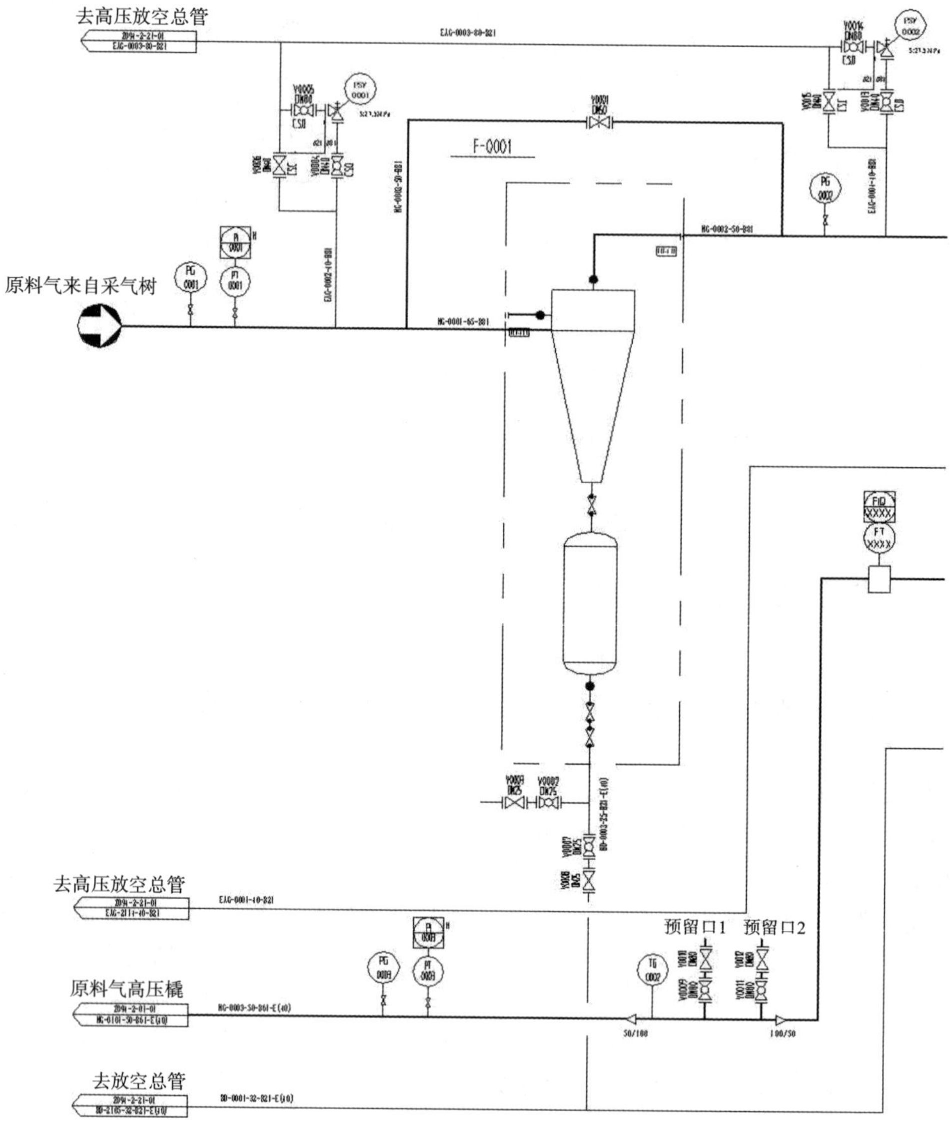

图 3-14　旋流除砂器工艺流程图

(3)注意事项。

封盖关闭到位，安全连锁机构投入使用后，方能升压，否则不能升压；确认筒内压力已降至零，再打开安全连锁机构，方能进行除砂器的开启动作，否则无法开启。

应对所有管线和除砂器本体采用电伴热方式进行保温，以避免生产过程中因结蜡导致憋压而不能保证连续生产。

2)水套炉加温减压单元

水套炉加温减压单元的设备为 组合式加热节流分离计量装置，是将水套加热炉、三相分离器、液位控制系统和计算机数据采集系统组合在一个橇块上，方便安装、操作和搬迁运输，如图 3-15 所示。

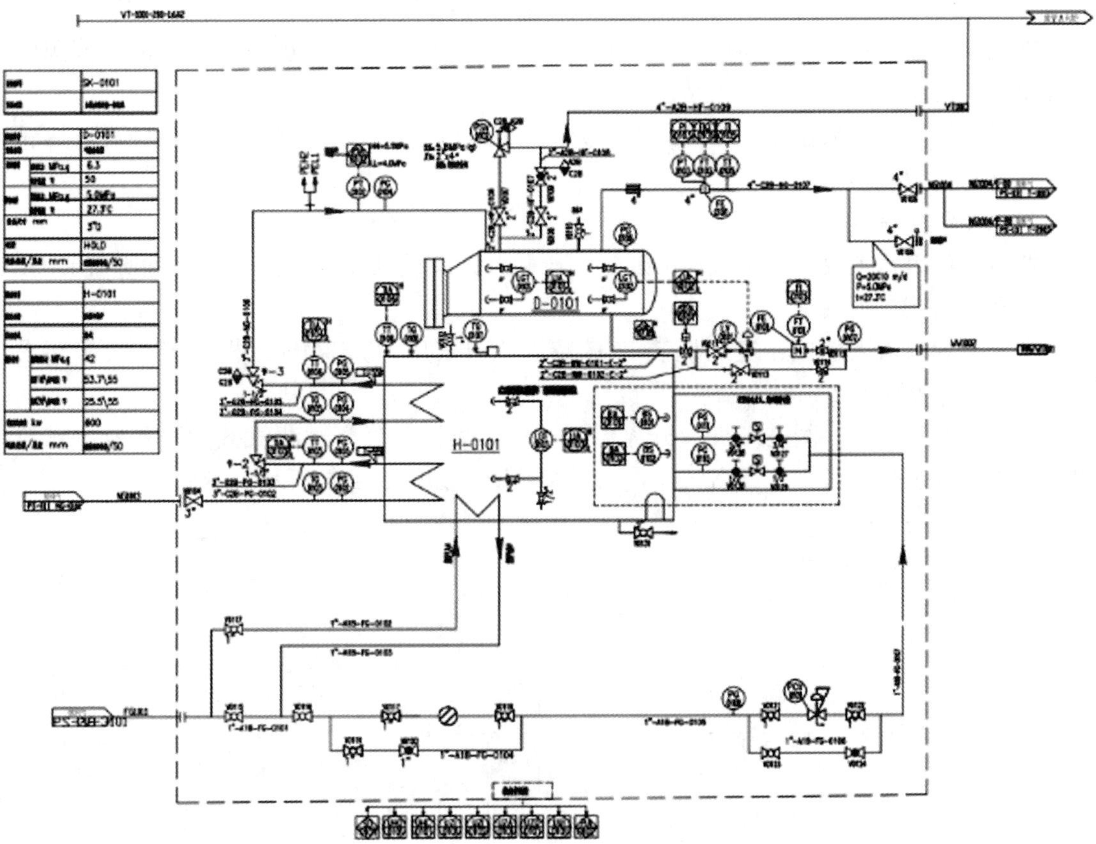

图 3－15　组合式加热节流分离计量装置工艺流程图

(1)结构和材质。

本装置主要设备有加热炉和三相分离器。加热炉盘管材质为 20G；高效三相分离器结构和材质见表 3－26。

表 3－26　高效三相分离器结构和材质表

<table>
<tr><td colspan="2">容器容积</td><td>0.95m³</td><td colspan="2">容器内径</td><td>600mm</td><td>容器高(长)</td><td>3100mm</td></tr>
<tr><td rowspan="2">材料</td><td>筒体</td><td>Q345R</td><td rowspan="2">厚度</td><td>筒体</td><td>22mm</td><td rowspan="2">容器自重</td><td rowspan="2">1490kg</td></tr>
<tr><td>封头</td><td>Q345R</td><td>封头</td><td>22mm</td></tr>
</table>

(2)运行参数。

加热炉运行参数见表 3－27。

表 3－27　加热炉运行参数表

名称	参数	单位
水套加热炉盘管设计压力	35	MPa
水套加热炉盘管操作压力	8～25	MPa
设计温度	100	℃
分离器设计压力	9.8	MPa

(3)注意事项。

加热炉启动前检查燃烧器燃料供给正常，点火系统完好，加热炉水位在正常范围内；合理调整节流阀的开度，控制天然气的压力至操作压力。

定时排液或根据液位自动排液，保持分离器内的液位在安全范围内，避免液位过高导致液相进入下游管道。

3)调压计量单元

调压计量单元主要是将来气压力通过调压装置，调整到后续工艺处理装置所需要的压力，以满足工艺技术要求。

从水套炉引入天然气，进入橇装 LNG 装置原料气压力为 8MPa，根据工艺技术要求，需要将原料气调压到 5MPa。

原料气经压力调节阀进入气液分离器及过滤分离器，分离过滤机械杂质和液体颗粒，再进入流量计进行计量，计量后气体进入后续系统，如图 3－16 所示。

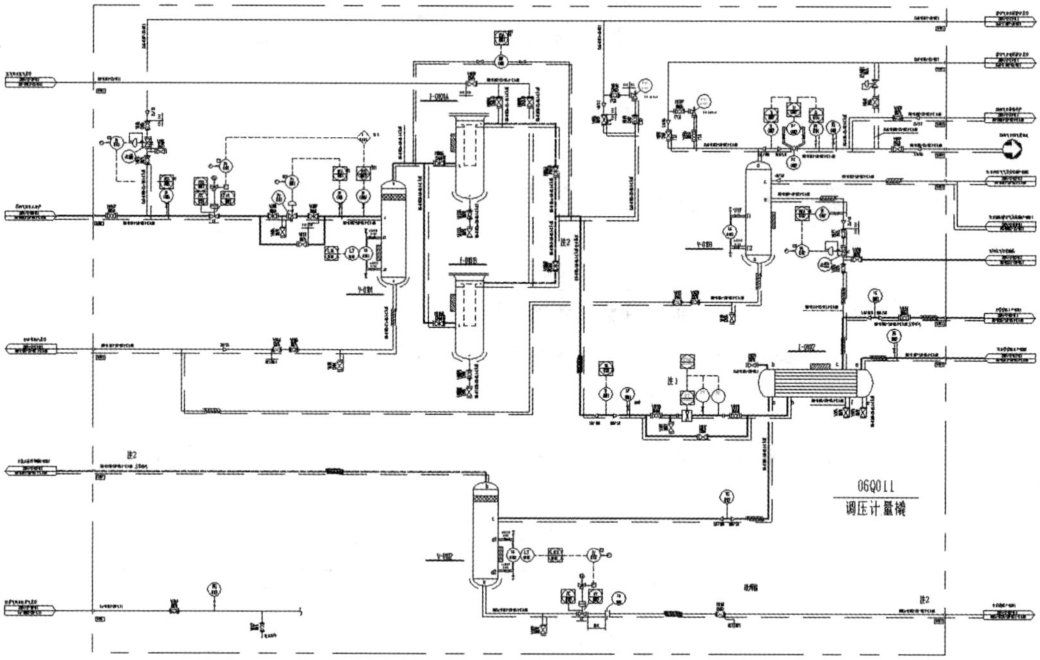

图 3－16　原料气调压计量橇工艺流程图

(1)结构和材质。

原料气进橇设置有气液分离器、过滤器、换热器等，其结构和材质见表 3－28。

表 3－28　调压计量装置结构和材质表

原料气气液分离器	设计压力	5.4MPa	筒体直径	*DN*600
	设计温度	60℃	筒体长度	1900mm
	主体材质：Q345R			
原料气过滤器	设计压力	5.4MPa	筒体直径	*DN*350
	设计温度	60℃	筒体长度	1400mm
	主体材质：Q345D			

续表

原料气换热器	设计压力	5.4MPa 管(壳)	筒体直径	*DN*400
	设计温度	70℃	换热面积	26m^2
	主体材质：20/Q345D			

(2)运行参数。

调压计量橇主要运行参数见表3－29。

表3－29 调压计量橇主要运行参数表

名称	参数	单位
设计流量	7.54×10^4	m^3/d
进口温度	40	℃
工作压力	5.0	MPa
出口杂质指标	≤5	μm

(3)注意事项。

调压装置要安全可靠，确保从水套炉引入的天然气压力由8MPa调压到5MPa，以满足工艺技术要求。精确设定调压阀的出口压力，确保天然气在后续处理过程中的压力稳定。在调整压力设定时，应缓慢进行，避免压力突变对设备和管道造成冲击。

4)脱酸单元

原料气中含有CO_2及H_2S，它们的存在会造成金属腐蚀、污染环境，并在低温环境下产生冰冻而堵塞管道和设备。因此，必须严格控制原料气中酸性组分的含量，以达到工艺和LNG产品质量的要求。

从适用性和通用性的角度考虑，以活性甲基二乙醇胺(MDEA)溶液为吸收剂、采用两段吸收(便于运输、增加装置处理能力)、一段再生流程脱除原料混合气中酸性气体。

原料气从吸收塔下部进入，自下而上通过吸收塔；再生后的MDEA溶液(贫液)从吸收塔上部进入，自上而下通过吸收塔，逆向流动的MDEA溶液和原料气在吸收塔内充分接触，气体中的CO_2和H_2S被吸收而进入液相，未被吸收的组分从吸收塔顶部引出，进入原料气换热器和吸收塔塔顶气液分离器，分离冷凝液滴，出分离器的气体去原料气纯化器脱除原料气中的汞。

吸收了CO_2和H_2S的MDEA溶液称富液，通过液位控制阀降压后去闪蒸罐，降压闪蒸出的气体送往燃料气单元用作燃料，减少原料气耗量。吸收塔顶气液分离器分离的冷凝液也通过液位控制阀降压后到闪蒸罐。

闪蒸后的富液与再生塔底部流出的溶液(贫液)在贫/富液换热器中换热后，升温到90～99℃进入再生塔顶部。贫/富液换热器有效降低了再生塔需要的热负荷，即降低了由导热油加热的再沸器的热负荷。再沸器的导热油由燃气导热油炉提供，通过控制导热油的温度和适当增大再沸器的换热面积，使换热管的壁温保持在一较低水平，可以防止胺液的降解。

再生塔顶部馏出的气体经冷凝器，进入CO_2气液分离器，出CO_2气液分离器的富含CO_2气体排入大气。分离出的冷凝液去MDEA溶液缓冲槽，维持脱酸气系统的水平衡。

出再生塔的贫液经过贫/富液换热器冷却到75℃左右，再经贫液冷却器冷却到－45℃，进入贫液泵增压到5.5MPa之后，总量的90%通过调节阀控制流量分别进入吸收塔Ⅰ和吸收塔Ⅱ吸收CO_2，实现MDEA溶液的循环。总量的10%旁通进入贫液过滤器，采用耐水活性炭吸附MDEA溶液的降解物，之后返回到贫液泵入口。

再生塔再沸器的热源由来自导热油系统的中温导热油提供。本单元主要工艺设备为吸收塔和再生塔，其工艺流程如图3-17～图3-19所示。

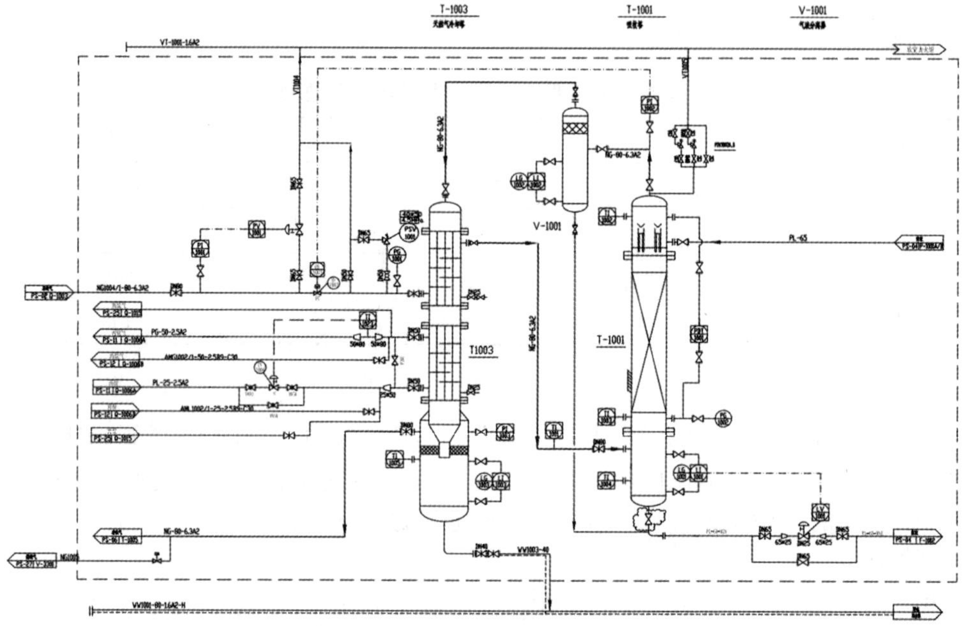

图3-17　脱酸橇工艺流程图(一)

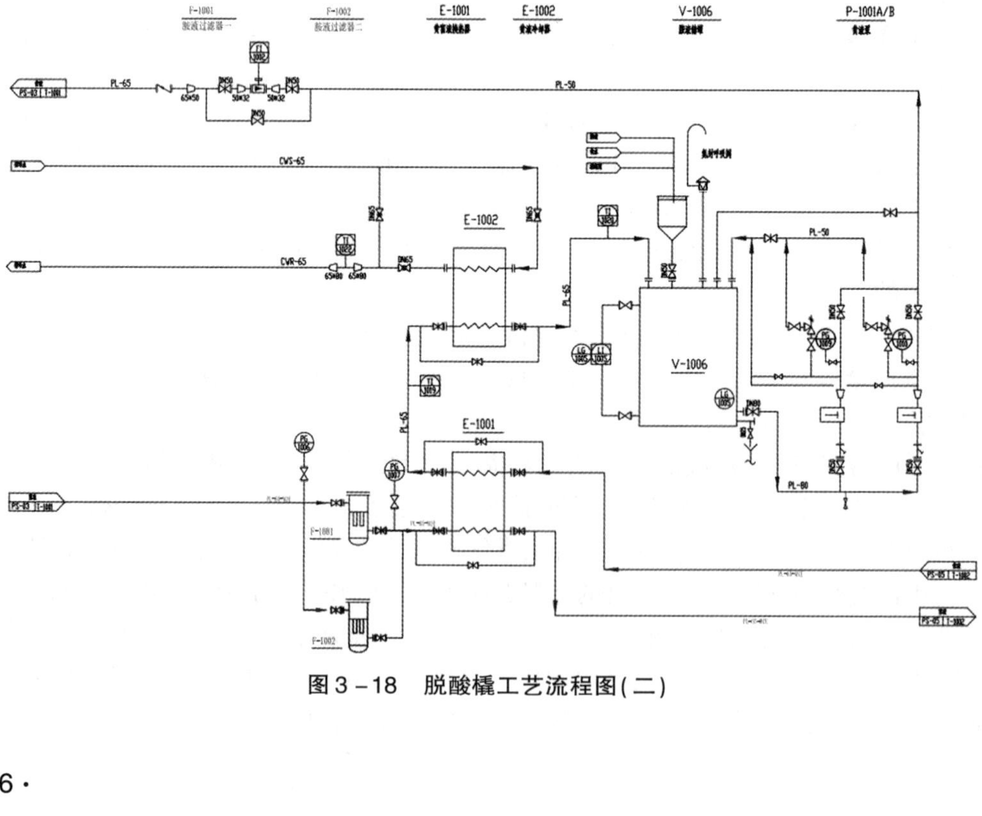

图3-18　脱酸橇工艺流程图(二)

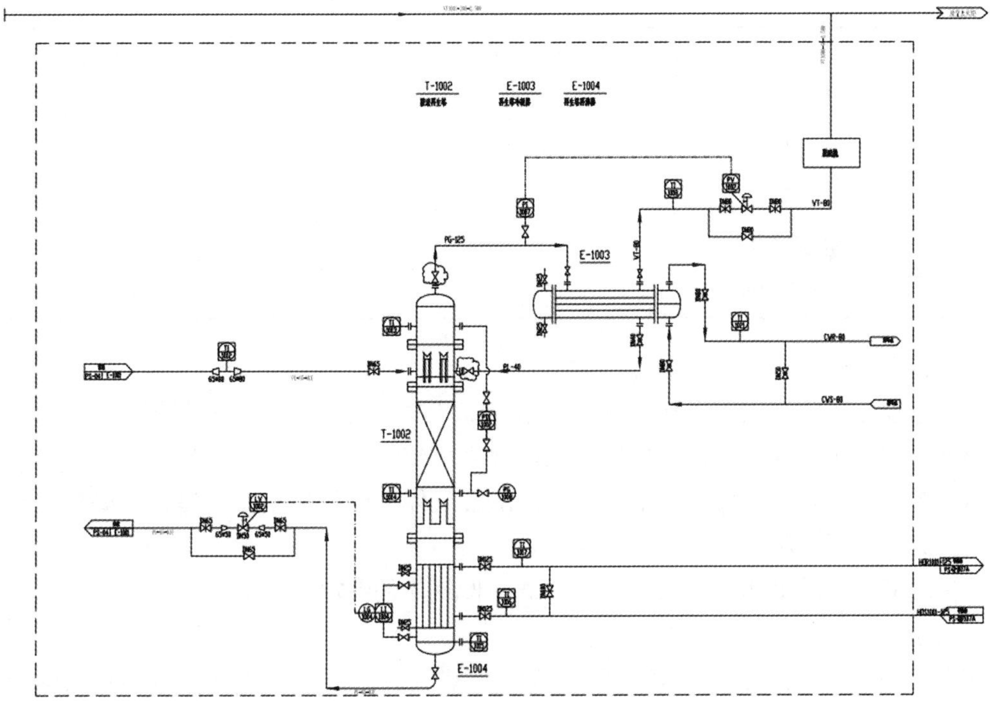

图3－19　脱酸橇工艺流程图(三)

(1)结构和材质。

脱酸气单元主要由吸收塔和闪蒸罐组成，其材质见表3－30。

表3－30　脱酸气装置结构和材质表

吸收塔Ⅰ	设计压力	5.4MPa	筒体直径	*DN*400/600
	设计温度	80℃	筒体长度	~12700mm
	主体材质：Q345R/ Q345D			
吸收塔Ⅱ	设计压力	5.4MPa	筒体直径	*DN*400/600
	设计温度	80℃	筒体长度	~12700mm
	主体材质：Q345R/ Q345D			
闪蒸罐	设计压力	0.8MPa	筒体直径	*DN*1000
	设计温度	80℃	筒体长度	1950mm
	主体材质：Q345R			

(2)运行参数。

脱酸单元主要运行参数见表3－31。

表3－31　脱酸橇块运行参数表

名称	参数	单位
原料气量	7.54×10^4(20℃，0.101325MPa)	m^3/d
吸收塔的操作压力	5.0	MPa

续表

名称	参数	单位
吸收塔的操作温度	40~60	℃
再生塔的操作压力	0.04~0.07	MPa
再生塔的操作温度	100~120	℃
脱酸气中 CO_2 气体的含量	≤50	mg/kg
脱酸气中 H_2S 气体的含量	≤4	mg/kg

(3)注意事项。

要严格控制吸收塔温度和压力，通常在较高压力下操作，以提高酸性气体的吸收效率。温度控制也很重要，通常需要避免温度过高导致吸收剂蒸发或分解。

再生塔通过加热来释放吸收剂中捕获的酸性气体，温度控制是关键，以确保酸性气体的完全释放而不损害吸收剂。

再生塔通常在较低压力下操作，以利于酸性气体的释放。

5)脱水脱汞单元

在 LNG 生产过程中，脱水和脱汞是两个非常重要的预处理步骤，目的是去除天然气中的水分和汞，以确保最终产品的质量和液化过程的安全与效率。

汞对冷箱中铝制板翅式换热器有腐蚀，必须在天然气进铝制板翅式换热器之前将其处理掉，利用汞与浸硫活性炭上的硫产生化学反应生成硫化汞，吸附在活性炭上，从而达到脱除汞的目的。

通过脱汞含饱和水的气体，需彻底干燥后才能液化，不然水分会在冷箱内发生结冰现象。液化温度较低，要求脱水深度较深，因此原料气脱水采取分子筛吸附法分子筛具有吸附选择能力强、低水汽分压下的高吸附特性，因此本装置采用 3A 分子筛作为脱水吸附剂。

从原料气脱酸单元来的天然气进入干燥前冷却器冷却，经干燥前气液分离器后，进入浸硫活性炭吸附器，汞与浸硫活性炭上的硫产生化学反应生成硫化汞，吸附在活性炭上，从而达到脱除汞的目的。从脱汞塔出来的天然气的汞含量小于 0.01μg/m³，气体再进入脱水系统。

原料气脱水单元设三台吸附器切换操作，其中一台吸附、一台冷吹、一台加温再生。从脱汞塔来的天然气进入脱水塔底部，通过分子筛吸附脱除水分后，从吸附器顶部出来，脱水后天然气中进入低温液化单元。经过该单元后，干燥天然气中的水露点≤-60℃。

再生气首先从上而下通过冷却状态的吸附器。再生气通过蓄热器和脱水再生气电加热器加热至再生温度 230℃，然后从吸附器顶部进入，将吸附剂吸附的水解吸。再生气从吸附器底部出来，经脱水再生气冷却器冷却后进入脱水再生气气液分离器，分离其中的液体后去燃料气缓冲罐和脱水塔，如图 3-20 所示。

(1)结构和材质。

脱水脱汞装置主要结构和材质见表 3-32。

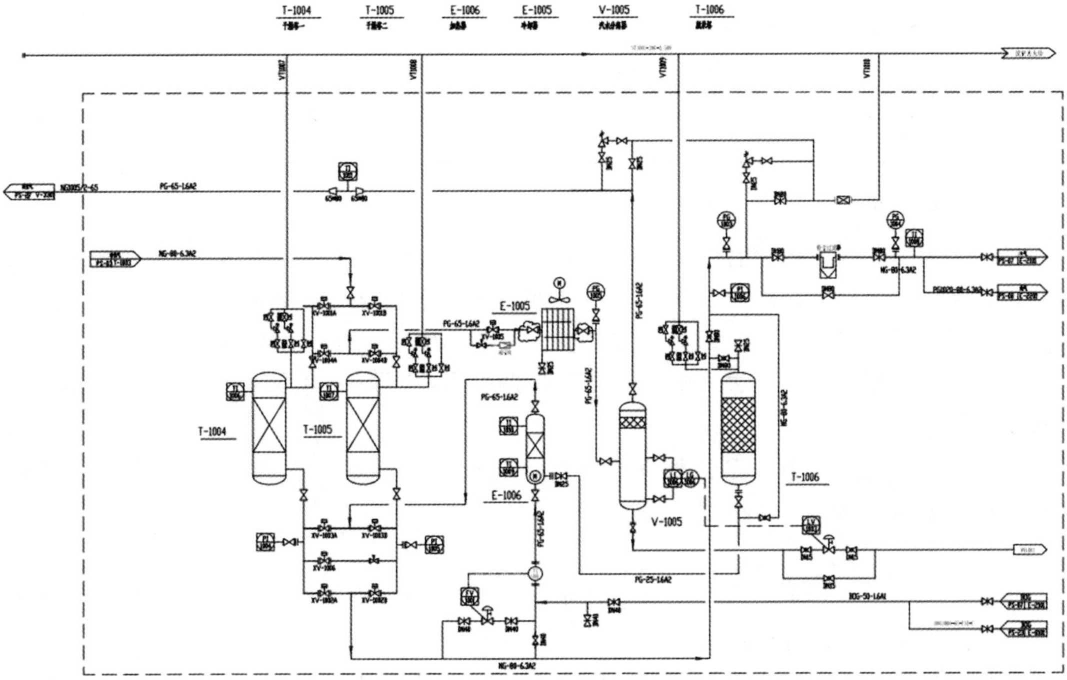

图3-20　脱水脱汞工艺流程图

表3-32　脱水脱汞装置结构和材质表

吸收塔Ⅰ	设计压力	5.4MPa	筒体直径	*DN*400/600
	设计温度	80℃	筒体长度	~12700mm
	主体材质：Q345R/ Q345D			
吸收塔Ⅱ	设计压力	5.4MPa	筒体直径	*DN*400/600
	设计温度	80℃	筒体长度	~12700mm
	主体材质：Q345R/ Q345D			
闪蒸罐	设计压力	0.8MPa	筒体直径	*DN*1000
	设计温度	80℃	筒体长度	1950mm
	主体材质：Q345R			

(2)运行参数。

脱水脱汞装置主要运行参数见表3-33。

表3-33　脱水脱汞装置主要运行参数表

名称	参数	单位
原料气量	7.54×10^{4}(20℃，0.101325MPa)	m^3/d
吸附压力	5.0	MPa
吸附温度	20~40	℃
再生压力	5.0	MPa
再生温度	230	℃

续表

名称	参数	单位
净化气中 Hg 的含量	≤0.01	μg/m^3
净化气中 H_2O 的含量	≤0.1	mg/kg

(3)注意事项。

温度和压力对脱水效率有显著影响，通常情况下，干燥剂在较低温度和较高压力下脱水效果更好。因此再生后的分子筛一定要冷吹，达到工艺技术所需温度。

脱汞剂的吸附能力受温度影响，需要在适宜的温度下操作，以确保去除汞的效果。脱汞剂在吸附一定量的汞后会失去活性，需要定期再生或更换。再生过程通常涉及加热，使汞从脱汞剂中释放。

在脱水和脱汞过程中，需要严格遵守安全规程，处理好再生或废弃的干燥剂和脱汞剂，防止环境污染。

6)循环制冷单元

制冷工艺采用了一个简单的闭式制冷循环，冷剂经过压缩、部分冷凝、冷却和液化、节流，然后被加热从而提供冷量。

本装置的制冷由高温冷剂压缩机和低温冷剂压缩机完成。高温冷剂压缩机提供高温段冷量，低温段冷量则由低温冷剂压缩机提供，如图 3－21 所示。

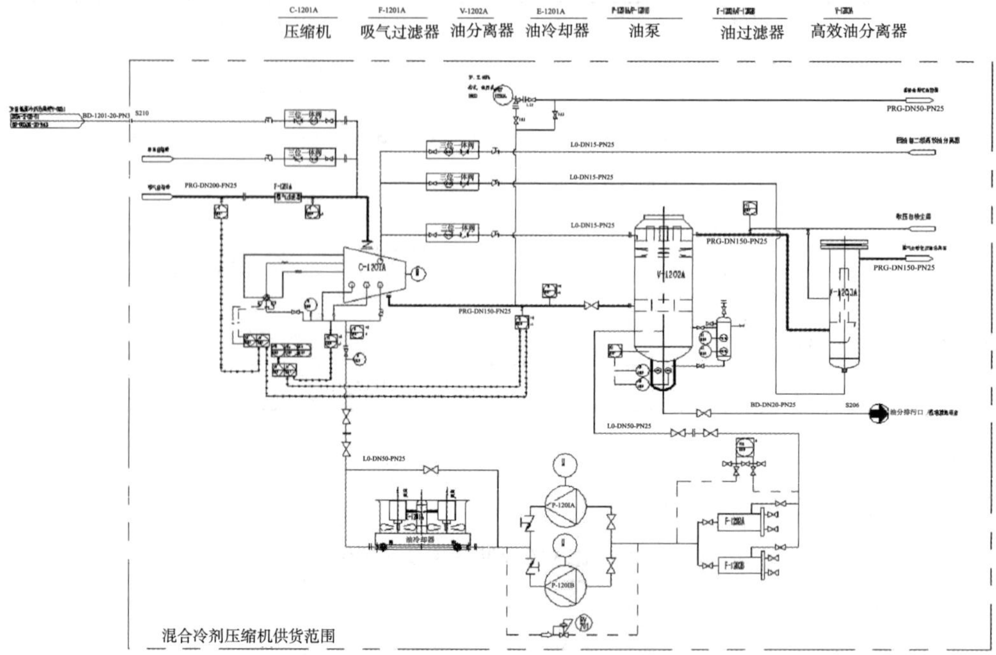

图 3－21　循环制冷装置工艺流程图

本装置的混合冷剂由 CH_4、C_2H_4、C_3H_8、$i-C_4H_{10}$、N_2组成。高温冷剂由配比单元进行配比后，进入冷剂压缩机，经冷剂压缩机压缩至一定压力，并冷却至45℃左右。其中，高温冷剂经冷剂分离罐分离为液相和气相，气相冷剂和其中一部分液相冷剂进入液化换热器高温段，经冷却、冷凝至－60℃左右，然后节流至0.4MPa，然后汇合后为高温段液化换热器提供冷量，被复热到40℃左右出液化换热器；剩余液相冷剂作为原料气预冷器的冷源，经复热后返回制冷压缩机入口与液化换热器出口的高温冷剂汇合，再进入压缩机入口。然后循环流动。低温冷剂压缩机的冷剂由CH_4、C_2H_4、C_3H_8、N_2组成。

低温冷剂由配比单元进行配比后，进入冷剂压缩机，经冷剂压缩机压缩至一定压力，并冷却至45℃左右；顺序进入液化换热器高温段和低温段，被冷却、冷凝至－160℃，然后节流至0.4MPa，为液化换热器提供冷量，被复热到45℃左右出液化换热器，进入压缩机入口，然后循环流动。

(1)运行参数。

循环制冷单元的制冷由高温冷剂压缩机和低温冷剂压缩机完成，其运行参数见表3－34。

表3－34 循环制冷单元运行参数表

名称	参数	单位
压缩机类型	螺杆式、无油润滑、空冷	
高温冷剂处理气量	7000	m^3/h
高温冷剂操作压力	0.4～1.87	MPa
低温冷剂处理气量	6150	m^3/h
低温冷剂操作压力	0.4～1.87	MPa

(2)注意事项。

利用自动化系统持续监控温度、压力和流量等关键参数，持续优化运行参数，减少能源消耗，提高运行效率。定期对循环制冷单元的设备进行检查，包括压缩机、阀门、管道等，预防故障发生。

当压缩机出现突然停机时(报警故障)，尽快将三级、二级、一级排污阀打开泄压，将进气阀关闭，按电控柜上“消音”按钮，然后根据故障现象排除故障。最后按“复位”按钮，待故障指示灯灭后方能再次开机。

压缩机运行中每30min对每个排污阀进行排污。

7)低温液化单元

低温液化单元的作用是利用高低温冷剂提供冷量，将净化后的天然气液化成LNG，如图3－22所示。

LNG的低温液化工作原理主要是将天然气冷却至极低温度，使天然气由气态转变为液态。这一过程通常包括预处理、冷却和液化几个关键步骤。在天然气被冷却和液化之前，必须先进行预处理，以去除可能影响液化过程的杂质和组分，预处理步骤包括：脱酸、脱水、脱汞和脱除重烃。通过制冷系统进行制冷和冷却预处理后的天然气，制冷系统通常采用多级冷却，包括：初步冷却、中间冷却和最终冷却。使用液氮或混合制冷剂循环将天然气冷却至液化温度，通常为－162℃左右。

本系统采用高效双循环混合制冷剂循环。天然气液化所需冷量由两套混合制冷剂循环系统提供。混合制冷剂由甲烷、乙烯、丙烷、异丁烷和氮气组成，利用各组分沸点的不同在各换热器内冷凝，并经过三个J－T阀减压进入返流制冷剂中，依次冷却不同温区的原

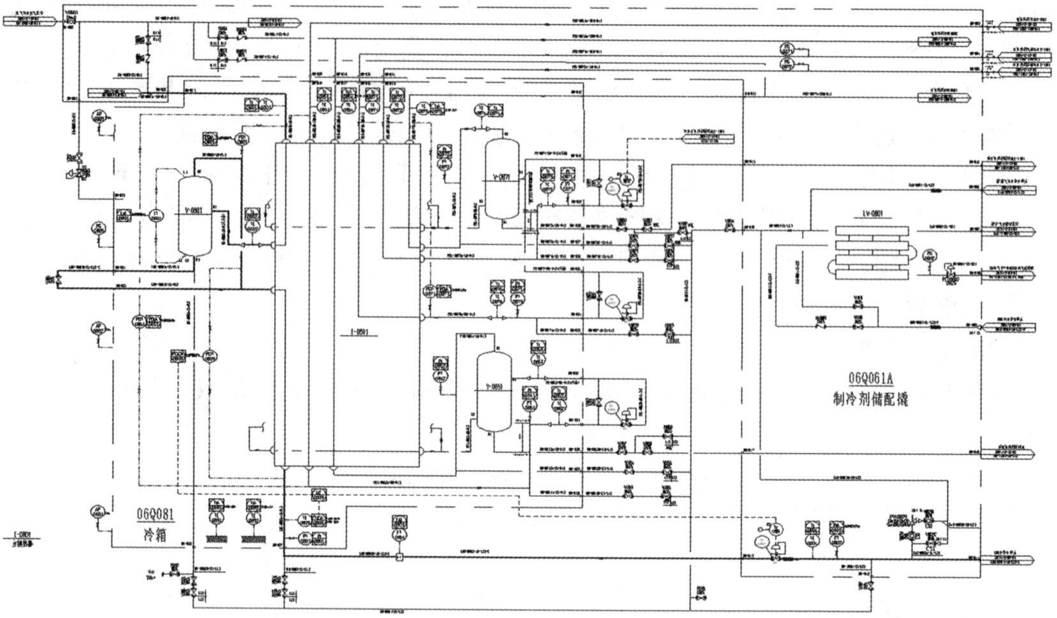

图 3－22　低温液化装置工艺流程图

料气及正流制冷剂，返流制冷剂被复热后出冷箱进入混合制冷剂压缩机循环压缩。出混合冷剂压缩机的中压制冷剂再进入冷箱。在运行异常和开车时，冷剂吸入储罐可以保护压缩机没有液体进入。

（1）结构和材质。

低温液化装置主要由重烃分离罐、冷剂分离罐等组成，其结构和材质见表 3－35。

表 3－35　低温液化装置结构和材质表

重烃分离罐	设计压力	5.4MPa	筒体直径	*DN*400
	设计温度	－196℃	筒体长度	1200mm
	主体材质：5083－H112			
冷剂分离罐	设计压力	3.0MPa	筒体直径	*DN*300
	设计温度	－196℃	筒体长度	2700mm
	主体材质：5083－H112			

（2）运行参数。

低温液化单元运行参数见表 3－36。

表 3－36　低温液化单元运行参数表

名称	参数	单位
原料气量	6×10^4（20℃，0.101325MPa）	m^3/d
液化温度	－160	℃
液化压力	4.8	MPa

(3)注意事项。

净化气在进入液化单元之前必须进行分析，以保证 H_2O 和 CO_2 含量达到进入液化单元的要求。所以在原料气脱水和脱酸单元设置 H_2O 和 CO_2 在线分析仪，进行连续监测净化气的杂质情况。

精确控制温度，确保制冷剂的温度在指定的范围内，以达到所需的液化温度(约 −162℃)。避免过度冷却增加能耗，造成不必要的能源浪费。

在液化过程中，需控制天然气的压力与制冷剂的压力相匹配，以促进有效的热交换。液化单元的安全阀和压力控制系统须保持完好，防止系统内压力超过设计压力。

8)LNG 装车单元

由液化冷箱系统送出来的液化天然气，通过保温管道送到装车臂进行装车外销。设两台液化天然气密闭装车鹤管进行装车操作，如图 3−23 所示。

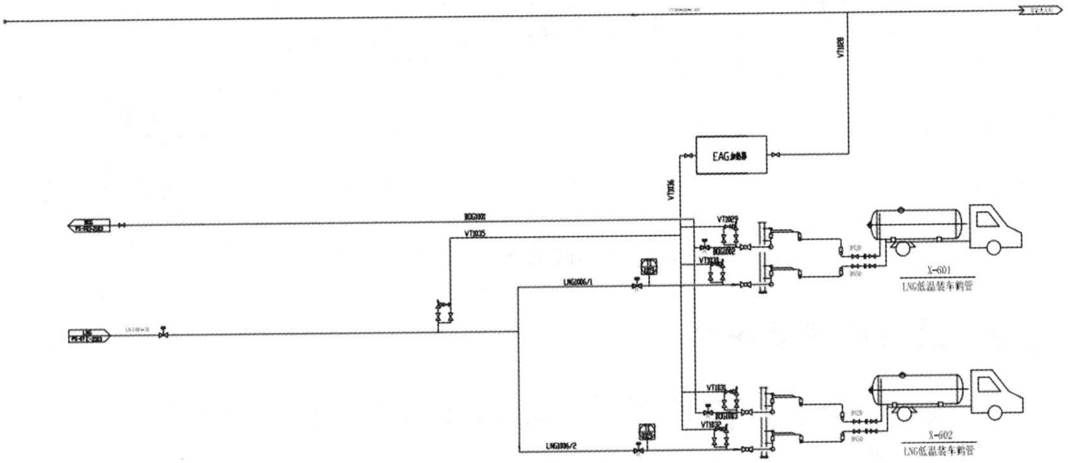

图 3−23 LNG 装车装置工艺流程图

LNG 槽车充装注意事项：

(1)槽车充装前，检查槽车是否登记备案、车辆是否戴防火帽。对无登记备案、无定期质检合格证、气瓶超过有效期及合格证不全、未戴防火帽的车辆，一律禁止充装。

(2)对第一次充装的车辆，原有的不同介质必须置换干净，否则一律不得充装。

(3)对槽车没有剩余压力的气瓶一律禁止充装。

(4)气瓶、充气阀、高压管线等装置连接有松动、固定不可靠的车辆，一律不得充装。

(5)槽车必须连接好防静电接地线，待静电释放完毕后，方可充装。

3.4 陆相试采站场

普光气田陆相气藏整体处于试采阶段，陆相气井大多分布偏远，具有井数少、产量低的特点，由于井距较远，难以形成规模开发，为了满足陆相气藏勘探开发需要，采用陆相试采工艺对单井、双井、低产井进行开采生产，也将此类站场称为陆相试采站场。

3.4.1 试采站场工艺流程

陆相试采工艺是针对单井、双井、低产井而设计的一种开采工艺，具体工艺流程如下：经井口采出流体先后进入井口组合装置橇除砂、节流加热、分离计量和脱水，再进入外输管线。天然气脱出水分进入闪蒸分离橇进行闪蒸二次脱气，脱出的轻组分通过管线外排到放空系统，凝析油与水在闪蒸罐内实现分离，凝析油去常压储罐储存，水进入污水池，工艺流程如图 3－24 所示。

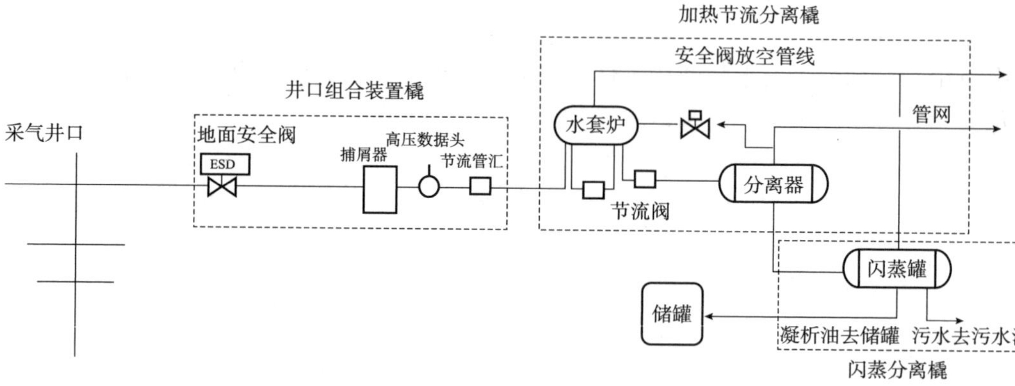

图 3－24　陆相井试采工艺流程示意图

3.4.2 试采站场设备

试采站场设备主要有组合装置橇、节流加热分离计量橇和闪蒸分离橇等。

1）组合装置橇

组合装置橇包括地面安全阀及 ESD 控制系统、捕屑器和药剂加注口，可以实现远程控制、节流、捕屑和化学药剂加注等，如图 3－25 所示。

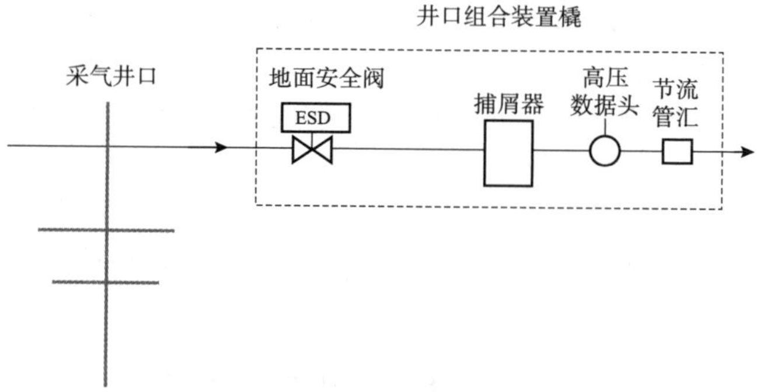

图 3－25　组合装置橇工艺流程示意图

（1）工作原理。

节流管汇由除砂器、三通/四通、堵头、法兰及平板阀等设备组成，管汇采用三通道结构，左右对称互导过滤，两侧均装有除砂器，除砂器为双筒设计，通过内置滤芯管拦截流体中所夹杂的碎屑、岩屑、射孔残渣等固相物质，当一侧除砂器固相收集满时可导到另一侧除砂器继续除砂运行，不需要除砂时可直接打开中间主通道阀门，流体直接排出。

地面安全阀配合ESD紧急关断系统实现快速关断，应急情况下快速切断流体，防止地层流体的泄漏和保护下游设备的安全。地面安全阀主通径为2~9/16in(65mm)，设计压力为10000psi(70MPa)，适用温度为-20~121℃。ESD控制系统为气驱动液压系统，由面板、液压系统及反馈元件组成。反馈系统元件为系统提供反馈信号，控制液压系统的启动或释放液压系统的压力。控制阀可实现快速关闭，关闭时间不超过5s，切断流体源，用于应急控制。ESD控制系统设置气动/手动一体液压泵，其气源压力：58~145psi(0.4~1.0MPa)。

(2)运行参数。

除砂器运行参数见表3-37。

表3-37　除砂器运行参数表

名称	参数	单位
工作压力	70	MPa
工作温度	-29~121	℃
容积	15	L
筛管滤眼	30×ϕ3	

(3)注意事项。

检查确认组合装置零件是否有缺失部分，地面安全阀油缸上的丝堵、连接软管是否完好，拆除安全阀顶部的安全帽；

确认软管连接完成后，通过控制柜通压，压力在4.8~10.5MPa，观察压力，看压力在一段时间内是否平衡，压力平衡后停止进压，保持压力，确保安全阀处于开启状态；

开启捕屑器进出口阀门及节流管汇进出口阀门，实现正常生产。

2)节流加热分离计量橇

节流加热分离计量橇由加热炉、节流装置、两相分离器和计量装置组成。井口来的介质依次经过控制闸阀、加热炉一级盘管、一级节流阀、加热炉二级盘管、二级节流阀，实现两次节流两次加热，经过节流后的采出气进入两相分离器脱水，气相通过孔板流量计进行计量后进入外输管道，液相经过涡轮流量计计量后进入闪蒸分离器，如图3-26所示。

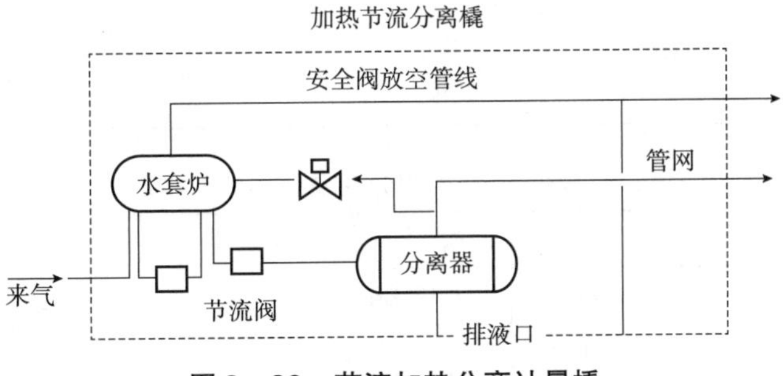

图3-26　节流加热分离计量橇

(1)工作原理。

水套加热炉具有加热温度自动控制功能、安全防护功能；同时具有温度、火焰、燃气供应的连锁控制功能，温度、压力、火焰状态等参数进入数据采集控制系统。水套加热炉使用天然气燃烧器，燃烧器利用分离器分离计量后的天然气作为燃料，燃料气设置有净化器及安全阀。水套加热炉采用隔程盘管，对不同温度、压力、油气比的井口产物均有较好的适用性。

两相分离计量装置可完成井口流体的气、液两相分离，通过机械式液位控制系统稳定分离器内液位。配备数据采集系统对装置内各参数进行监测，并对天然气、液体进行计量。配备安全阀、爆破片装置实现双重安全保护，安全阀设置根部控制阀及手动旁通放空流程。排液管道设置两路：一路自动排液与液位联锁，另一路手动排液设计。配备数据采集系统，系统能自动完成对差压、压力、温度、液位及流量等多个参数的监测，并具有数据自动处理、水套炉温度控制、液位控制、瞬时流量及累积流量计算、数据管理、零点修正、系数计算等多项功能。

采用高级孔板阀计量，通过孔板直径、孔板上游压力(静压)、孔板上下游差压、下游温度 4 个参数，由数据采集系统直接生成瞬时流量和累积流量。

(2)结构和材质。

橇内主要设备有水套加热炉和气液两相分离器，其结构和材质见表 3－38 和表 3－39。

表 3－38　橇内水套加热炉结构和材质表

<table>
<tr><td colspan="3">品名</td><td colspan="3">水套加热炉</td><td colspan="2">设备类别</td><td colspan="2">常压</td></tr>
<tr><td colspan="3">产品标准</td><td colspan="3">NB/T 47003.1－2022</td><td colspan="2">设计热功率</td><td colspan="2">500kW</td></tr>
<tr><td colspan="3">产品编号</td><td colspan="3">WBCY2311－01</td><td colspan="2">设计热效率</td><td colspan="2">≥90%</td></tr>
<tr><td rowspan="6">主要参数</td><td colspan="2">容器容积</td><td>10.71m³</td><td colspan="2">炉内径</td><td>1200mm</td><td>炉总长</td><td colspan="2">7200mm</td></tr>
<tr><td rowspan="4">材料</td><td>筒体</td><td>Q235B</td><td rowspan="4">厚度</td><td>筒体</td><td>8mm</td><td>额定流量</td><td colspan="2">—</td></tr>
<tr><td>封头(管板)</td><td>Q235B</td><td>封头(管板)</td><td>8mm</td><td>燃料种类</td><td colspan="2">天然气</td></tr>
<tr><td>火筒</td><td>Q245R</td><td>火筒</td><td>10mm</td><td>设备质量</td><td colspan="2">11703kg</td></tr>
<tr><td>盘管</td><td>Q2345E</td><td>盘管</td><td>φ76×14/12</td><td>设备充水质量</td><td colspan="2">22413kg</td></tr>
<tr><td colspan="2">壳程介质</td><td>软化水
蒸汽</td><td>管程介质</td><td colspan="3">天然气、凝析油、采出水</td><td>火筒
介质</td><td>烟气</td></tr>
<tr><td rowspan="2">结构形式</td><td colspan="3">主体结构形式</td><td colspan="2">矩形</td><td colspan="2">安装型式</td><td colspan="2">卧式</td></tr>
<tr><td>支座形式</td><td colspan="3">橇座</td><td>外保温形式</td><td colspan="4">100mm 岩棉＋0.5mm 厚灰色彩钢板</td></tr>
</table>

表 3－39　气液两相分离器结构和材质表

<table>
<tr><td colspan="4">产品名称</td><td colspan="3">气液两相分离器</td><td>设备品种</td><td></td></tr>
<tr><td rowspan="3">主要参数</td><td colspan="2">容器容积</td><td>7.74m³</td><td colspan="2">容器内径</td><td>1200mm</td><td>容器高(长)</td><td>7691mm</td></tr>
<tr><td rowspan="2">材料</td><td>筒体(球壳)</td><td>Q345R</td><td rowspan="2">厚度</td><td>筒体(球壳)</td><td>25mm</td><td rowspan="2">容器自重</td><td rowspan="2">2342kg</td></tr>
<tr><td>封头</td><td>Q345R</td><td>封头</td><td>28mm</td></tr>
<tr><td rowspan="2">结构形式</td><td colspan="3">主体结构形式</td><td colspan="3">圆筒形</td><td>安装型式</td><td>卧式</td></tr>
<tr><td colspan="3">支座型式</td><td colspan="3">鞍式</td><td>保温绝热方式</td><td>橡塑板</td></tr>
</table>

(3)运行参数。

水套加热炉运行参数见表3－40。

表3－40　水套加热炉运行参数表

名称	参数	单位
设计压力	常压	MPa
盘管设计压力	50	MPa
容积	15	L
设计温度	100	℃
燃烧功率	800	kW

气液两相分离器运行参数见表3－41。

表3－41　气液两相分离器运行参数表

名称	参数	单位
设计压力	11	MPa
设计温度	0～100℃	MPa
处理量	30×10^4	m^3/d
安全阀定压	10.3	MPa
爆破片定压	10.5	MPa

(4)注意事项。

设备投运前应对现场天然气管路和加热炉软化水液位进行检查，确保管线无渗漏且调压阀正常运行。

检查完成后，应首先启动加热炉，对炉体内软化水进行加热，当加热温度达到生产要求后，依次开启井口、二级和三级节流阀引气投运生产，并按时检查分离排液系统是否按照设定数值进行排液操作。

3)闪蒸分离橇

闪蒸分离橇主要功能是接收节流加热分离计量橇分离出的液相介质，实现液相介质油、水分离，并对油、水进行计量。排液管道设置两路：一路自动排液与液位联锁，另一路手动排液。同时闪蒸出凝析油中的轻质组分，可以实现压力和液位自动调节，实现凝析油的常压储存及拉运。

(1)工作原理。

闪蒸分离器内部结构分为油水混合仓、储油仓和储水仓，储水仓内设置集水管，从气液两相分离器来的混合液体进入闪蒸分离器后，在混合仓内进行初步分离和沉降，把凝析油和产出水进行分离，形成油水界面，根据连通器原理，当混合仓内的产出水达到一定高度(集水管高度)时，产出水通过集水管进入储水仓；随着进入分离器内的液量增加，凝析油的高度也不断地增加，当总高度(凝析油和产出水的总高度)高于储油仓挡板高度时，凝析油进入储油仓，从而实现分离器内部的油、水分离，闪蒸分离器结构原理如图3－27所示。

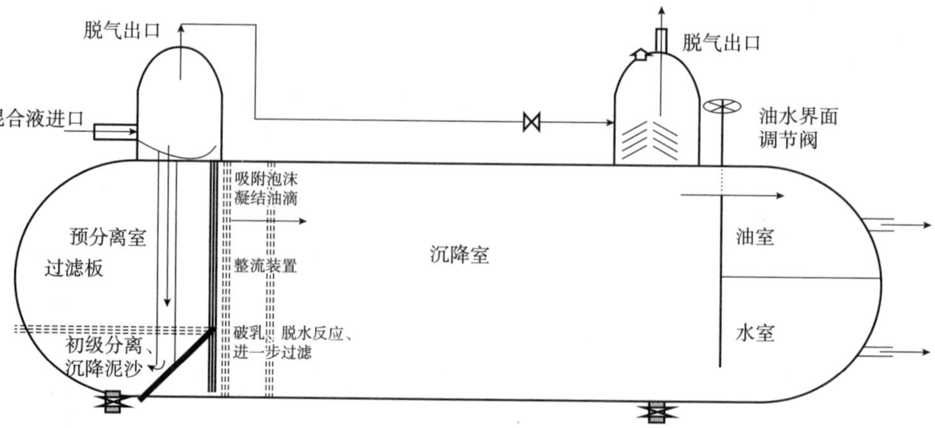

图 3－27　闪蒸分离器结构原理示意图

(2)运行参数。

闪蒸分离器主要运行参数见表 3－42。

表 3－42　闪蒸分离器主要运行参数表

名称	参数	单位
设计压力	1.6	MPa
安全阀整定压力	0.48	MPa
运行压力	0.2～0.3	MPa
设计温度	－20～80	℃
处理能力	≥5000	m^3/d

(3)注意事项。

闪蒸分离器排液前应对下游储罐液位进行检查，确保储罐能够正常接液；闪蒸分离器排液依靠储罐内背压进行，所以在排液前应检查储罐背压阀是否正常，要保持储罐内压力稳定。

在开启闪蒸分离器排液时，应当注意观察闪蒸分离器水、油液位以及压力变化情况，同时注意采出水、凝析油罐液位变化情况。当闪蒸分离器水液位降至 20cm 以下或采出水罐液位达到 180cm 时关闭闪蒸分离器排水阀门。

3.4.3　辅助系统

建有 2 座凝析油罐和 2 座采出水罐，均采用磁翻板液位计进行就地液位检测，采用浮筒液位计进行界面检测；采出水罐顶部放空出口采用压力表进行就地压力检测。凝析油装车泵进出口管线采用耐震压力表进行就地压力检测。工艺装置区根据泄漏点的位置及探头的检测半径设置点式红外可燃气体探测器，信号就地检测并远传至值班室，可燃气体报警控制器进行显示及报警。在井场内配置便携式气体检测仪，操作人员巡检时应随身佩戴，用于人工巡检时检测气体的浓度。

3.5　凝析油及CNG管理

为确保陆相气井安全平稳长效运行、夯实气井安全生产基础，应重点做好凝析油和CNG充装等风险较大的作业管理。

3.5.1　凝析油管理

凝析油生产、储存、装卸、运输等各个环节风险较大，为杜绝各类安全事故发生，把隐患消灭在萌芽状态，根据相关规范和安全规定，制定了凝析油现场管理规定。

1)生产管理要求

(1)现场人员要关注好分离器液位，及时按操作规程做好排液。

(2)开展倒罐作业时应至少两人进行，一人负责操作，一人负责对流程切换情况进行核对，杜绝流程倒换错误造成油水混合。

(3)按照巡回检查要求做好巡检，及时汇报异常情况，进行倒罐排油等操作时要使用防爆工具。

2)储存管理要求

(1)应及时录取现场凝析油液位，并保证数据真实准确，凝析油储罐液位均应低于70%。

(2)要监测好储罐温度和压力，凝析油储罐应不带压力，罐体温度保持38℃以下。

(3)夏季高温季节，要制定合理的储罐降温措施。

(4)储罐附近应配备消防器材，并定期检验，确保可以正常使用。

3)装卸管理要求

(1)凝析油装车要落实好“两表一证一提醒”制度，装车前逐项对照检查。

(2)装卸时须先确认好流程，确认无误后再开启阀门。

(3)凝析油装卸过程中相关人员须做好个人防护，佩戴好劳保用品。

(4)卸车严格按照操作要求，做好个人防护，避免凝析油洒落。

4)运输管理要求

(1)承运商应具有道路(危险货物)运输经营许可证，运输车辆具有危险货物运输道路运输证，驾驶员及押运员相关证件合规有效。

(2)驾驶员应遵守交通法律法规，押运员履行好车辆监督及运输途中检查提醒职责。

(3)运输途中应避免暴晒、雨淋，防高温，中途停留时应远离火种、热源和高温区。

(4)运输途中严禁随意停车，确需停车，需做好安全措施。

3.5.2　CNG装车管理

为进一步规范边远井CNG生产运行，确保CNG回收工作安全、稳定、长期运行。根据相关规范和安全规定，制定了CNG装车现场管理规范。

(1)正式开展CNG充装拉运前，应开展投产条件确认，条件不具备严禁充装。

(2)从事 CNG 回收业务人员应取得移动式压力容器充装证 R2、HSE 证和出入许可证等相关证件。

(3)CNG 回收业务人员上岗前应进行安全和操作培训，知晓各项安全管理规定和要求，熟悉现场设备和工艺流程，并经现场考核合格后方可上岗。

(4)CNG 回收业务单位应根据设备技术指标、参数性能及生产情况，编制完成各设备的操作和维护保养规程，在设备上张贴设备参数卡和标识，定期对员工进行培训和考核。

(5)CNG 回收业务单位应按照设备管理要求，定期对各设备进行维护保养。

(6)在投产前，CNG 回收业务单位应完成包括但不限于泄漏、火灾、爆炸等现场处置方案，CNG 车辆运输过程事故应急预案、综合应急预案等的制定，定期举行应急预案演练。

(7)CNG 回收业务单位按规定配备消防设备设施，并定期检查。

(8)CNG 回收业务单位定期对站场工艺、设备和流程进行隐患排查，发现问题及时整改，不能整改的，应采取防范措施，汇报上级部门。

(9)CNG 回收业务单位应做好现场 CNG 车辆管理工作，入场需专人引导，停在规定的车位。

思考与练习

1. 简述陆相集气站场有哪些设备。简要绘制工艺流程图。
2. 怎样才能保证 CNG 生产站场的安全、平稳和连续生产?
3. 天然气液化工艺有哪些? 简述 LNG 生产站场的主要工艺流程。
4. 陆相集气站场中气液分离器到闪蒸分离器排液需注意什么?
5. 通过本章内容学习，您认为陆相集气站场与酸性集气站场有哪些区别?

第 4 章　水处理站场

普光高含硫气田水的处理主要是指将天然气开采过程中产生的气田水，经过除硫、降悬浮杂质、分离有机成分和化学离子等一系列工艺处理后，外输回注或资源化回收利用的过程。

4.1　气田水处理站

普光气田共有 3 座气田水处理站，主要用于气田水中硫化物、悬浮杂质的处理。

4.1.1　气田水处理工艺

普光气田水处理站采用除硫、混凝沉降、过滤三段式密闭处理工艺。

1)除硫工艺

高含硫气田水脱硫工艺主要包括汽提脱硫和氧化脱硫，高含硫气田水除硫工艺流程如图 4－1 所示。

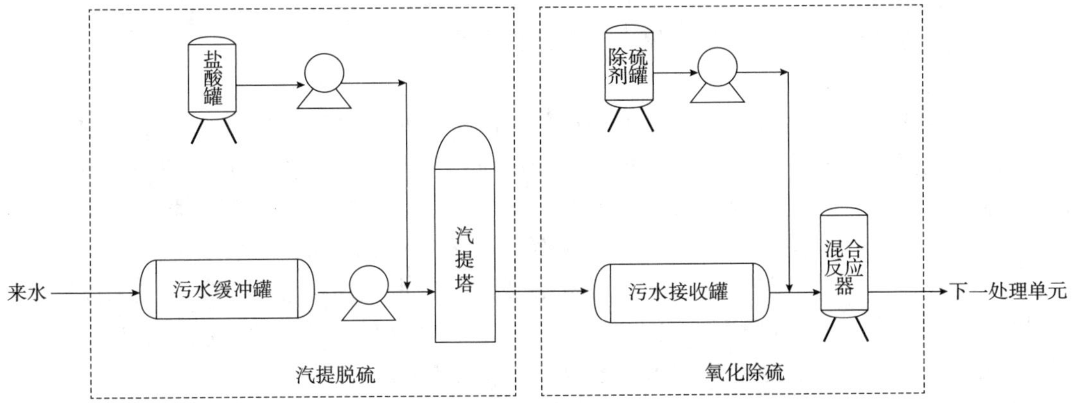

图 4－1　高含硫气田水除硫工艺流程示意图

(1)汽提脱硫。

经过生产分离器分离出的污水在进入污水站处理之前，首先要经过污水缓冲罐进行缓冲，然后利用离心泵将污水从缓冲罐内提升至污水汽提塔内进行汽提脱硫。

从分离器中分出的气田高含硫污水从污水汽提塔的上部进入，氮气或燃料气从污水汽提塔的下部进入，高含硫污水与氮气(燃料气)在塔内逆流接触并进行气液交换后，污水中的 H_2S、CO_2 被氮气(燃料气)汽提后从塔顶出来，去低压放空系统燃烧，汽提后的污水则从塔底流出，排往各水处理站。

(2)氧化除硫。

汽提脱硫后的污水经过管道混合器加药进入混合沉降池内进一步脱硫，利用投加强氧化性的药剂使在污水中的二价硫离子氧化成高价态的硫离子或者单质硫，达到污水脱硫的目的。如果污水在经过混合沉降池脱硫效果还不明显的话，则可以重新进入污水接收罐后，再次进行除硫剂的投加，达到进一步污水脱硫的目的。

过氧化氢除硫方程式： $H_2O_2 + H_2S = 2H_2O + S\downarrow$ (4-1)

次氯酸钠除硫方程式： $H_2S + NaClO = NaCl + S\downarrow + H_2O$ (4-2)

次氯酸钠过量时： $H_2S + 4NaClO = H_2SO_4 + 4NaCl$ (4-3)

目前，普光气田3座水处理站除硫工艺均采用“汽提脱硫+氧化除硫”相结合的方式脱除水中的硫化物，处理后回注水中不含硫化物。

2)混凝沉降工艺

污水混凝沉降主要是为了使存在于污水中的悬浮物、硫离子以及滋生的各种腐生菌、硫细菌以及铁细菌通过药剂投加的方式，降低它们的含量，使其达到污水回注条件。同时通过混凝沉降处理，可以很好地提高污水水质，降低下游处理系统的压力，提高整个污水系统的效率。

(1)工作原理。

混凝沉降主要是投加混凝剂、絮凝剂到污水中，通过快速混合，使药剂均匀分散在污水中，然后慢速混合形成大的可沉的絮体。沉降池是去除污水中相对密度大于1的悬浮物质的设备。普光气田污水沉降采用的是平流式沉降池，污水从池的一端进入，从另外一端流出，水流在池子内做水平运动。

压力沉降罐利用微涡旋反应原理，提高污水与药剂的混合反应效率，混凝效果好；利用浅池原理，增设斜板，加大沉降面积，提高设备处理效率。其主要优点：处理效率高、截污能力大、停留时间短、设备容积小、占地面积少。

(2)典型工艺流程。

目前，普光气田3座水处理站均采用混凝沉降去除水中悬浮物的方法，以1#水处理站混凝沉降工艺流程为例，上一单元来水在混合反应器进水管线上投加混凝剂、絮凝剂，通过混合罐的快速混合，使药剂均匀地分散在污水中，混合形成大的可沉的絮体后进入沉降池或沉降罐进行沉降。1#水处理站污水混凝沉降工艺流程如图4-2所示。其中1#水处理站混凝沉降采用“污水沉降池+压力沉降罐”相结合、2#水处理站混凝沉降工艺采用两级污水沉降池、3#水处理站混凝沉降工艺采用一级污水沉降池的方式去除污水中的悬浮杂质，控制进入下一处理单元过滤橇块的水中悬浮物含量在30mg/L以内。

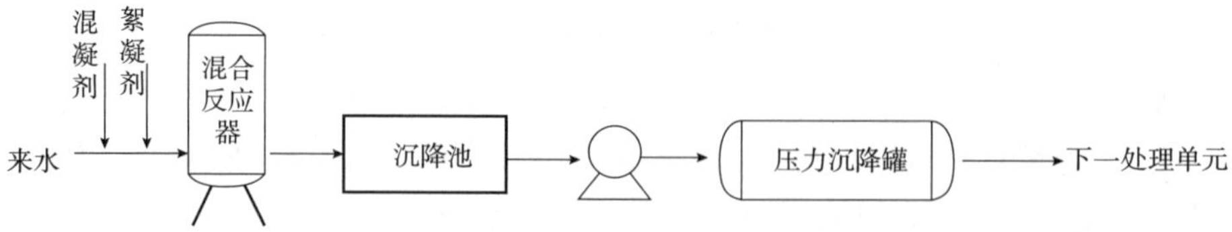

图4-2 1#水处理站污水混凝沉降工艺流程示意图

3)过滤三段式密闭处理工艺

过滤的主要作用是去除水中的悬浮物或胶态杂质，特别是能有效地去除沉淀技术不能去除的微小粒子和细菌等。

(1)工作原理。

污水中的漂浮物和悬浮物质可以通过过滤的方法去除。污水穿过具有一定孔隙率的过滤介质(如石英砂、金刚砂和纤维素等)，使水中的悬浮物质被截留在介质表面或内部，从而使污水获得净化。

双滤料过滤，采用石英砂和金刚砂两种滤料合理级配，充分发挥其比表面积大的特点，将污水中的悬浮物拦截在滤料层表面或吸附在滤料表面。运行一段时间后，即滤料饱和出水水质恶化时，停止过滤进水对滤料进行反洗，使滤料恢复原有特性，而反洗水将滤料表面的截留物带走，最终实现悬浮物和水的分离，使水质得到净化。

纤维束过滤，运用污水中悬浮物与滤料碰撞接触时被吸附于滤料表面或滤料表面的凝聚物上，再将悬浮固体和油珠拦截在滤料经压实而形成的滤床上，达到固液分离的过滤目的。

(2)典型工艺流程。

普光污水的过滤工艺主要采用两级过滤器串联的方式，将污水中的悬浮物和粒径中值等指标处理到注水要求指标。过滤工艺流程如图4－3所示。

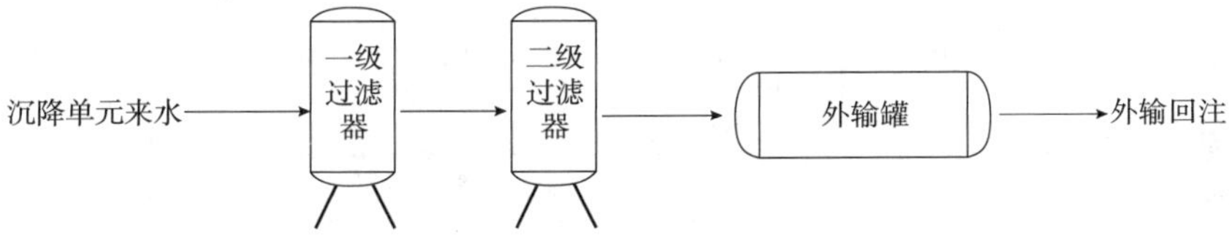

图4－3　过滤工艺流程示意图

4.1.2　气田水处理设备

普光高含硫气田水处理设备主要有汽提塔、压力两相气田水接收罐、全自动过滤器及缓冲罐等。

1)汽提塔橇块

汽提塔在高含硫气田水处理中是除 H_2S 的重要设备，设置在气田水处理工艺中的最前端。其主要作用是将气田水中 H_2S 气体从液体中初步分离出来，使气田水达到后端处理条件。

(1)工作原理。

高含硫气田水从汽提塔的顶部进入，汽提气(氮气或燃料气)从汽提塔的下部进入，高含硫气田水与汽提气在塔内逆流接触并进行气液交换，气田水中的 H_2S、CO_2 被汽提后，混合废气从塔顶进入低压放空系统，最终去火炬燃烧，汽提后的气田水则从塔底流出，进入后端处理工艺。以普光107集气站汽提塔为例，设备结构原理如图4－4所示。

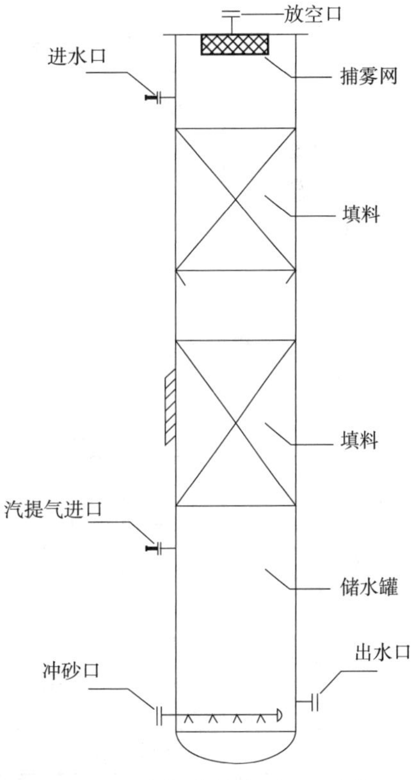

图4－4　汽提塔结构原理示意图

(2)结构和材质。

汽提塔主要由筒体、封头、裙座、垫板、盖板及底座环组成。选用的结构和材质见表4－1。

表 4－1　汽提塔结构和材质表

结构名称	材质
筒体	Q245R(HIC)
椭圆封头	Q245R(HIC)
裙座Ⅰ	Q235B
裙座Ⅱ	Q245R(HIC)
垫板	A333 Gr6
盖板	Q235B
底座环	Q235B

(3)运行参数。

汽提塔主要运行参数见表 4－2～表 4－4。

表 4－2　1#气田水处理站汽提塔主要运行参数表

名称	参数	单位	名称	参数	单位
塔体尺寸	800×12000×12	mm	容积	6.65	m^3
设计压力	1.0	MPa	耐压试验压力	1.25	MPa
设计温度	60	℃	最大污水处理量	22.25	m^3/h
操作压力	0.2～0.5	MPa	处理后污水 H_2S 含量	250	mg/L
工作温度	40	℃	塔顶气体分离精度	5	μm
介质	酸性污水		气体携液量	10	mg/m^3

表 4－3　2#气田水处理站汽提塔主要运行参数表

名称	参数	单位	名称	参数	单位
塔体尺寸	800×14000×12	mm	容积	7.75	m^3
设计压力	1.0	MPa	耐压试验压力	1.25	MPa
设计温度	60	℃	最大污水处理量	2.66	m^3/h
操作压力	0.2～0.5	MPa	处理后污水 H_2S 含量	250	mg/L
工作温度	40	℃	塔顶气体分离精度	5	μm
介质	酸性污水		气体携液量	10	mg/m^3

表 4－4　3#气田水处理站汽提塔主要运行参数表

名称	参数	单位	名称	参数	单位
塔体尺寸	1600×18639×14	mm	容积	33.4	m^3
设计压力	1.0	MPa	耐压试验压力	1.25	MPa
设计温度	60	℃	最大污水处理量	20.8	m^3/h
操作压力	0.1～0.3	MPa	处理后污水 H_2S 含量	260	mg/L
工作温度	40	℃	塔顶气体分离精度	5	μm
介质	酸性污水		气体携液量	10	mg/m^3

（4）注意事项。

汽提塔在运行过程中，易发生填料堵塞影响汽提效果的情况。一方面是污水中杂质附着在填料上造成堵塞；另一方面受污水 pH 值上升影响，产生水垢造成填料板结堵塞。因此，在日常运行中，需要控制进液量与进气量的比例，防止污水中杂质沉积，一般情况下，汽提塔的进气流量与进水流量比例不得小于 10 倍。同时，还需控制来水 pH 值，以防止结垢，pH 值控制在 5 ~6 为最佳。

2）压力两相气田水接收罐

压力两相气田水接收罐主要接收经汽提塔汽提并投加除硫药剂后的含硫气田水，为氧化除硫提供了充分的化学反应空间和时间。

（1）工作原理。

压力两相气田水接收罐设有气、液两相空间，气相空间可以保证稳定压力系统缓冲稳定运行，同时可以使污水中稀释的气体有效回收；液相空间设有整流、气水预分离和排泥等设施，使污水在罐内有效稳定的停留、缓冲并进行初次处理。以 1#气田水处理站压力两相气田水接收罐为例，设备结构原理图如图 4 –5 所示。

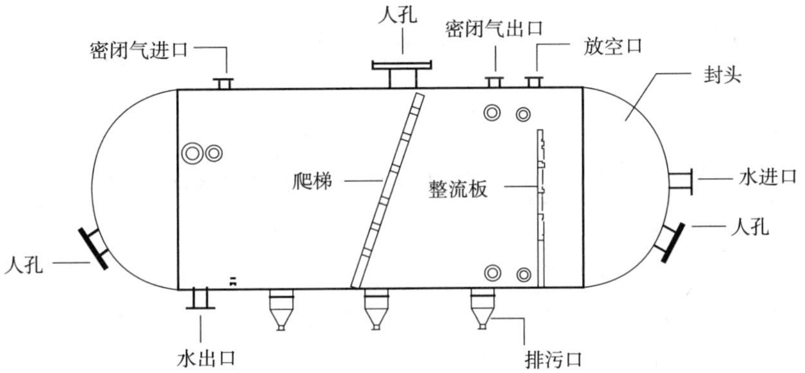

图 4 –5　压力两相气田水接收罐结构原理示意图

（2）结构和材质。

压力两相气田水接收罐主要由筒体、封头、人孔、整流板、爬梯等组成。选用的结构和材质见表 4 –5。

表 4 –5　压力两相气田水接收罐结构和材质表

结构名称	材质
筒体	Q245R
封头	Q245R
补强圈	Q245R
垫板	Q245R
整流板	Q245R
接管	20
法兰	20

(3)运行参数。

压力两相接收罐主要运行参数见表4－6～表4－8。

表4－6 1#气田水处理站压力两相接收罐主要运行参数表

名称	参数	单位	名称	参数	单位
罐体尺寸	3200×12704	mm	介质	气田含硫水	
容积	97.7	m^3	材质	Q245R	
设计压力	0.6	MPa	工作压力	0.4	MPa
设计温度	80	℃	工作温度	20～40	℃
液位高报	90	%	液位低报	35	%

表4－7 2#气田水处理站压力两相接收罐主要运行参数表

名称	参数	单位	名称	参数	单位
罐体尺寸	3000×11000	mm	介质	气田含硫水	
容积	80	m^3	材质	Q245R	
设计压力	0.6	MPa	工作压力	0.4	MPa
设计温度	80	℃	工作温度	20～40	℃
液位高报	75	%	液位低报	30	%

表4－8 3#气田水处理站压力两相接收罐主要运行参数表

名称	参数	单位	名称	参数	单位
罐体尺寸	3600×11000	mm	介质	气田含硫水	
容积	124.9	m^3	材质	Q245R	
设计压力	1.0	MPa	工作压力	0.3～0.8	MPa
设计温度	60	℃	工作温度	20～40	℃
液位高报	93	%	液位低报	10	%

(4)注意事项。

在日常运行中，压力两相气田水接收罐排污口设置有积液包，积液包内沉积的污泥易造成排污管道堵塞，需每天进行1次排污，时间至少5min；在罐的进口流程上设置有除硫药剂加注口，为保障除硫效果，需控制来水流量，以满足除硫药剂加注要求；当罐体压力高于0.30MPa时，若未自动泄压，需及时打开罐体顶部排气管线旁通泄压。

3)全自动过滤橇块

普光气田水处理站场采用的全自动过滤器为石英砂和金刚砂双滤料过滤器，两种过滤器串联使用，其主要作用是分离水中的悬浮固体颗粒和降低粒径中值，使过滤水质达到设计要求。

(1)工作原理。

经过混凝沉降后的气田水，由污水提升泵上提至过滤器内，从过滤器顶部进入、底部输出。过滤器内部采用石英砂和金刚砂两种滤料进行合理级配，充分发挥其比表面积大的特点，将气田水中的悬浮物拦截在滤料层表面或吸附在滤料表面，实现悬浮物和水的分离，使水质得到净化。过滤器设有反洗功能，当出水水质恶化时，停止过滤进水，利用外输净化水对滤料表面的截留物进行冲洗，使滤料恢复原有特性。设备结构原理如图4－6所示。

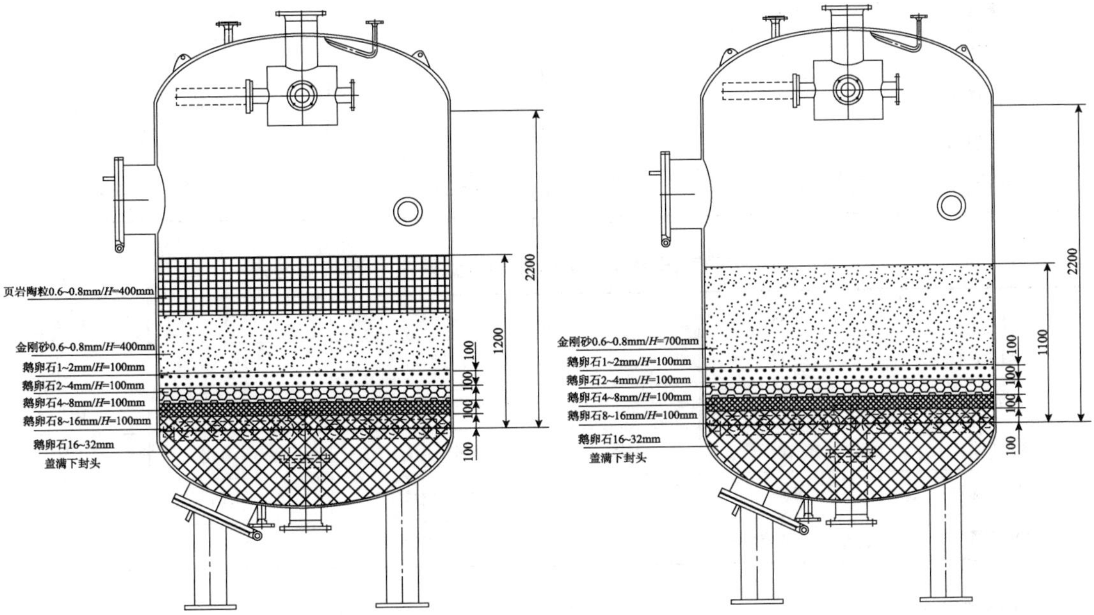

图4－6　双滤料过滤器结构示意图

(2)结构和材质。

过滤器主要由筒体、封头、人孔、视窗、掏料口、配水装置等组成。选用的结构和材质见表4－9。

表4－9　全自动过滤器结构和材质表

结构名称	材质
筒体	Q245R
封头	Q245R
补强圈	Q245R
配水装置	316L

(3)运行参数。

全自动过滤器主要运行参数见表4－10～表4－12。

表4－10　1#气田水处理站全自动过滤器主要运行参数表

名称	参数	单位	名称	参数	单位
滤罐通径	2000	mm	处理量	5.4	m^3/h
容积	5.0	m^3	滤速	≤8.6	m/h
设计压力	1.0	MPa	工作压力	0.3～0.8	MPa
设计温度	60	℃	工作温度	20～40	℃
滤料名称	金刚砂、石英砂		反洗强度	16	$L/(m^2\cdot s)$

表 4-11 2#气田水处理站全自动过滤器主要运行参数表

名称	参数	单位	名称	参数	单位
滤罐通径	1600	mm	处理量	15	m^3/h
容积	2.0	m^3	滤速	≤8.5	m/h
设计压力	1.0	MPa	工作压力	0.3～0.8	MPa
设计温度	60	℃	工作温度	20～40	℃
滤料名称	金刚砂、石英砂		反洗强度	13	$L/(m^2 \cdot s)$

表 4-12 3#气田水处理站全自动过滤器主要运行参数表

名称	参数	单位	名称	参数	单位
滤罐通径	2000	mm	处理量	15	m^3/h
容积	9.159	m^3	滤速	≤5	m/h
设计压力	1.0	MPa	工作压力	0.3～0.8	MPa
设计温度	60	℃	工作温度	20～40	℃
滤料名称	金刚砂、页岩陶粒		反洗强度	15	$L/(m^2 \cdot s)$

(4)注意事项。

设备运行一段时间后，由于滤料层中所含污泥的数量大大增加，一旦滤层中所含的污泥达到饱和，水中悬浮杂质便开始穿透滤层，随水流出罐外，造成外输水质下降，因此过滤器必须定期冲洗滤料，一般情况下，每天进行 1 次滤料反冲洗，时间不少于 5min；若出水水质改善不明显，可增加反洗频次和延长反洗时间；若反洗无效果，考虑更换滤料。

4)缓冲罐橇块

气田水缓冲罐主要用于接收经过滤处理后的气田水，进行缓冲外输。同时，也为过滤器反冲洗提供水源。

(1)工作原理。

气田水缓冲罐是利用污水自然沉降和浅池理论，同时使污水在罐内平稳进出。气田水缓冲罐设有气、水两相空间，气相空间可以保证稳定压力系统缓冲稳定运行，同时可以使污水中稀释的气体有效回收；水相空间设有整流、气水预分离和排泥等设施，使处理后的气田水在罐内稳定地停留、缓冲。设备结构原理如图 4-7 所示。

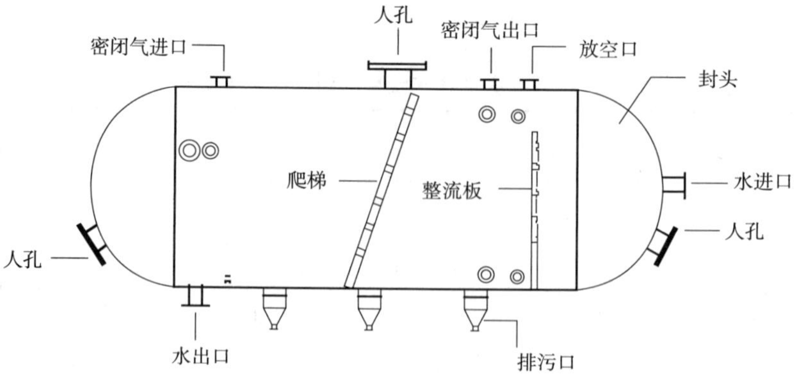

图 4-7 气田水缓冲罐结构示意图

(2)结构和材质。

气田水缓冲罐主要由筒体、封头、人孔、整流板、爬梯等组成。选用的结构和材质见表4-13。

表4-13　气田水缓冲罐结构和材质表

结构名称	材质
筒体	Q245R
封头	Q245R
补强圈	Q245R
垫板	Q245R
整流板	Q245R
接管	20
法兰	20

(3)运行参数。

气田水缓冲罐主要运行参数见表4-14～表4-16。

表4-14　1#气田水处理站缓冲罐主要运行参数表

名称	参数	单位	名称	参数	单位
罐体尺寸	3200×12704	mm	介质	处理后气田水	
容积	97.7	m^3	材质	Q245R	
设计压力	0.6	MPa	工作压力	0.4	MPa
设计温度	80	℃	工作温度	20～40	℃
液位高报	90	%	液位低报	5	%

表4-15　2#气田水处理站缓冲罐主要运行参数表

名称	参数	单位	名称	参数	单位
罐体尺寸	3600×11000	mm	介质	处理后气田水	
容积	124.9	m^3	材质	Q245R	
设计压力	0.6	MPa	工作压力	0.2	MPa
设计温度	80	℃	工作温度	20～60	℃
液位高报	75	%	液位低报	35	%

表4-16　3#气田水处理站缓冲罐主要运行参数表

名称	参数	单位	名称	参数	单位
罐体尺寸	3600×11000	mm	介质	处理后气田水	
容积	124.9	m^3	材质	Q245R	
设计压力	1.0	MPa	工作压力	0.3～0.8	MPa
设计温度	60	℃	工作温度	20～40	℃
液位高报	93	%	液位低报	10	%

(4)注意事项。

在日常运行中，气田水缓冲罐排污口设置有积液包，积液包内沉积的污泥易造成排污管道堵塞，需每天进行1次排污，时间至少5min；当罐体压力高于0.30MPa时，若未自动泄压，需及时打开罐体顶部排气管线旁通泄压。

5)空间除硫装置

为防止H_2S气体外逸，现场采用空间除硫装置，将H_2S气体净化达环保要求后排放。

(1)工作原理。

利用钢支撑氟碳膜密闭污水处理池，通过引风机将池内挥发的H_2S气体抽至空间除硫装置，采用碱液吸收中和及活性炭吸附来净化酸雾废气，使气体达标后排放。

引风机首先将H_2S气体压入一级碱洗塔，气体从碱洗塔底部进入。配制好的碱液，经碱液循环泵上提至碱洗塔上部，利用喷淋装置，使碱液与H_2S气体充分接触中和，从而达到净化H_2S气体的目的。一级碱洗塔能够去除80%~90%的H_2S气体。残余的H_2S气体进入二级碱洗塔，二级碱洗塔处理方式与一级相同。最后的废气经吸附箱内的活性炭吸附干燥、除杂质后达标排放。设备结构原理如图4-8所示。

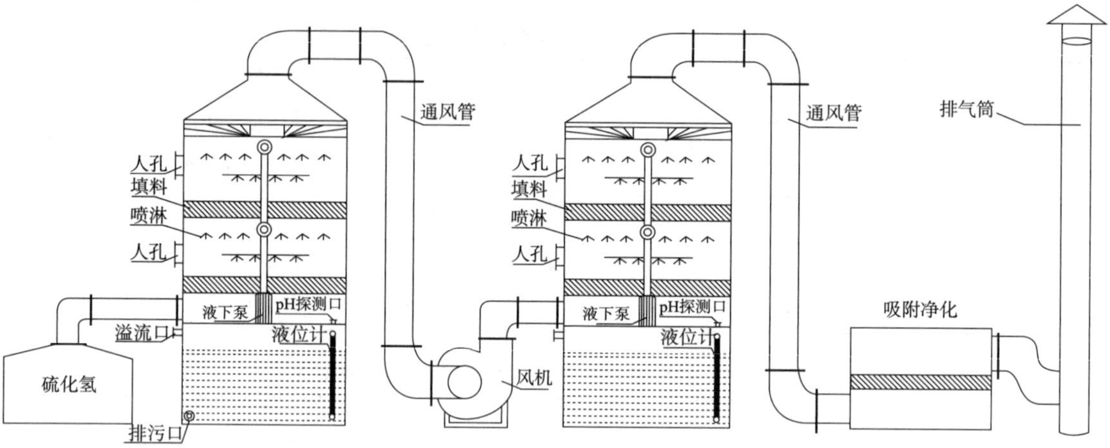

图4-8 空间除硫装置结构示意图

(2)结构和材质。

空间除硫装置主要由引风机、碱洗塔筒体、碱液箱、碱液循环泵、吸附箱、排气筒等组成。选用的结构和材质见表4-17。

表4-17 空间除硫装置结构和材质表

结构名称	材质
集气罩	氟碳膜
碱洗塔筒体	玻璃钢
碱液箱	玻璃钢
管线	玻璃钢
法兰	玻璃钢
排气筒	玻璃钢

续表

结构名称	材质
吸附箱	玻璃钢
引风机	玻璃钢

(3)运行参数。

空间除硫装置主要运行参数见表4-18。

表4-18　空间除硫装置主要运行参数表

名称	参数	单位	名称	参数	单位
入口 H_2S 含量	≤1000	g/m^3	处理量	2500	m^3/h
出口 H_2S 含量	≤0.1	g/m^3	填料	活性炭	
复合净化器尺寸	1000×1500	mm	风量	3000	m^3/h
洗涤塔尺寸	1500×5500	mm	风压	2000	Pa

(4)注意事项。

空间除硫装置的除硫效果主要依靠前端的两级碱洗过程，因此，在日常运行中，需及时取样检测碱液箱内碱液的pH值，确保pH值>11。在更换或添加碱液时，需待碱液温度降低后添加，切勿直接使用塔底碱液箱溶解，防止温度过高导致碱液箱变形。当碱洗装置的pH值长时间无变化时，需将原液完全排空，重新更换药剂。

6)污泥刮泥机

由于高含硫气田水处理过程中，会产生大量的污泥，沉积在混凝沉降池的底部，长时间的沉积会影响处理水质效果，需及时将污泥进行收集，刮泥机的主要作用就是将池底的污泥刮入污泥槽内，便于收集，保持混凝沉降池的沉降效果。设备结构原理如图4-9所示。

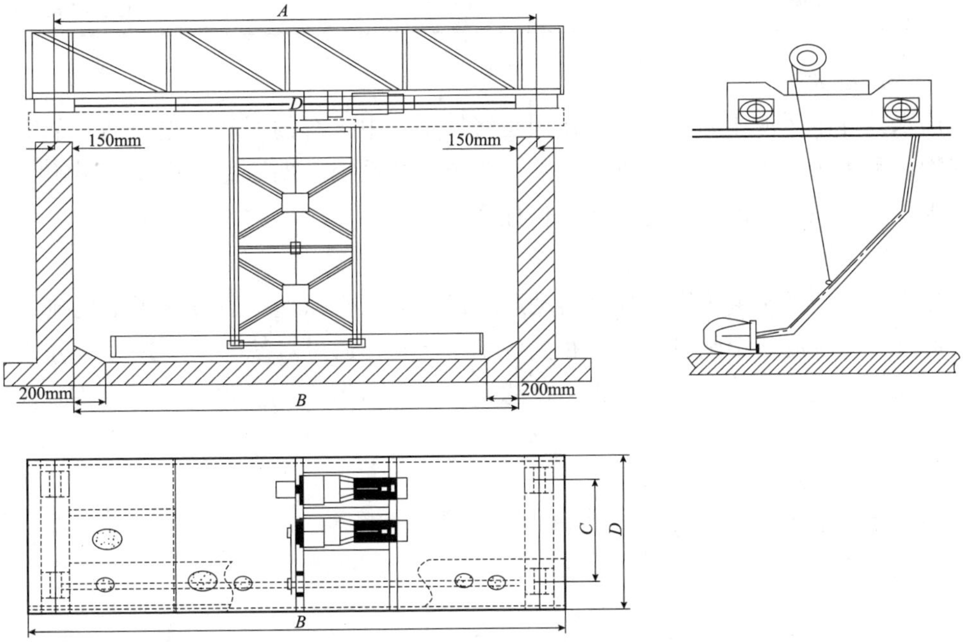

图4-9　刮泥机结构示意图

刮泥机在运行过程中，易发生刮泥板变形、链条脱落甚至断裂的情况，因此，在日常运行过程中，需保持刮泥机连续运转，防止因长期停运造成链条卡堵。同时，需及时回收池内的污泥，防止污泥堆积过多，致使刮泥机负荷增大，造成刮泥板变形或链条拉断的情况发生。

链板式刮泥机常见故障判断和处理方法见表4－19。

表4－19 链板式刮泥机常见故障判断和处理方法表

部位	故障现象	故障原因	处理方法
行走机构	啃轨	池底泥沙量大	放水、清砂、修复导轨
		桁车传动轴中心线与两导轨不垂直	调整滚轮，修复导轨
		导轨两端行程开关失灵	更换行程开关
刮泥机构	池底泥砂量大	刮泥板橡胶板损坏	局部更换橡胶板
		刮泥板没放到池底	调整配重块
	池面油沫多	刮沫橡胶板损坏	局部更换橡胶板
	刮泥板与池壁摩擦	刮泥板两臂偏斜	校正，调整
提升机构	提升丝杆抖动	丝杆弯曲	校直或更换
		梯形螺母间隙大	更换梯形螺母
	减速机有异音	减速机内部损坏	解体检修
轴承	轴承温度过高	安装不合理	重新调整
		润滑油缺少或过多	适量加油或放油
	轴承发出异响	轴承损坏	更换轴承

7）污泥压滤装置

气田水处理中污泥压滤机的主要作用是将气田水中含有的泥沙、缓蚀剂、杂质、硫醚等悬浮物，利用污泥压滤的方式进行去除，避免整个系统出现污泥的堆积，影响处理后气田水的水质。压滤后的泥饼需进行无害化处理。

（1）工作原理。

普光气田水处理站采用厢式板框自动压滤机，其工作原理是通过液压系统施力压紧板框组，使沉淀的淤泥从中间进入，分布到各滤布之间，通过过滤介质实现固液分离。它主要由五大部分组成：机架、自动拉板、过滤、液压和电器控制。设备结构原理如图4－10所示。

（2）结构和材质。

污泥压滤机主要结构和材质见表4－20。

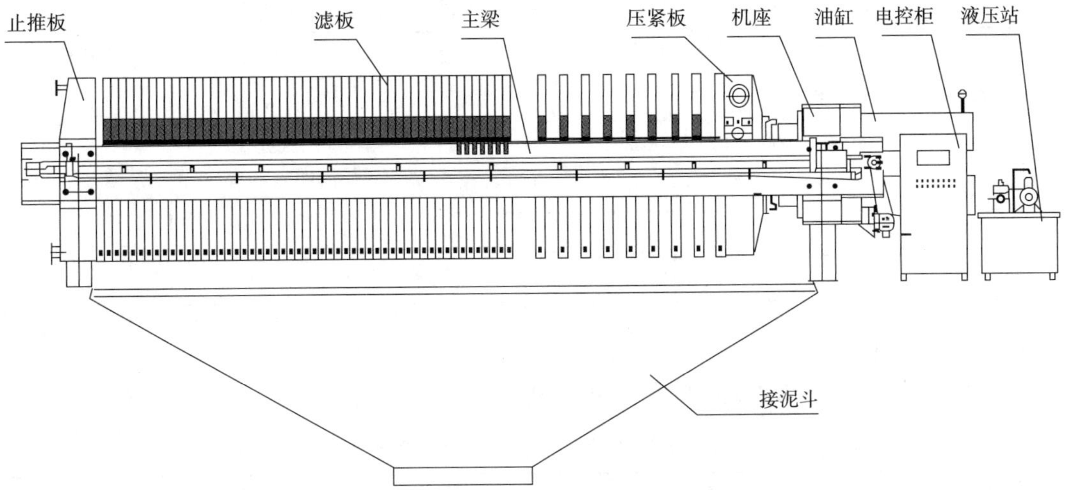

图4-10 污泥压滤机结构原理示意图

表4-20 污泥压滤机主要结构和材质表

结构名称	材质
滤板	增强聚丙烯
滤布	合成纤维
滤板支撑架	铸铁
接泥斗	铸铁
泥斗开关合页	铸铁
接水槽	20

(3)运行参数。

污泥压滤装置主要运行参数见表4-21~表4-23。

表4-21 1#气田水处理站污泥压滤装置主要运行参数表

名称	参数	单位	名称	参数	单位
有效过滤面积	80	m^2	滤板数量	31	块
滤板外形尺寸	1250×1250	mm	进料量	10	m^3/h
进料含水率	≤97	%	滤室容积	1.43	m^3
出料量	≥1.5	m^3/次	出料含水率	≤50	%
进出料工作周期	8	h	压紧工作压力	18~20	MPa

表4-22 2#气田水处理站污泥压滤装置主要运行参数表

名称	参数	单位	名称	参数	单位
有效过滤面积	20	m^2	滤板数量	31	块
滤板外形尺寸	1000×1000	mm	进料量	10	m^3/h
进料含水率	≤99	%	滤室容积	0.28	m^3
出料量	≥0.5	m^3/次	出料含水率	≤75	%
进出料工作周期	6	h	压紧工作压力	16	MPa

表4－23　3#气田水处理站污泥压滤装置主要运行参数表

名称	参数	单位	名称	参数	单位
有效过滤面积	80	m^2	滤板数量	49	块
滤板外形尺寸	1000×1000	mm	进料量	10	m^3/h
进料含水率	≤99	%	滤室容积	1.2	m^3
出料量	≥3.0	m^3/次	出料含水率	≤75	%
进出料工作周期	6	h	压紧工作压力	15～18	MPa

(4)注意事项。

厢式板框自动压滤机常见故障判断和处理方法见表4－24。

表4－24　厢式板框自动压滤机常见故障判断和处理方法表

故障现象	产生原因	处理方法
压力不足	溢流阀损坏	维修或更换
	油位不够	补充液压油
	油泵损坏	更换油泵
	阀块和接头处泄漏	拧紧或更换O形圈
	油缸密封圈磨损	更换密封圈
	阀内漏油	调整或更换
保压不佳	活塞密封圈磨损	更换密封圈
	油路泄漏	检修油路
	液控单向阀堵塞或磨损	清洗或更换
	电磁球阀堵塞或磨损	清洗或更换
滤板之间漏料	料泵压力流量超高	调整回流阀
	滤板密封面夹有杂物	清理干净
	滤布不平整，有折叠	整理滤布
	压力不足	调整压力
滤板破裂	过滤时进料压力过高	调整进料压力
	进料温度过高	换高温板或滤前冷却
	进料速度过快	降低进料速度
	滤板进料孔堵塞	清理进料孔
	滤布破损，出液口堵塞	更换滤布，清理干净
滤板向上抬起	安装基础不平整	重新修整地基
	滤板下部除渣不净	清除干净
滤液不清	滤布破裂	更换滤布
	滤布选择不当	重新试验，更换滤布
	滤布开孔过大	更换滤布
	滤布缝合处开线	重新缝合

续表

故障现象	产生原因	处理方法
液压系统有噪声	吸入空气	打开放气阀放气
	紧固件松动	将紧固件紧固
	液压油黏度过大	降低液压油黏度
主梁弯曲	油缸端地基粗糙自由度不够	重新安装
	滤板排列不平行	重新排列滤板
	拉板不同步	调整拉板小车同步性

4.1.3　日常管理

1）水质管控

（1）进水分流分质管理。

水处理系统所有污水统一遵循“分流分质管理”的要求，开展污水接收与外输工作。

①集输系统产出含硫气田水，须严格落实水处理工艺制度，经汽提后进入水处理站进行处理。

②气田产出水和其他废水应分别转至相应水处理站分流处理，保持系统水质稳定。

③钻井废水、气井作业废水等，处理达到相关标准要求后，由车辆转运进入回注站进行回注。

（2）过程水质管理。

①监测污水汽提塔进水 pH 值、加酸后 pH 值、汽提后 pH 值，由站场负责每 4h 监测记录 1 次，掌握汽提水质动态。

②汽提前 pH 值控制在 5.0～5.5，汽提后 pH 值控制在 6.5～7.5。

③过氧化氢、次氯酸钠、混凝（絮凝）药剂宜根据药剂加注图版进行投加，并结合现场实际水质，开展药剂加注配比实验，及时调整药剂加注量，控制混凝沉降单元出口（过滤单元进口）水中硫化物含量≤2.0mg/L，悬浮物含量≤30mg/L。药剂投加图版需结合现场工况动态更新，各水处理站及时反馈水质变化情况。

④药剂加注日分析，根据药剂加注图版，结合当日水质实际情况，评判药剂投加符合性，控制药剂加量偏差≤10%。

⑤过程水质监测，对接收罐进出口、过滤罐进出口、外输罐出口等关键环节的水质进行监测，每 2h 监测记录 1 次，并严格按照药剂加注配比方案进行药剂加注。其中，接收罐进口主要监测 H_2S 含量、pH 值；过滤罐进口主要监测悬浮物含量、残余除硫剂含量；外输罐出口主要监测硫含量、悬浮物含量、残余除硫剂含量、溶解氧含量、pH 值。

⑥投运过滤进口或出口化学除氧工艺，去除残余除硫剂和降低溶解氧，实现溶解氧≤0.5mg/L。

（3）回注水质管理。

①对高架注水罐进口、出口及回注井口（注水泵出口）水质取样化验 1 次，并及时反馈。

②每天对高架注水罐进行排污操作1次。

③每月对高架注水罐进行清洗1次，水质异常时，可加密清洗频次。

④每季度对污水站外输管线进行清洗1次，水质异常时，可加密清洗频次。

⑤加强污水罐车运行管理，污水转运执行“专车专用”、固定罐车转运介质制度，避免污水二次污染。

⑥严格落实污水罐车定期清洗制度，对固定转运、回注污水的罐车(包括吸污车)每月清洗1次。

2)工艺制度

(1)调整工艺参数。

水系统运行工艺参数应严格执行工艺卡片，若超出正常范围应立即检查运行情况并处理、上报。若工艺变更，应及时调整工艺参数。

(2)反洗及排污。

水处理站罐体每日排污1次，时间不少于30min。过滤罐每日反洗2次，时间不少于5min，水质异常时，可增加反洗次数。

(3)清洗及排泥。

每半年对水处理站污水池进行彻底清淤1次，水质异常时，可加密清淤频次。

产出水深度处理站调储罐、均质罐每周排污1次，时间不少于30min。除硬罐需根据现场取样确定具体排泥次数，每天排泥1~2次，单次排泥时间10~20min(分离室的高位取样不再浑浊时，即可关闭排泥阀)。

(4)收泥压滤。

各污水池制定可视化泥位监测上限，每日应根据池体泥位进行收泥及压滤作业。沉降池泥位应保持在50%以下，回收池泥位应保持在30%以下，罐体泥位应保持在20%以下。每天对沉降池刮泥运行至少1次，并将污泥收集至排泥池，及时进行污泥压滤。

3)设备维护管理

(1)日常管理。

每日核对运行压力、流量，严禁机泵超温、超压、超负荷运行，发现异常及时组织处理。各类液体运载机泵停运超过1d，必须排尽泵头内残液，重新启动时必须进行盘泵和空载试运。按时开展巡检、维护保养工作，重点做好机泵一、二级保养工作，机泵保养计划执行率100%。

(2)油水润滑管理。

按照油水润滑五定表要求，分级开展油品取样、检测、更换工作。A、B级管理机泵应定期开展油品取样、化验、更换工作，C级管理机泵应定期开展油品更换工作，确保机泵油水指标合格。

(3)备用机泵管理。

重点做好防冻、防凝、保温、防腐、润滑、盘车、清洁等维护保养工作，每周空载试运0.5h，确保备用机泵处于完好状态，保证随时能启动、切换投运。根据注水泵配件更换周期要求，组织维保队伍开展注水泵配件预防性更换工作，降低注水泵抢修率。

(4)备品备件管理。

根据配件消耗规律，提前储备机泵备品备件，确保机泵备品备件能够满足生产运行需求。

(5)刮泥机运行管理。

保持污水池内污泥在低位运行，降低刮泥机运行负荷；刮泥机每天至少运转1h，严禁长期停运；每季度至少开展1次入池全面检修和保养。

(6)压滤机运行管理。

每天至少进行1次污泥压滤操作，泥量大时增加压滤频次；每月开展1次压滤机全面维护和保养，更换油品；每季度利用锅炉车对滤布进行蒸汽清洗，确保压滤效果。

4)药剂管理

(1)药剂进场、消耗管理。

药剂使用计划须与生产实际需求相符，防止积压，合理储备。药剂卸车入库前必须提供“一书一签”及本批次化验报告单，卸车后提供药剂磅单。

做好药剂入库及消耗的日常管理，定期对药剂进行核算，防止偏差过大。

(2)药剂配制。

现场混凝剂(聚合氯化铝)产品应加水溶解后投加，稀释比例一般推荐在5%～20%(质)；现场絮凝剂(聚丙烯酰胺)产品应加水溶解后投加，稀释比例一般推荐为0.1%(质)，溶解水以不含盐的中性水为宜。

(3)药剂加注。

为避免药剂加量不足或过量，现场需按照加药图版做好药剂投加工作，每日填写重点药剂消耗日分析表，若超出图版内药剂单耗上限，需说明原因。

4.2　气田水深度处理站

气田在开发过程中会产生大量的产出水(主要为气井产出水、钻井废水、作业废水等)，早期普光气田产出水处理达标后回注。随着气田开发不断深入，气田产出水量逐年增加，而现有注水井回注能力逐年下降。普光建成了1座气田水深度处理站，主要用于气田水总硬度、盐分、有机物(COD_{Cr})和氨氮等有机成分的处理，达到相关标准，实现资源化回用。

4.2.1　深度处理工艺

普光气田水深度处理站采用“预处理[除硬+均质+生化+高级氧化+曝气生物滤池(BAF)]+高压反渗透膜浓缩+机械压缩蒸发(MVR)”工艺，处理后成品水水质达到中国石化企业标准《水务管理技术要求　第2部分：循环水》(Q/SH 0628.2—2014)，作为净化厂循环冷却补充水回用，浓缩水达到回注水水质要求后回注。气田水深度处理主工艺流程如图4-11所示。

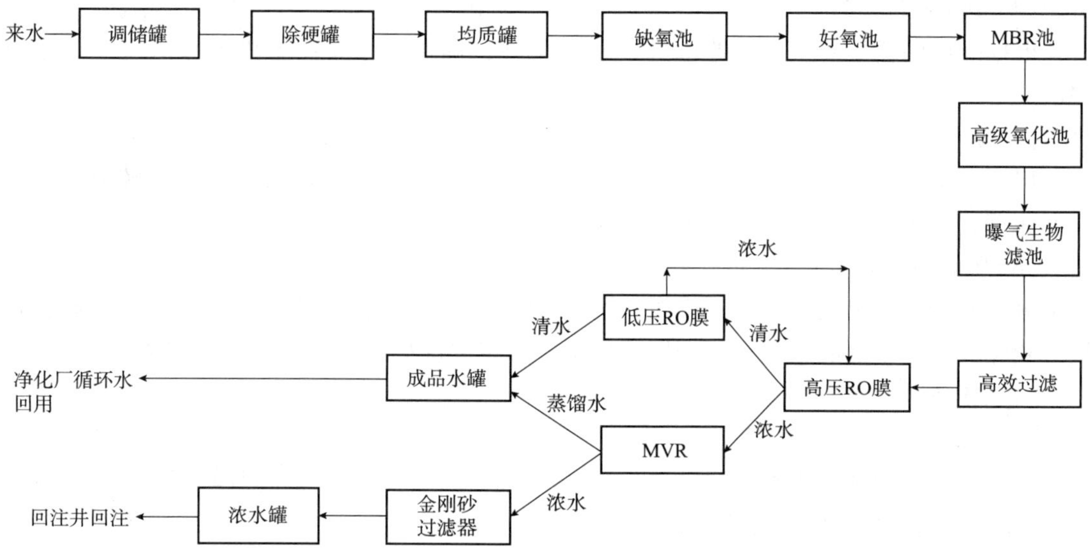

图4-11 产出水深度处理站主工艺流程图

1)软化工艺

水质软化工艺是运用化学沉淀法原理，即根据溶度积原理使水中所含的硬度等在适当的药剂作用下形成难溶性化合物而被去除的过程，水处理中最常用的方法是钙、镁离子的化合沉淀，其次是金属离子的氧化物沉淀。普光气田采出水中钙离子含量约1000mg/L、镁离子含量约250mg/L，成垢离子含量高。为保障高盐水后续脱盐工艺正常运行、降低系统结垢风险，需先对水中成垢离子进行去除，针对普光采出水中高含钙、镁离子的特点，优选出投加双碱($NaOH$、Na_2CO_3)沉淀法降低水质硬度。

普光气田水深度处理站软化工艺为气田水进入深度处理站除硬单元中的调储罐，通过调储控流泵进入机械搅拌软化装置，投加 $NaOH$ 和 Na_2CO_3，进行软化处理，调节除硬水质 pH 值至11.5左右，同时在罐内投加混凝剂和絮凝剂，在软化装置内进行混凝沉降反应，除硬软化后的气田水进入均质单元。

软化工艺进出口关键水质指标控制参数见表4-25。

表4-25 软化工艺进出口关键水质指标控制参数表

名称	钙离子/(mg/L)	镁离子/(mg/L)
除硬进口	≤1000	≤250
除硬出口	≤20	≤20

2)生化工艺

废水生物化学处理法简称“废水生化法”，是利用微生物的代谢作用分解去除污水中的有机污染物、氨氮等，其核心工艺有生物氧化池，类型主要包括传统空气推流式曝气池、纯氧曝气池、氧化沟、缺氧-好氧活性污泥法(A/O)、厌氧-缺氧-好氧活性污泥法(A^2/O)、序批式活性污泥法(SBR)、内循环好氧生物流化床等。生化法只对可生物降解的有机化合物有效。

普光气田水中高含有机物(COD_{Cr})、氨氮等，采用缺氧－好氧活性污泥法(A/O)处理，在去除有机物的同时实现良好的脱氮效果。膜生物反应器(MBR)工艺是膜分离技术与生物技术有机结合的新型废水处理技术，它利用膜分离设备将生化反应池中的活性污泥和大分子有机物质截留住，分离出清水，实现生化反应与清水分离同步进行，省掉了二沉池。普光气田水生化工艺采用“缺氧－好氧－膜分离”(A/O/MBR)的微生物处理技术，加强高盐条件下活性污泥浓度和优势菌群，提高生化反应速率，保证水质高效稳定处理。

普光气田水深度处理站生化工艺主流程如图4－12所示。

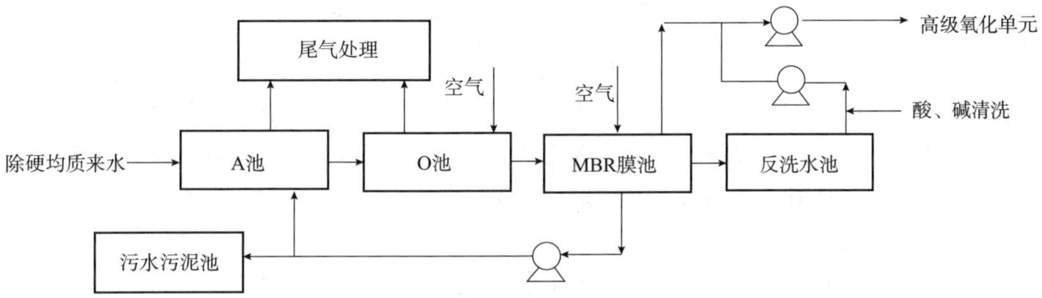

图4－12 普光气田水深度处理站生化工艺主流程示意图

来自除硬均质单元的水经升压后送入缺氧池，和MBR膜池回流污泥在混合搅拌机的作用下混合均匀，在缺氧池(A池)内进行反硝化反应去除总氮。去除总氮后的产水溢流进入好氧池(O池)，空气经过好氧池曝气风机增压后送入好氧池，经过曝气盘与含污泥产水充分接触，去除绝大多数的有机物并同时进行硝化反应。产水溢流进入膜池，膜池的主要作用截留悬浮物，并增加生化的污泥浓度和污泥龄，提高处理负荷。

生化工艺进出口关键水质指标控制参数见表4－26。

表4－26 生化工艺进出口关键水质指标控制参数表

名称	COD_{Cr}/(mg/L)	氨氮/(mg/L)	浊度/ NTU
生化进水	≤3800	≤100	
生化出水	≤240	≤50	≤2

3)高级氧化工艺

高级氧化技术又称深度氧化技术，以产生具有强氧化能力的羟基自由基(·OH)为特点，在高温高压、电、声、光辐照、催化剂等反应条件下，使大分子难降解有机物氧化成低毒或无毒的小分子物质。根据产生自由基的方式和反应条件的不同，可将高级氧化技术分为光化学氧化、催化湿式氧化、声化学氧化、臭氧(催化)氧化、电化学氧化、Fenton氧化等。

普光气田水深度处理站高级氧化工艺采用臭氧催化氧化技术，该单元分为两个系列，分别为高级氧化一、二系列反应池，其中一系列反应池主要接收MBR膜池出水，对膜池出水中COD_{Cr}做进一步去除，处理合格的污水进入后续BAF处理单元。二系列反应池主要对MVR不合格水、成品水不合格水、低压反渗透膜不合格水以及水洗氯废水进行处理，去除水中COD_{Cr}，处理合格后的污水进入成品水罐。高级氧化主工艺流程如图4－13所示。

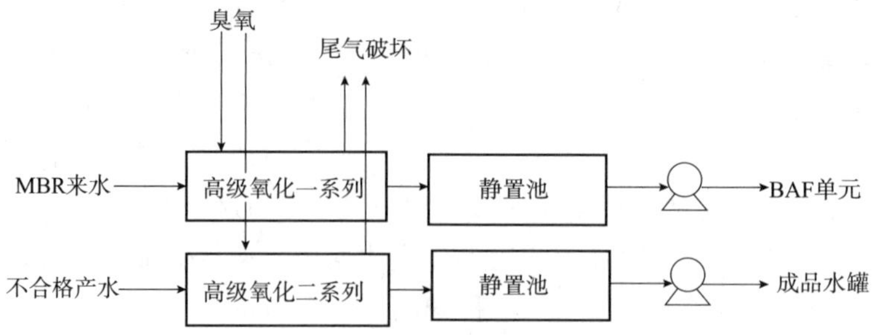

图 4-13 高级氧化工艺主流程示意图

MBR 处理合格后的污水经 MBR 抽吸泵提升进入高级氧化一系列池，高级氧化一系列池内设置臭氧布气装置和催化剂(活性炭)。由臭氧发生器产生的臭氧经输送管线进入布气装置，反应装置供气量为 12kg/h，臭氧浓度为 140～145mg/L。进入高级氧化一系列池内的污水停留时间约为 4h(两格停留时间)，处理合格后污水进入静置池，通过静置池内 BAF 输水泵提升输送至 BAF 处理单元。

高级氧化工艺进出口关键水质指标控制参数见表 4-27。

表 4-27 高级氧化工艺进出口关键水质指标控制参数表

名称	COD_{Cr}/(mg/L)	氨氮/(mg/L)
高级氧化进水	≤240	≤50
高级氧化出水	≤120	≤20

4)曝气生物滤池(BAF)工艺

BAF 工艺是一种膜法生物处理工艺，微生物附着在载体表面，污水在流经载体表面时，通过有机营养物质的吸附、氧向生物膜内部的扩散以及生物膜中所发生的生物氧化等作用，对污染物质进行氧化分解，使污水得以净化。

高级氧化单元氧化后的出水，含有大量小相对分子质量的有机物，则需要通过曝气生物滤池加以去除。普光气田深度处理站 BAF 工艺流程示意图如图 4-14 所示。

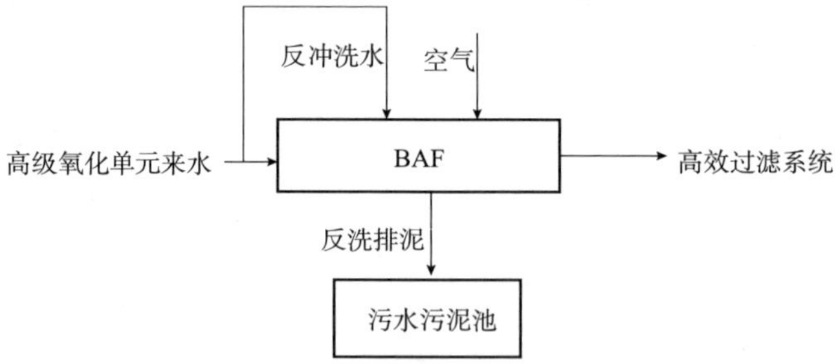

图 4-14 普光气田深度处理站 BAF 工艺流程示意图

来自高级氧化一系列污水经泵提升进入 BAF。废水由上部进入 BAF 配水槽，自底部进入 BAF 反应池第一级，由下至上通过填料床。通过 BAF 上部的溢流孔进入第二级反应单池，经布水槽布水后，废水由下向上通过填料床，由二级出水口进入出水区，满足出水水质指标要求。

BAF 工艺进出口关键水质指标控制参数见表 4-28。

表4-28　BAF工艺进出口关键水质指标控制参数表

名称	COD_{Cr}/(mg/L)	氨氮/(mg/L)
BAF进水	≤120	≤20
BAF出水	≤100	≤20

5)膜浓缩工艺

普光气田水深度处理站膜浓缩工艺主要包括高效过滤系统(微滤)及高、低压双膜系统(反渗透)两部分。

高效过滤系统接收来自BAF系统处理的出水，BAF系统处理出水送入一级混凝反应水箱内，同时在反应水箱内加入氢氧化钠和纯碱进行搅拌混合，溢流进入二级混凝反应水箱内，同时反应水箱内加入氢氧化钠再次调节pH值，之后溢流进吸水箱，经高效过滤给水泵送入高效过滤过滤器进行膜分离，高效过滤后的出水送入膜浓缩单元高压反渗透进水箱，高效过滤系统(微滤)工艺流程如图4-15所示。

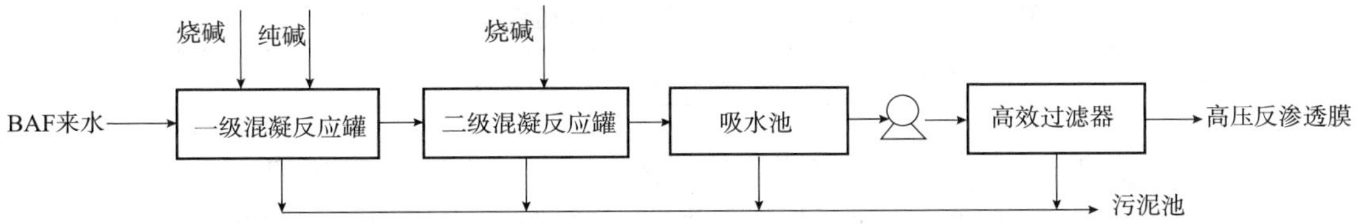

图4-15　高效过滤系统(微滤)工艺流程示意图

高效过滤器排渣排入污泥池，污泥池设置搅拌机，污泥经污泥泵升压后送入污泥浓缩池。高效过滤系统设置3套(2套并联运行1套备用)，单套设计产出水量为$30m^3/h$。3套高效过滤装置共用1座一级、二级混凝反应水箱、吸水箱，1座污泥池(含2台污泥泵)及1套清洗装置(2台高效过滤清洗水泵)。

高压膜系统接收高效过滤系统出水，高效过滤系统出水进入高低压反渗透装置原水箱，提升后经6套高压反渗透膜处理，浓水排至MVR单元进行处理，产水进低压反渗透处理后提升至站内成品水罐，达到工业循环冷却水水质要求。高压反渗透膜(高压RO)系统设计的处理量为$10m^3/h$，膜组件采用DTRO。高压RO膜系统工艺流程如图4-16所示。

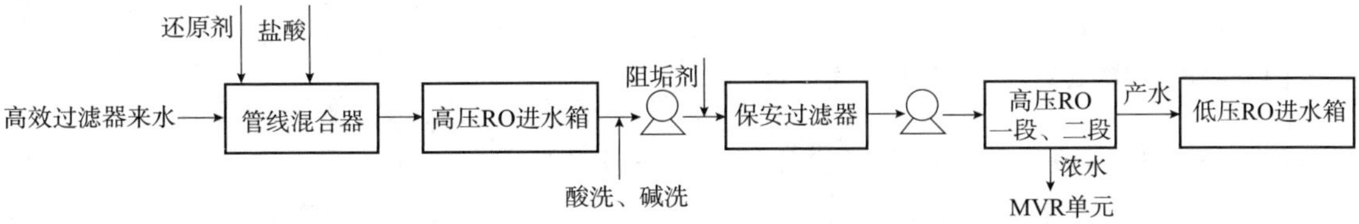

图4-16　高压RO膜系统工艺流程示意图

低压反渗透膜(低压RO)系统进水为高压RO膜系统产水，产水进入低压RO膜系统原水箱，在原水箱内缓存混合后，由低压反渗透进水泵提升至后续处理单元。在低压反渗透增压泵后设管道混合器，投加足够剂防止高倍浓缩，通过阻垢选型消除硅酸盐对膜系统的影响。低压RO膜系统进水通过低压泵泵RO膜组件，为满足单支膜组件的进水流量要求及提高系统的回收率，膜组件之间设有循环泵1台。二段RO系统浓水回流至高压 RO 膜系统已提高整套浓水液处理系统的回收率。低压 RO 膜系统工艺流程如图 4－17 所示。

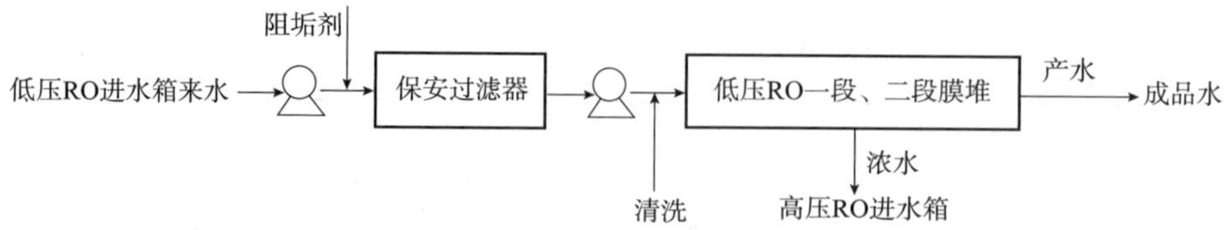

图 4－17　低压 RO 膜系统工艺流程示意图

膜的清洗包括冲洗和化学清洗两种。高压 RO 膜系统和低压 RO 膜系统分别设有独立的专有清洗系统。高压 RO 膜系统和低压 RO 膜系统分别设有碱性清洗剂、酸性清洗剂、阻垢剂和清洗缓冲罐。设定清洗执行时间，需要清洗的时候系统自动执行。

高低压 RO 膜可有效去除水中的溶解性盐、有机物及细菌等。气田水深度处理站膜浓缩工艺进出口关键水质指标控制参数见表 4－29。

表 4－29　膜浓缩工艺进出口关键水质指标控制参数表

名称	COD_{Cr}/(mg/L)	氨氮/(mg/L)	氯离子/(mg/L)	矿化度/(mg/L)
膜浓缩进水	≤150	≤20	≤20000	≤30000
膜浓缩出水(成品水)	≤60	≤10	≤200	≤1000

6)MVR 工艺

MVR 是指将蒸发(蒸馏等)过程的二次蒸汽(温度低、压力低而无法利用)用压缩机进行压缩，提高其温度、压力，重新作为热源加热需要被蒸发的物料，从而达到循环利用蒸汽的目的，使蒸发过程不需要外加蒸汽，即用少量的电能获得较多的热能，从而减少系统对外界能源的需求的一项高效节能技术，机械式蒸汽再压缩技术原理如图 4－18 所示。

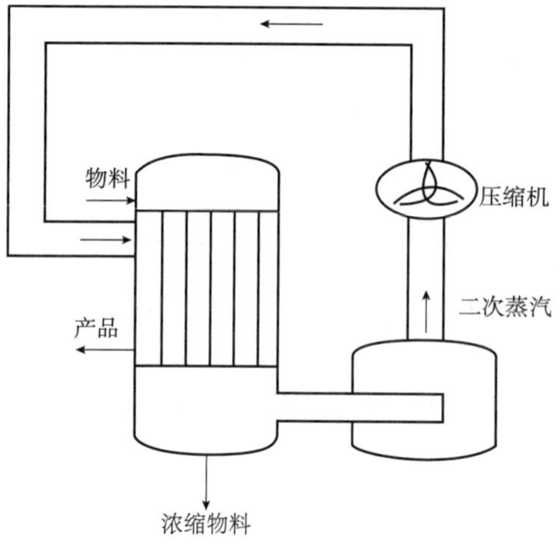

图 4－18　机械式蒸汽再压缩技术原理图

普光气田水深度处理站 MVR 工艺接收处理膜浓缩产生的浓水，即膜浓缩产生的浓水首先进入 MVR 蒸发装置内的进料罐，通过进料泵提升进入一效竖管降膜蒸发浓缩系统(包含进料泵、一效降膜蒸发器、一效降膜分离器、一效循环泵、转料泵等)及二效竖管降膜蒸发浓缩系统(包含二效降膜蒸发器、二效降膜分离器、二效循环泵、浓缩液泵等)；原料液在进料泵的作用下，经预热后通过分布器使物料平均分布到每一根换热管内，在重力作用下，物料沿管内壁向下流动，并且在管内形成膜状，经蒸发浓缩后，管内的水变为蒸汽进入分离器，经压缩机升温增压后重新回到蒸发器内；管外的蒸汽变为冷凝水进入冷凝液罐，经冷凝液泵排出；管内的浓缩液经转料泵进入二效蒸发器内继续蒸发浓缩，最终经出料泵排出。

普光气田水深度处理站 MVR 工艺流程如图 4－19 所示。

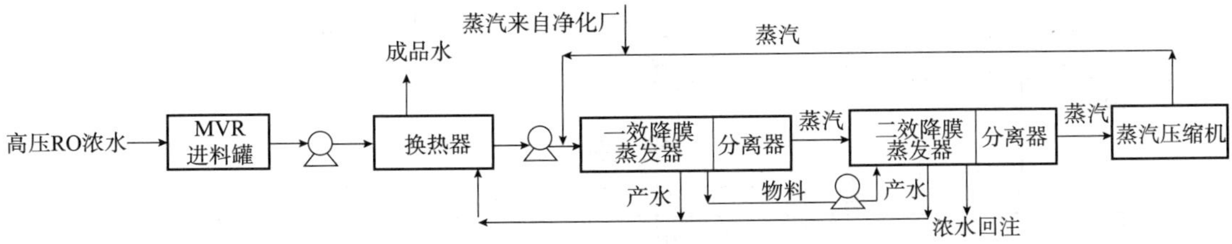

图 4－19　普光气田水深度处理站 MVR 工艺流程示意图

MVR 工艺进出口关键水质指标控制参数见表 4－30。

表 4－30　MVR 工艺进出口关键水质指标控制参数表

名称	COD_{Cr}/(mg/L)	氨氮/(mg/L)	氯离子/(mg/L)	矿化度/(mg/L)
MVR 进水	≤200	≤40	≤40000	≤60000
MVR 出水(成品水)	≤60	≤10	≤200	≤1000

4.2.2　气田水深度处理设备

1)机械搅拌软化装置

机械搅拌软化装置主要包括澄清罐和内置式搅拌刮泥装置。其主要作用是去除气田水中的钙、镁离子，实现气田水软化的目的。

(1)工作原理。

机械搅拌软化装置是通过机械搅拌将混凝、反应和沉淀置于一个罐中进行综合处理的污泥循环型构筑物。利用机械搅拌的提升作用来完成污泥回流和接触絮凝、澄清的反应。反应过程中，悬浮状态的活性污泥层与加药的原水(主要投加混凝剂、氢氧化钠、碳酸钠及絮凝剂等)在机械搅拌作用下，增加颗粒碰撞机会，提高混凝效果。经分离的清水上升溢流出水，沉下的污泥部分(主要是接触反应后形成的碳酸钙、氢氧化镁等)沿回流缝再进入第一反应室进行絮凝，部分经浓缩后定期排放。设备结构原理如图 4－20 所示。

(2)结构和材质。

机械搅拌软化装置主要由澄清罐、搅拌机、刮泥机组成。选用的结构和材质见表 4－31。

表 4－31　机械搅拌软化装置结构和材质表

结构名称	材质
罐体	Q235B
搅拌机主轴	S31803
搅拌机桨叶	S31803
刮泥板	S31803

(3)运行参数。

机械搅拌软化装置主要运行参数见表 4－32。

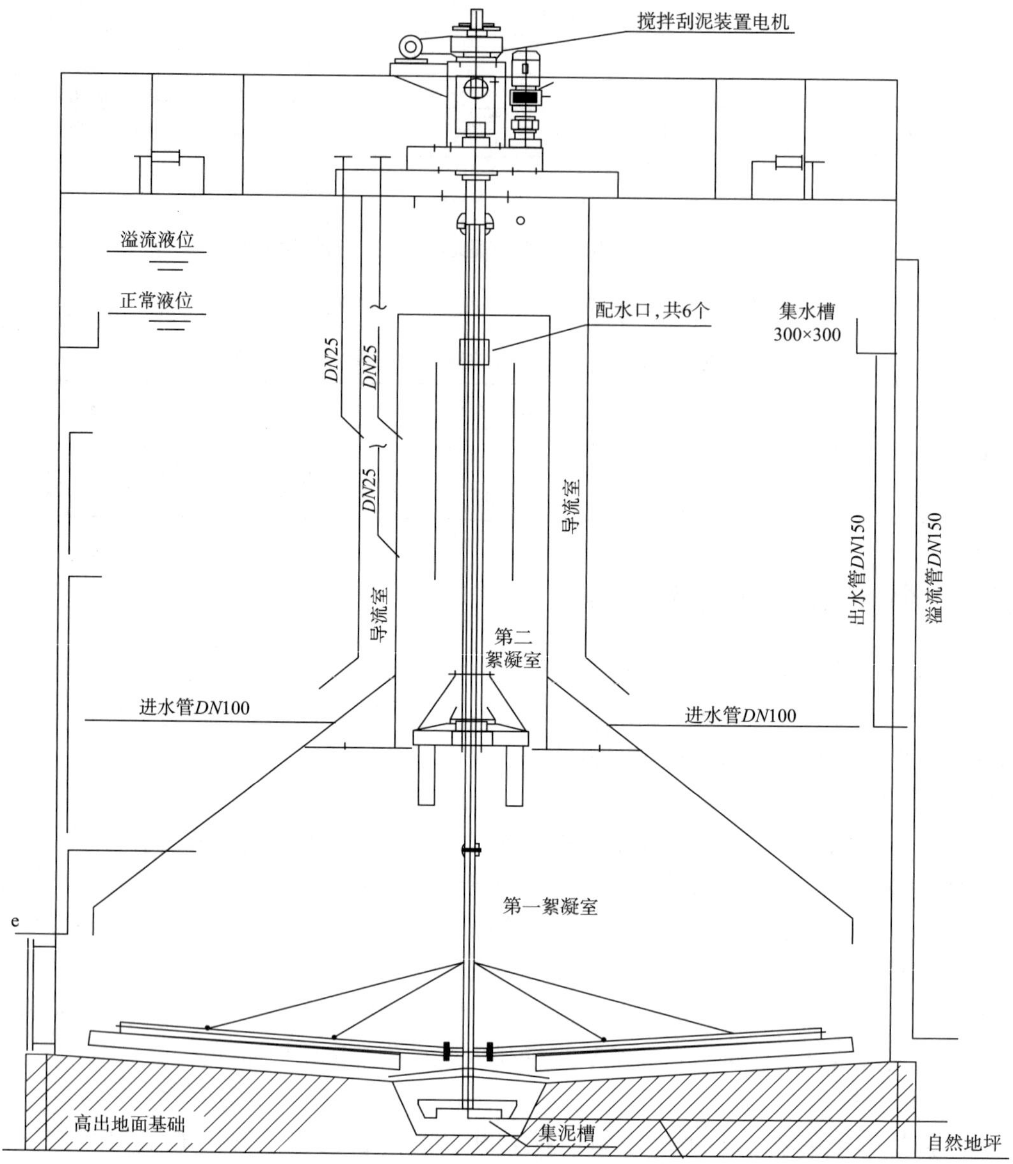

图 4－20　机械搅拌软化装置结构示意图

表 4－32　机械搅拌软化装置主要运行参数表

名称		参数	单位
搅拌器	处理能力	66	m^3/h
	循环量	330	m^3/h
	叶轮外径	0.95	m
	叶轮转速	16	r/min
	导流筒直径	1.2	m
	桨叶数	6	片

续表

名称		参数	单位
刮泥机	驱动方式	中心液压驱动	
	耙架转速	1~2	mm/min
提耙机	提耙速度	310	mm/min
	提耙度	300	mm

(4)注意事项。

在日常运行中，装置内的搅拌器及刮泥机为连续运行，因此，需根据取样中的污泥体积百分比判别污泥量，制定刮泥机的运转规程，一般情况下，罐底泥量不要超过300mm。若污泥沉积严重，可通过罐顶提耙机提耙，人工去除罐内沉积泥后，方可重新投入运行。同时，需每天检查蜗轮蜗杆减速机的油位，并加入适量的润滑油脂，确保减速机正常工作。该装置需每2年做一次全面检修，对磨损严重的零件应及时更换，同时做好防腐处理。

常见故障判断和排除方法见表4-33。

表4-33　常见故障判断和排除方法表

故障现象	原因	排除方法
出口水质浑浊	化学药剂量不准确	分析进出口水质 检查加药设备是否正常 通过烧杯实验重新确定加药量
	污泥循环不够	检查搅拌器转速 检测循环污泥的浓度 检查排泥阀的开关频次是否合理 检查搅拌器与刮泥机的转速是否相同
出口有矾花出现而第一絮凝室内污泥层厚度过低	化学药剂不足	分析入口水质 检查加药设备是否正常 通过烧杯实验重新确定加药量
	搅拌速度过快	检查搅拌器转速
	空气带入	检查入口管道是否有泄漏 检查药剂泵是否有泄漏 检查药剂稀释罐液位是否过低
出口间断性水质浑浊	入水水质间断性变化	检测出、入口水质 通过烧杯实验确定加药量
	加药量间断周期性变化	检查加药装置是否操作正常
	温度间断周期性变化过快	连续监测入水温度 通过烧杯实验重新确定加药量
	入水流量间断周期性变化过快	连续监测入水流量 检查污水回收泵的流量

2）MBR

MBR 是一种膜分离技术与生物处理技术有机结合的新形态废水处理设备，以膜组件取代传统生物处理技术末端的二沉池，通过膜分离技术，将微生物和污水中的悬浮物分离出来，从而得到清洁的水。

（1）工作原理。

在气田水深度处理工艺中，MBR 的工作过程可分为生物反应过程和膜过滤过程。生物反应过程是指污水在膜过滤前，先进入生化池内，在微生物的作用下，经一系列的生化反应后，将污水中的有机物进行降解的过程；膜过滤过程是指污水在生物反应过程中，微生物和污水中的悬浮物会形成一种混合液，通过膜的分离作用将大分子物质进行截留，混合液被分离成两部分：一部分是清洁的水；另一部分是浓水的污泥。膜生物反应器处理工艺如图 4－21 所示。

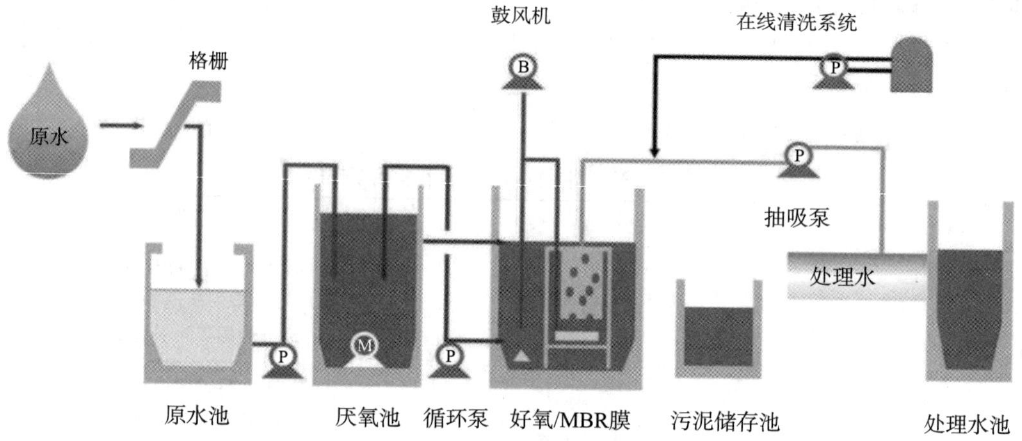

图 4－21　MBR 处理工艺示意图

（2）结构和材质。

膜分离器主要由膜塔、膜片、曝气系统等组成。选用的结构和材质见表 4－34。

表 4－34　膜分离器结构和材质表

结构名称	材质
膜塔支架	S31803 双相不锈钢
膜片	无机陶瓷膜
膜塔底座	S31803 双相不锈钢
曝气管	ABS
管线	PE
法兰	PE

（3）运行参数。

膜分离器主要运行参数见表 4－35。

表4－35　膜分离器主要运行参数表

名称	参数	单位	名称	参数	单位
膜池规格	4.5×5.0×5.5	m	运行温度	0～60	℃
膜面积	≥900	m^2	运行pH值	2～12	
膜通量	≤24	$L/(m^2/h)$	运行压力	10～15	kPa
膜过滤孔径	0.2	μm	年递减率	≤10	%

(4)注意事项。

在运行中，膜生物反应器长期浸泡在泥水混合物中，极易发生膜组件堵塞和污染的情况，因此，必须保障膜池内曝气的有效性。同时需定期对膜组件进行清洗维护，一般情况下，每7～10d用次氯酸钠对膜组件进行1次碱洗，每半年用柠檬酸进行1次酸洗。

3)高效过滤器

高效过滤器主要设置在产出水深度处理工艺中曝气生物滤池后端、膜浓缩单元的前端，其主要作用是可以有效地截留调节反应池中形成的各类杂质及微生物，保证产水浊度和SDI(淤塞指数或污染指数)等指标正常，确保后续反渗透处理稳定运行。

(1)工作原理。

高效过滤器给水泵出水通过进水阀进入高效过滤器反应罐，并通过滤膜的过滤，清液透过滤膜进入清液腔流出。过滤液体中的固体物质(滤饼)被滤膜截留在滤膜外表面。当过滤一段时间后，滤饼达到一定厚度，高效过滤器自动进入反冲洗状态，滤饼脱离膜表面沉降到过滤器锥形底部，当过滤器锥形底部的滤渣达到一定量时(完成数个过滤循环周期后)高效过滤器膜设备自动打开排渣阀排出滤渣，并进入下一个循环周期。设备结构原理如图4－22所示。

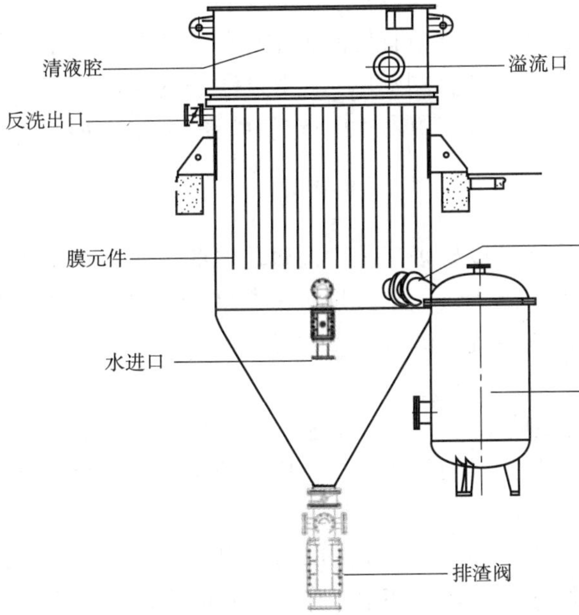

图4－22　高效过滤器结构原理示意图

(2)结构和材质。

高效过滤器主要由滤罐、反洗罐、管道、自动控制阀、过滤元件、PLC 控制器和气动控制系统等组成。选用的结构和材质见表 4－36。

表 4－36　高效过滤装置结构和材质表

结构名称	材质
过滤器壳体	碳钢衬胶
过滤元件	PTFE
红阀阀芯	合成橡胶
管线	衬胶钢管
法兰	20

(3)运行参数。

高效过滤装置主要运行参数见表 4－37。

表 4－37　高效过滤装置主要运行参数表

名称	数值	单位	名称	数值	单位
滤罐直径	2200	mm	膜孔径	0.2	μm
锥斗角度	60	(°)	膜面积	0.72	m^2/组
处理能力	30	m^3/h	数量	206	组/套
膜类型	外压式袋式微滤膜		膜材质	PTFE	

(4)注意事项。

一般情况下，高效过滤膜需每 20d 对膜组件进行 1 次碱洗，每季度对膜组件进行 1 次酸洗。在日常运行过程中，高效过滤膜遇水后必须保持湿润，且严禁被油污染，若过滤液中有油时，严禁进入滤膜；若过滤液中有使滤膜结垢的物质时，一定要使过滤液中的结垢物在进入高效过滤器膜之前形成固体物质，减少过滤袋的结垢现象；若长期停机(夏天 48h，冬天 72h)时，需用清水置换，并投加一定量盐酸溶液，使浸泡的液体处于酸性状态，pH 值为 2～3。

4)膜浓缩装置

膜浓缩装置设置在产出水深度处理工艺中高效过滤的下游，其主要作用是去除水中的盐类物质，降低产水电导率。普光气田水处理膜浓缩装置由高低压 RO 双膜系统组成，配套膜清洗加药装置、PLC 控制系统、流量计、储罐等设备设施。

(1)工作原理。

RO 膜是一种借助压力促使水分子反向渗透，以浓缩溶液或废水的装置，装置通过向溶液的一侧施加压力，并且超过溶液的渗透压，则溶液中的水就会透过半透膜流向纯水一侧，而溶质被截留在溶液一侧。

普光气田产出水深度处理中高压 RO 膜采用的是碟管式反渗透膜柱，低压反渗透膜采用的是卷式反渗透膜，上游来水先经高压 RO 膜去除水中大部分盐类物质，再到低压反渗膜进行二次除盐，产出 50% 的合格成品水，剩余 50% 的高盐浓水进入下游蒸发装置进行多效蒸发处理。设备结构原理如图 4－23 所示。

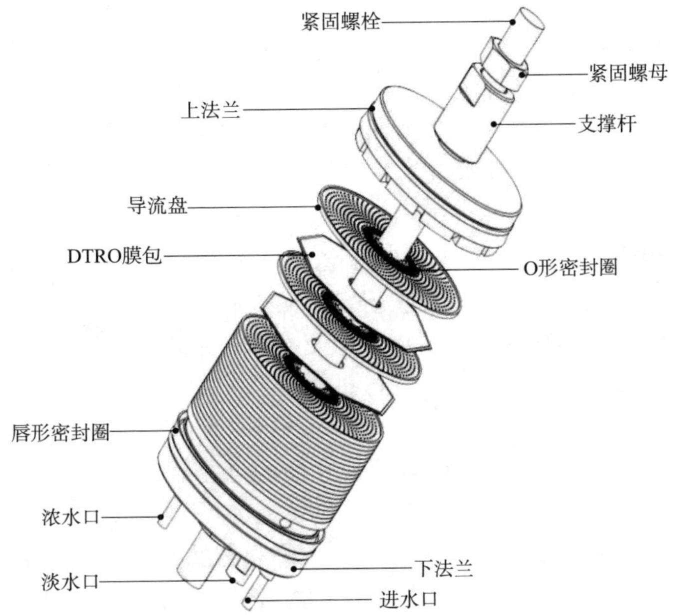

图4-23 RO膜柱结构示意图

(2)结构和材质。

RO膜柱主要由膜壳、膜片、支撑杆、导流盘、水封法兰等组成。选用的结构和材质见表4-38。

表4-38 反渗透膜柱结构和材质表

结构名称	材质
膜壳	玻璃钢
膜片	PVDF
支撑杆	不锈钢
导流盘	ABS
水封法兰	POM

(3)运行参数。

膜浓缩装置主要运行参数见表4-39。

表4-39 膜浓缩装置主要运行参数表

名称	参数	单位	名称	参数	单位
产水率	≥50	%	最高操作压力	9.55	MPa
单套设计处理量	10	m^3/h	高压膜通量	≤10	$L/(m^2\cdot h)$
保安过滤器流量	10	m^3/h	高压膜脱盐率	≥95	%
保安过滤器精度	5~10	μm	低压膜组件型式	卷式	
高压膜组件型式	碟管式		低压膜进水电导率	≤500	μS/cm
单支高压膜面积	≥7.5	m^2	膜脱盐率下降指标	≤1	%/a

(4)注意事项。

一般情况下，RO 膜需每 20d 对膜组件进行 1 次碱洗和 1 次酸洗，碱洗和酸洗时间分别控制在 4h 左右。日常运行过程中，为防止反渗透膜结垢，需加入适量的阻垢剂。如果是新安装的 RO 膜，需要过水，膜应先在水中浸泡 1 ~ 2h。RO 膜需要一定的进水压力才能正常工作，一般进水压力应在 1 ~ 6bar。

5)MVR 蒸发装置

MVR 蒸发装置设置在产出水深度处理工艺中的末端，其主要作用为接收上游膜浓缩后的浓水，进行蒸发脱除水中盐分，以获得合格的成品水。该装置主要由降膜蒸发器、降膜分离器、蒸汽压缩机、热交换器等组成，配套水循环泵水环真空泵、PLC 控制系统、储罐、电器仪表等设备设施。

(1)工作原理。

膜浓缩产生的浓水首先进入 MVR 蒸发装置内的进料罐，通过进料泵提升进入一效竖管降膜蒸发浓缩系统(包含进料泵、一效降膜蒸发器、一效降膜分离器、一效循环泵、转料泵等)及二效竖管降膜蒸发浓缩系统(包含二效降膜蒸发器、二效降膜分离器、二效循环泵、浓缩液泵等)；原料液在进料泵的作用下，经预热后通过分布器使物料平均分布到每一根换热管内，在重力作用下，物料沿管内壁向下流动，并且在管内形成膜状，经蒸发浓缩后，管内的水变为蒸汽进入分离器，经压缩机升温增压后重新回到蒸发器内；管外的蒸汽变为冷凝水进入冷凝液罐，经冷凝液泵排出；管内的浓缩液经转料泵进入二效蒸发器内继续蒸发浓缩，最终经出料泵排出。设备工作流程如图 4 - 24 所示。

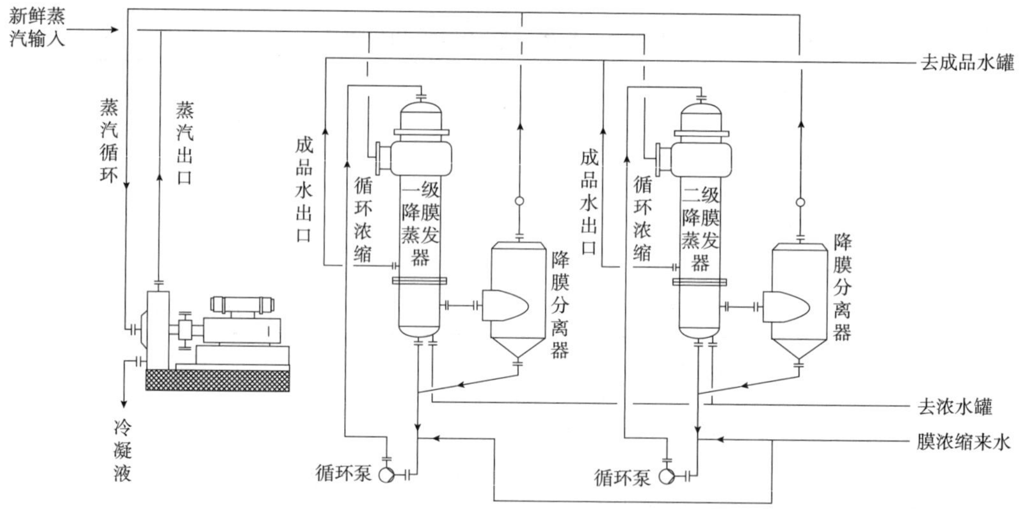

图 4 - 24　MVR 蒸发装置工艺流程示意图

(2)结构和材质。

MVR 蒸发装置主要结构和材质见表 4 - 40。

表 4 - 40　MVR 蒸发装置主要结构和材质表

结构名称	材质
降膜蒸发器筒体	S31603 不锈钢
管板	S31603 + TA2(工业纯钛)

续表

结构名称	材质
降膜分离器筒体	TA2 工业纯钛
管板	S31603 + TA2(工业纯钛)
接管法兰	F-2H 钛合金
板式换热器板片	TA1 工业纯钛

(3)运行参数。

MVR 蒸发装置主要运行参数见表4-41。

表4-41 MVR 蒸发装置主要运行参数表

名称	数值	单位	名称	数值	单位
设计处理量	500	m^3/d	蒸发流量	14	t/h
产水率	≥60	%	蒸发温度	一效90、二效82	℃
进料流量	22	t/h	出料浓缩液	8	t/h
进料温度	25	℃	出料温度	82	℃
进料 TDS	6	%	有效传热温差	6	℃
进出料比	2.61~2.89		冷却水压力	0.2~0.45	MPa

(4)注意事项。

在日常运行中，进料泵流量设定值不能低于$10m^3/h$，否则容易发生水击现象，产生振动。若进水流量高于$10m^3/h$，仍出现水击，可手动调节循环管旁路上的进料阀门开度，使进料泵转速升高至50%以上。在进水温度较低的情况下，蒸汽预热器调节阀只能用“手动”调节，且初始开度不能超过10%，每次等待5min后，再提升5%，缓慢预热升温。待进水温度升高至50℃以后，才能将调节阀改为“自动”运行，且设定温度应控制在比实际进水温度高10℃左右。洗气塔的液位不得超过220mm，当液位过高时，需将洗气塔积液排入出料泵进口，最低在80mm，同时，需注意积液泵在“手动调节”模式的低液位下需要关停时，必须将频率开度设定为0，否则无法关停。

MVR 蒸发装置常见故障判断和处理方法见表4-42。

表4-42 MVR 蒸发装置常见故障判断和处理方法表

故障现象	产生原因	处理方法
进料流量达不到设定值	进料泵故障	检修进料泵
	进料泵变频转速未达到100%或控制阀门未全部打开	检查变频器或调节阀，提高转速或开大控制阀门
	进料管路堵塞	进料管路堵塞检修过滤器、单项阀、管道，清除杂物
	预热器堵塞	清洗预热器
	进料罐液位过低或进料口堵塞	检查进料部分，增大进料供给，清除进料吸入口杂物
	加热温度超过沸点形成气阻	减小加热温度

续表

故障现象	产生原因	处理方法
进料流量超过设定值	系统真空太大	关小进料手阀
	设定流量太小	增大设定流量
进料流量不稳	流量测量信号受到干扰	检查仪表接地、信号线接地
	物料起泡起沫过多	使用消泡剂，或增加除泡沫装置
	物料供给时断时续	稳定物料供给
	控制参数选择不当	调整控制参数使流量控制稳定
	流量控制阀门回差大、不符合控制要求	校准流量阀门或更换阀门
预热温度太低	进料流量太大	减小进料流量
	进料温度太低	提高进料温度
	蒸汽压力不够	检查蒸汽源，开大蒸汽阀门
	蒸汽自动阀门未开到100%	检查蒸汽自动阀门，增大控制阀门开度
	蒸汽输水阀不工作	检修疏水阀
预热温度太高	进料温度太高	降低进料温度
	进料流量太低	提高进料流量
	温度控制阀未关闭或卡死	检查蒸汽自动阀门
蒸发温度过低	预热温度低	提高预热温度
	蒸发器热源蒸汽压力低	提高热源蒸汽压力
	蒸发量不够	提高蒸发量
	真空度高	降低真空度
蒸发温度过高	预热温度高	降低预热温度
	蒸发器热源蒸汽压力高	降低蒸发器热源蒸汽压力
	蒸发器热源温度过高	打开降温水阀门降温
	系统真空度低	提高系统真空
进料量达不到设定值	进料管道、单联过滤器、预热器发生堵塞	先观察预热器前后物料管道压力表，若高于正常生产状态时的压力，则停止生产，冲洗管道、过滤器及预热器
	物料严重起泡沫	针对特定的物料性质，提前排除物料起泡的原因，避免泡沫过多，影响进料量
一效联箱温度过高	蒸汽压力、过热度过高，且降温水调节不当	检查降温水管道是否开启，若未开启，则应开启降温水管道阀，同时适当调节冷凝水泵出口阀门，直到温度下降至合适温度

续表

故障现象	产生原因	处理方法
蒸发温度过高	冷凝器冷却水不足	检查循环冷却水系统是否出现故障
	冷凝器板片结垢或堵塞	通过对比正常运行时进出口冷却水管道压差，确定是否水侧有杂物或结垢导致堵塞现象；也有分离器溢罐致物料进入汽侧导致结垢、结晶堵塞的现象，此时需拆洗板片解决
	冷凝器冷凝水排水不及时	排水不及时，导致冷凝水进入真空抽气管道，影响了真空度，此时需检查冷凝器冷凝水泵、管道各个阀门等是否有故障
	不凝气阀开启位置不当	各效不凝气阀开启过大，会将大量蒸汽抽入冷凝器，造成冷凝器负荷过大，进而导致系统真空度受到影响，温度升高，蒸发量下降；开启过小也会导致不凝气排出受阻，导致系统内部憋压，蒸汽进入受阻，且影响换热。因此需要结合理论值，根据现场调试数据多次试验来进行调整

6)废气处理装置

废气处理装置是基于生物催化氧化技术、活性炭纤维吸附技术研制而成的一种新型除臭设备，主要用于产出水深度处理过程中生化系统厌氧、好氧微生物呼吸发酵所产生的有害气体及污水中逸散出的挥发性有机污染物。

该装置主要包括预处理段循环水箱、生物一段循环水箱、生物二段循环水箱、预处理段洗涤塔、生物处理塔(一段/二段)、吸附器、排气筒及其附属引风机等配套设施。

(1)工作原理。

废气在引风机的作用下由进气管进入废气处理装置，通过预处理段洗涤塔后进入生物处理塔(一段/二段)，在生物处理塔(一段/二段)内生长着大量微生物，能够分解气体中的污染物。之后气体通过引风机进入吸附器，非甲烷总烃等较难生化的物质采用吸附工艺进行处理。其工艺流程如图4－25所示。

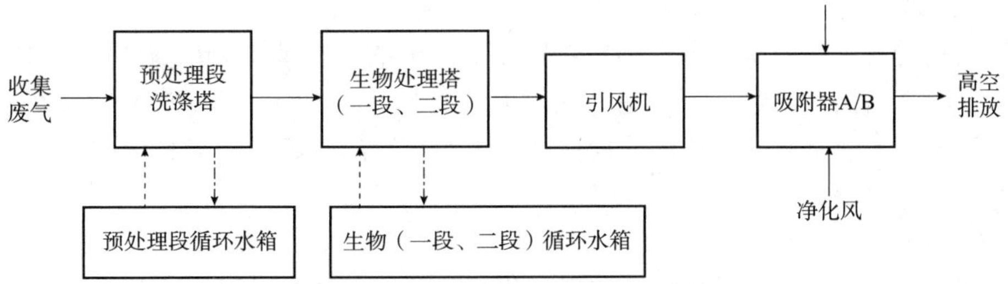

图4－25　废气处理工艺流程图

(2)结构和材质。

废气处理装置主要结构和材质见表4－43。

表4-43　废气处理装置主要结构和材质表

结构名称	材质
降预处理主设备壳体	玻璃钢
生物一段除臭装置	外壳：瓦楞不锈钢304；骨架：矩形钢制；内衬：玻璃钢
排气筒	玻璃钢
接管	玻璃钢
凝析液储罐壳体	不锈钢
循环水箱壳体	玻璃钢

(3)运行参数。

废气处理装置主要运行参数见表4-44。

表4-44　废气处理装置主要运行参数表

名称	参数	单位	名称	参数	单位
设计处理规模	4500	m^3/h	出口甲硫醇含量	≤0.04	kg/h
新鲜水用量	6.67	m^3/d	出口甲硫醚含量	≤0.33	kg/h
蒸汽量	220	kg/h	二甲二硫醚	≤0.43	kg/h
液碱加量	2.4	kg/h	二硫化碳	≤1.5	kg/h
冷却水用量	27	m^3/h	氨	≤4.9	kg/h
出口硫化氢含量	≤0.33	kg/h	臭气浓度	<2000	

(4)注意事项。

在设备投运前，需将生物段循环水箱池内污水COD浓度调节至100～250mg/L，pH值调节至6～9。正常运行时，每7d开启冷凝水排放阀门将冷凝水排空一次。当预处理段循环水COD浓度低于50mg/L时，需要对其进行更换，保证预处理段的正常工作。日常工作中，需每周更换洗涤循环水2～3次、每周更换生化循环水1～2次。废气处理系统运行过程中至少每4h巡查一次，包括设备运行情况、压力、温度、液位等情况，检查系统其运行效果、异常情况等，运行前或停止运行后进行全面检查和维护，使其处于备用状态。定期对设备内部磨损情况、设备附件等进行彻底检查和维护。

7)曝气风机

曝气风机的主要作用是为产出水深度处理工艺中的生化池、MBR膜池、高级氧化池、BAF池提供曝气所需的风量。曝气是生化池中一个至关重要的过程，它不仅为微生物提供了必需的氧气，还通过混合和流动的增强促进了有机物的降解及污染物的去除，从而提高了整体的水处理效率。

(1)工作原理。

普光产出水深度处理站采用的曝气风机为水冷却多级离心鼓风机，机组主要由离心鼓风机主机、联轴器、电机、底座、进口管道配套调节阀门、空气滤清消音器、地脚螺栓等组成。水冷却多级离心鼓风机结构如图4-26所示。

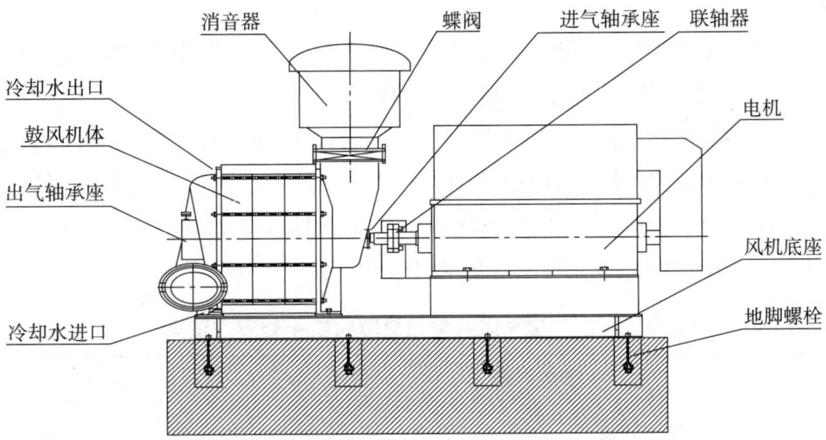

图4－26　水冷却多级离心鼓风机结构示意图

由电机提供机械能，旋转的转子各级叶轮叶片对流道中的气体做功，随叶轮旋转的气体在离心力的作用下产生压力，而气体获得的速度所具有的部分动能流经叶轮、扩压器或蜗壳等扩张通道时又转变为压力能，气体的压力能进一步提高。风机在这个过程中就完成了压缩与输送气体的功能。气体的压力能大约2/3由叶轮产生，1/3是由扩压器等静子元件产生。

(2)结构和材质。

曝气风机结构和材质见表4－45。

表4－45　曝气风机结构和材质表

结构名称	材质
机壳	铸铁
叶轮	低碳合金结构钢
主轴	优质碳素钢
空气滤芯	无纺布
法兰密封	聚四氟乙烯
轴端密封	碳环

(3)运行参数。

曝气风机主要运行参数见表4－46。

表4－46　曝气风机主要运行参数表

名称	参数	单位	名称	参数	单位
流量	60	m^3/min	工作环境相对湿度	30～85	%
出口升压	68.6	kPa	进气端轴承温度	$\leq T_0+5$	℃
输送介质	空气		出气端轴承温度	$\leq T_0+25$	℃
工作环境温度	－35～40	℃	出口温度温升	≤1.1×升压值	Pa/1000℃

(4)注意事项。

设备在运转中，需密切注意设备声响和振动情况，如发现喘振声响以及振动过大应立即停机检查。若发现振动超标，风量及风压不稳时，需检查内部叶轮腐蚀、叶道灰尘吸附情况，同时检查迷宫密封磨损间隙是否过大，要求不超过1mm。日常巡检时，需检查轴承及其润滑情况，轴承座内润滑脂以充满轴承座内部容积的1/3为最好，最多不能超过轴承座内部容积的1/2。若发现轴承座内部润滑脂老化或质变应及时清洗轴承，重新加注润滑脂。

曝气风机常见故障判断和处理方法见表4－47。

表4－47　曝气风机常见故障判断和处理方法表

故障现象	故障原因	处理方法
不能启动	电机处在启动联锁状态	消除各部位联锁状态
	联锁停车装置故障	检查修理联锁停车装置
	启动器无电源	对接点进行清理、上紧或更换
	电源接点连接不好	检查搅拌器转速
	电机启动器或启动电路故障	按说明书故障排除方法排除故障
轴承部位振动过大	轴系找正有变动	检查并在热态下重新找正、记录并与冷态找正比较
	运输、存储、安装不当引起转子变形； 叶轮叶片灰尘积垢破坏平衡； 转子零件松动或损坏	打表复校跳动度，重校动平衡； 清洁转子，重校动平衡； 更换或修复，重校动平衡
	鼓风机进、出气法兰承受气体管路的外力和外力矩超过允许限度	选择合理的固定气体管路的结构方式，消除过大负载，避免管路因冷热变化使机壳产生变形和位移
	风机在喘振区工作	检查防喘振装置：迅速改变工况，离开喘振区
	轴承座或底座紧固螺栓松动	紧固螺栓
轴承油温过高	轴承轴向负荷太大	检查平衡盘密封是否失效，更换平衡盘密封；平衡腔通大气或平衡腔与进气管用连接管短路，减小负荷
	滚动轴承机械磨损严重	更换轴承
	滚动轴承缺少润滑脂	清洗轴承、更换润滑脂
	风机机内流道积垢太多，缩小了通流面积	检查、清除空气过滤器；停机检查、清洁转子、隔板流道

4.2.3　日常管理

1)水质管控

(1)进水水质管理。

每天对进水COD_{Cr}、氨氮、油含量及残余除硫剂进行检测，当进水COD_{Cr}超出2500mg

/L，或氨氮超出150mg/L，或油含量超出20mg/L，或存在残余除硫剂时，及时切换进水至事故罐，外输水采取回注处理。

(2)过程水质管理。

根据各单元水质控制要求，对重点过程水质进行监测，站场应根据水质指标情况，及时做好各单元的运行调整，重点过程水质监测指标见表4-48。

表4-48　深度处理站重点过程水质监测指标表

过程水质	监测指标
1#水处理站	pH值、COD_{Cr}、氨氮、石油类、氯化物、残余除硫剂
除硬进水	pH值、COD_{Cr}、氨氮、总硬度、钙离子、镁离子
除硬出水	pH值、COD_{Cr}、氨氮、总硬度、钙离子、镁离子
生化进水	pH值、COD_{Cr}、氨氮、氯化物、BOD_5、总硬度、钙离子、镁离子、总磷、硝酸根、亚硝酸根、OPR、水温
缺氧池	pH值、COD_{Cr}、氨氮、污泥浓度
好氧池	pH值、COD_{Cr}、氨氮、污泥浓度
MBR膜池出水	pH值、COD_{Cr}、氨氮、石油类、氯化物、总碱度、硝酸根、亚硝酸根
高级氧化	pH值、COD_{Cr}、氨氮
BAF出水	pH值、COD_{Cr}、氨氮、氯化物、总碱度、硝酸根、亚硝酸根
高效出水	pH值、COD_{Cr}、氨氮、总硬度、钙离子、镁离子
成品水	pH值、COD_{Cr}、氨氮、石油类、Fe^{2+}、ΣFe、电导率、氯化物、硫酸根、BOD_5、溶解氧、浊度、总碱度、总硬度、钙离子、镁离子

(3)外输水质管理。

气田深度处理站每批次成品水达到相关标准后，外输至净化厂回用。

2)工艺制度执行

(1)软化工艺。

每天对软化装置第一絮凝室及分离室高、低取样口进行取样分析，记录第一絮凝室取样污泥絮状沉降时间，沉降时间在5min以内且沉降完毕后上清液清澈则效果好，分离室高处取样口水质不应有泥。检测除硬水质pH值应控制在11.5左右。

(2)生化工艺。

每天检测生化单元进水氧化还原电位(ORP值)、pH值与水温等，生化进水ORP值应<100mV，pH值应控制在7~9，水温在10~38℃。

做好氧池出水污泥沉降比(SV_{30})监测，SV_{30}宜为30%~50%。SV_{30}观察过程中，活性污泥前5min应完成沉降过程的80%，压缩沉淀完成后污泥色泽呈棕褐色、光亮鲜活，具有卷曲而显粗密感，上清液水质较清澈。

调控缺氧池溶解氧在0.5mg/L内，好氧池溶解氧在4.0mg/L左右，SV_{30}在200%~300%。

生化单元排泥周期和排泥量的确定，以保持活性污泥有效浓度在5000~8000mg/L为依据，现场根据进水水质及水量等及时调整。

(3)BAF 工艺。

调控 BAF 溶解氧在 2.0～4.0mg/L。

(4)膜浓缩工艺。

RO 膜进水确保余氯 <0.1mg/L，定期校验仪表，同时手动化验进水余氯。

保安过滤器滤芯要作长期备件，当保安过滤器进出口压差 >0.05MPa 时，需密切注意保安过滤器的压差，滤芯更换压差为 0.1MPa。

高压 RO 膜高压柱塞泵，切忌无水空转。

运行时密切关注高压反渗透膜拉杆紧固螺母扭矩，高压反渗透膜元件需要进行化学清洗，维护性化学清洗频率一个月 1 次。遇到膜元件压差达到报警值、产水水质变差或进水压力逐渐升高等异常现象，需要立即对膜元件进行化学清洗。

(5)MVR 蒸发工艺。

运行时保证冷却水干净，无杂质，供给稳定；暖管时严格控制管道升温速率，防止水击，保护设备；遇紧急情况停车，应立即停止蒸汽输送，按停机操作关停装置。

3)设备维护管理

(1)蒸汽压缩机维护管理。

严格按照压缩机维护保养规程开展保养工作，落实日、月、年巡检保养内容，严格执行运转 8000h 进行三保的要求。

(2)制氧臭氧装置维护管理。

制氧臭氧装置主要包括制氧设备、臭氧制备装置以及尾气破坏装置。

制氧设备：每日检查空压机冷却液的液位，及时添加油品，保障空压机正常运转；保持制氧间通风，降低室内温度；检查分子筛粉化情况，避免造成电器电路故障，每年对制氧分子筛进行更换。

臭氧制备装置：每月例行巡检，每半年进行 1 次检查，每年进行 1 次接地电阻测量检查。

尾气破坏装置：每日排水 1 次，尾气反应罐和汽液分离罐中积水过多时，则每日排水 2～3 次；每 3 个月对催化剂、泄压阀、加热器、温度开关、风机、除雾器等检查维护。

(3)膜设备维护管理。

膜设备包括 MBR 陶瓷膜装置、高效过滤微滤膜装置以及膜浓缩高低压 RO 膜装置。

MBR 陶瓷膜装置：维护性清洗频率和药剂浓度参数应根据现场运行情况调整，当跨膜压差接近 50kPa、膜通量下降 30% 时，及时开展膜维护性清洗工作；定期检查膜的完整性，及时更换破损的膜；定期检查膜的连接部位、密封件等，确保膜正常运行和使用安全。

高效过滤微滤膜装置：每周检测高效过滤微滤膜进水油含量，滤膜严禁被油污染；高效过滤微滤膜遇水后必须保持湿润，长期(夏天 48h，冬天 72h)停机时需用清水置换，并投加一定量盐酸溶液，使浸泡的液体 pH 值在 2～3；放空时，产水液位若需低于孔板，必须打开排气阀；当罐体运行压力接近 60kPa 时及时开展膜化学清洗，化学清洗浸泡时段清洗液不宜超过高效过滤器孔板，避免孔板腐蚀。同时清洗液液位不宜太低，影响微滤膜根部的清洗效果。

膜浓缩高低压 RO 膜装置：严格按照 RO 运行维护操作手册做好膜的运行、加药及检查维护等工作，并做好资料记录。

每日做好RO膜运行检查，具体日常运行检查见表4－49。

表4－49　RO膜日常运行检查表

检查部位	检查项目	检查方法和检查点	处置措施
膜元件	检查是否漏水	设备的各密封部位及附属阀门等各处是否漏水	如有漏水，找出漏水点位置及原因，及时止漏
保安过滤器	检查是否漏水	设备的各密封部位及附属阀门等各处是否漏水	如有漏水，找出漏水点位置及原因，及时止漏
	检查进出口压力	计算进出口压力的压差是否超过0.10MPa	压差超过0.10MPa，需要更换滤芯
柱塞泵	检查是否漏水	检查设备的各密封部位及附属阀门等各处是否漏水	如有漏水，找出漏水点位置及原因，及时止漏
	检查进出口压力	检查高压反渗透柱塞泵进出口压力是否正常，检查泵进口供水是否充足	如不正常，及时停机，找出原因后再开机
	检查油位	检查柱塞泵曲轴箱油位是否到达红点位置	如柱塞泵油位不足，及时添加
计量泵	检查部件是否泄漏	检查机箱和连接体的油位是否正常，检查温升、噪声、振动是否正常	如有泄漏，找出泄漏点位置及原因，及时止漏
UPVC管道	检查是否漏水	检查管道、管件的连接部位及附属阀门等各处是否漏水	如有漏水，找出漏水点位置及原因，及时止漏
	检查管道抱箍	检查管道抱箍是否安装正常，抱箍锁紧螺母是否脱落	如不正常或有脱落现象，及时修复

每月做好运行维护要求主要包括：高压RO膜元件进行维护性清洗，记录清洗前后数据以及药剂用量；更换柱塞泵曲轴箱润滑油，检查柱塞泵皮带松紧度，按照要求调整皮带松紧度，检查柱塞泵密封圈、弹簧、止回阀是否完好；检查UPVC管道抱箍螺母是否紧固，抱箍根部是否脱焊，如有以上情况，及时修复；检查高压RO膜元件扭矩，扭矩要求为110N·m；校验在线仪表，防止在线仪表故障。

每季度检查高压RO原水箱，清洗箱壁，以保持水箱清洁；更换保安过滤器滤芯；检查计量泵进出口单向阀、隔膜片；更换柱塞泵进出口拷贝林卡套。

每半年更换在线仪表电极、计量泵隔膜片等。

思考与练习

1. 简述高含硫气田水处理工艺流程。
2. 气田水处理过程中有哪些设备？分别简述其工作原理。
3. 气田水深度处理有哪些工艺？其主要的控制指标有哪些？
4. 简述气田水处理工艺过程中药剂管理的重要性及管理要点。

第 5 章　普光气田集输管网

天然气集输管网是集输系统一个至关重要的组成部分，是由不同管径、不同壁厚的金属或非金属管道构成的大面积网状管道结构。它覆盖气田区域内所有的气井，为气井产出的天然气提供通向各类站场并最终通向天然气处理厂的通道，是天然气集输系统中不可或缺的主要生产设施。

普光气田集输管网将气田各集气站场气井产出的天然气，通过站间集气管道、阀室输往集气总站，脱水后输往天然气净化厂。

5.1　普光气田集输管网构成

普光气田集输管网根据管道输送介质情况分为酸气集输管道、产出水集输管道、燃料气管道、陆相气井集输管道。其中，酸气集输管道是普光气田集输管网中最为重要的，担负普光气田产出气 95% 以上集输任务；产出水集输管道主要是输送气田产出水至水处理站；燃料气管道是将净化后的天然气输送到各用气站场，供站场燃气发电机、加热炉、火炬、仪表风等使用；陆相气井集输管道主要是将陆相采气站采出的不含硫天然气通过管道就近输送至高含硫集气站。普光气田集输管网如图 5－1 所示。

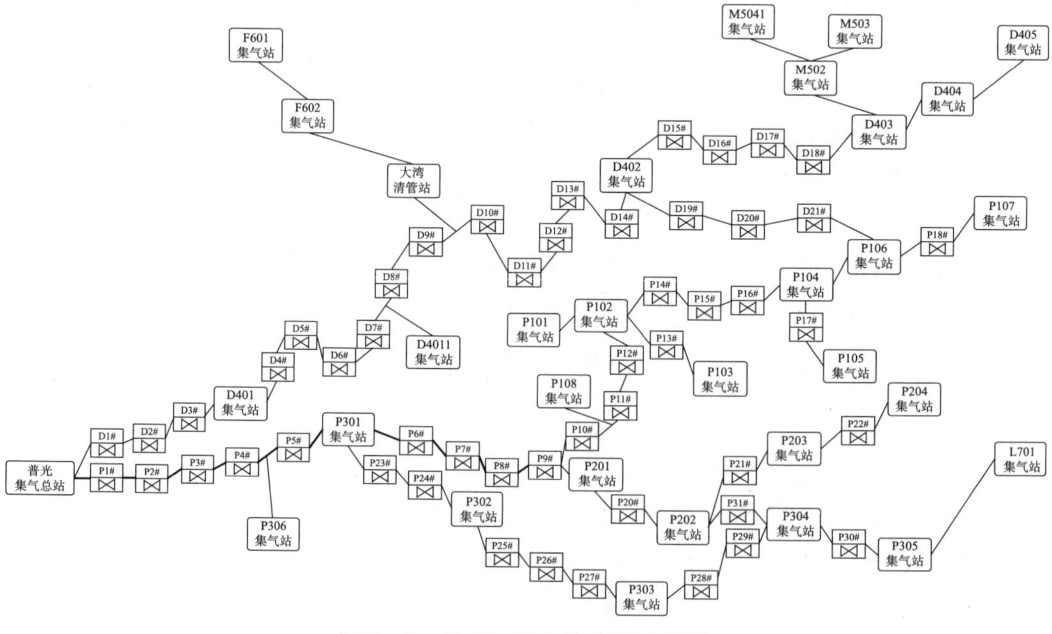

图 5－1　普光气田集输管网示意图

5.1.1 酸气集输管网

1)集气管线选定

(1)管网计算。

集气管线工艺计算软件采用英国ESI公司推出的PIPELINE STUDIO FOR GAS(2.1版)软件进行模拟计算，水力计算采用BRWS数学模型。

$$q_v = 1051\left\{\frac{[p_1^2 - p_2^2(1+\alpha\Delta h)]d^5}{\lambda Z\Delta TL\left[1+\frac{\alpha}{2L}\sum_{i=1}^{n}(h_i+h_{i-1})L_i\right]}\right\}^{0.5} \tag{5-1}$$

式中 q_v——气体(p_0=0.101325MPa，T_0=293K)的流量，m^3/d；

p_1、p_2——输气管道计算管段起点压力和终点压力，MPa；

d——输气管道内直径，cm；

Z——气体压缩因子；

Δ——气体的相对密度；

T——输气管道内气体的平均温度，K；

L——输气管道计算段长度，km；

λ——水力摩阻系数；

α——系数，m^{-1}，$\alpha = 2g\Delta/(RaZT)$；

Ra——空气的气体常数，在标准状况下，$Ra = 287.1m^2/(S^2 \cdot K)$；

Δh——输气管道计算段的终点对计算段起点的标高差，m；

n——输气管道沿线计算管段数，计算管段是沿输气管道走向从起点开始，当其相对高差≤200m时划作一个计算管段；

h_i、h_{i-1}——各计算管段终点和对该段起点的标高差，m；

L_i——各计算管段长度，km。

其中，水力摩阻系数采用Colebrrok公式计算：

$$\frac{1}{\sqrt{\lambda}} = -2.0\log\left[\frac{k}{3.71d}+\frac{2.51}{Re\sqrt{\lambda}}\right] \tag{5-2}$$

式中 λ——水力摩阻系数；

k——管内壁绝对粗糙度，m；

d——管内径，m；

Re——雷诺数。

(2)管网计算成果。

在确定管径时采用的输气量应按设计输气量的1.2倍考虑，管道输气效率按0.9考虑，经过计算选用以下管径组合方案：

干线组合：6×*DN*500 + 2×*DN*400；

支线组合：2×*DN*300 + 1×*DN*250 + 5×*DN*200 + 2×*DN*150。

(3)管道强度计算。

根据推荐计算公式、管径和设计压力，集气干线和集气支线的壁厚计算结果见表5-1。

表5-1 线路用管壁厚结果表

序号	公称直径/mm	管线外径/mm	钢种等级	壁厚/mm	备注
1	DN500	φ508	L360 SAW 管	22.2	酸气管线
2	DN400	φ406.4	L360 SAW 管	17.5	酸气管线
3	DN300	φ323.9	L360 无缝管	14.2	酸气管线
4	DN250	φ273	L360 无缝管	12.5	酸气管线
5	DN200	φ219.1	L360 无缝管	10.0	酸气管线
6	DN150	φ168.3	L360 无缝管	7.1	酸气管线

站内外输送管道材料根据 NACE MR 0175/ISO 15156.2—2003 选择。根据现场条件对所选抗硫管材进行 SSC、HIC 试验和评价及焊接工艺评价。

站外酸气管道选用进口或国产普通碳钢管，进口管材制作执行《石油和天然气管道系统》(CSA Z662—2003)，国产管材制作执行标准《石油天然气工业　管道钢管交货技术条件　第3部分：C级钢管的要求》(GB/T 9711.3—2005 /ISO 3183.3—1999)，钢级为 L360 抗硫碳钢管材。

站内酸气管道进口管材制作执行《工艺管道》(ASME B31.3)，国产管材制作执行标准《石油天然气工业　管道钢管交货技术条件　第3部分：C级钢管的要求》(GB/T 9711.3—2005 /ISO 3183.3—1999)，钢级主要为 L360 抗硫碳钢管材。

普光气田酸气集输管网采用枝状结构布置，主要由四条集气干线、三条连通线、若干集气支线组成。四条集气干线分别是普光1#线、普光2#线、普光3#线、大湾4#线；三条连通线是指1#~2#连通线、2#~3#连通线、1#~4#连通线；集气支线是接入干线的站间管道，如普光105集气站接入普光104集气站间管道，分水岭601集气站、分水岭602集气站接入大湾4#线管道等。

2)管网的布置和敷设原则

管道的敷设方式随地形、地貌的变化表现出多样性，一般地段按普通方式执行，特殊地段需要采用特殊方法和相应的保护措施。

(1)一般地段敷设方式。

除一些"V"字形河谷、冲沟采用直跨方式外，全线其他管段均以沟埋方式敷设，各段集气管线和燃料气返输管线都是同沟敷设。

(2)特殊地段敷设方式。

①冲沟地段。

冲沟地段采用跨越方式跨过冲沟，由跨越专业设计桁架，管子从桁架上通过冲沟。桁架两侧均加设管道固定墩。桁架上设径向固定导管架，防止清管作业时发生振动。桁架施工时必须核定管架上管道布置方位后才可焊接管架、管托。

②陡坡地段。

为防止陡坡地段雨水冲刷管沟，设计在管沟内每隔适当距离设置截水墙，采用浆砌石砌筑，同时做好导水排水措施。

在侧坡敷设管道时，一般要先开辟一条作业带，然后在作业带靠近山坡一侧挖沟埋设管道。雨季施工时，要做好排水设施和防止土石流失措施，以免冲毁管沟和施工作业带，同时还要注意坡体的稳定。为防止大水量冲刷引起管道位移破坏，沿等高线敷设的陡坡地段等均采取了管道稳定固管特殊措施。

③冲刷严重地段。

受地形限制，线路局部沿山间谷地河床埋设，河床分布有砂卵石、巨石、漂石，也有基岩裸露的情况。雨季时山间谷地河道内水流量大、流速快、冲刷严重，水害会严重威胁管线的安全。所以，对冲刷严重段管线还要加大开挖深度，并根据情况采用现浇细石砼的防护方式。

④隧道。

现场条件不具备管沟敷设的高陡边坡选用山体隧道，隧道的坡度均小于30°。隧道内设计水泥支墩，管托支撑和固定管卡。隧道两侧均安装管道固定墩。

3)线路附属工程

(1)线路标志。

按《管道干线标记设置技术规定》(SY/T 6064—1994)，管道沿线设置永久的地面标志，线路标志包括线路转角桩、里程桩、穿(跨)越桩、结构桩、交叉桩、设施桩和警示牌。

①里程桩。

里程桩表示该桩至路线起点的距离，一般1km处设一个里程桩。

②转角桩。

转角桩表示管道干线横向或纵向转角位置的主要变化参数。管线在横向或纵向采用弯头处，在横向一次转角大于5°的弯管或弹性敷设处，设转角桩；转角桩上要标明管线里程、转角角度。

③穿(跨)越桩。

穿(跨)越桩表示管道干线穿(跨)越铁路、公路、河渠处管道主要变化参数的设施。

管线穿越大中型河流、高等级公路的两侧均设置穿越桩；穿(跨)越桩上应标明管线名称、穿越类型、铁路公路或河流的名称、穿越长度，有套管的应注明套管的长度、规格和材质。

④交叉桩。

交叉桩表示管道干线与其他建筑物发生交叉位置及相对关系参数的设施。管线与其他地下建(构)筑物(如其他管道、电缆、坑道等)交叉时，应在交叉处设置相应的交叉桩；交叉桩上应注明线路里程、交叉物的名称、与交叉物的关系。

⑤结构桩。

结构桩表示管道干线管体或防护结构发生变化位置与变化特征的设施。对于长距离管道段壁厚或防腐层结构发生变化的位置设结构桩；结构桩上要标明线路里程，并注明在桩前和桩后管道外防护层的材料或管道壁厚。

⑥警示牌。

警示牌的设置位置：易发生或多次发生危及管道安全的行为的区域；管道靠近人口集中居住区、工业建设地段等需加强管道安全保护的地方；穿跨通航河流处。

(2)固定墩。

一般管道沿线需在下列地点加设固定墩：

①埋地管道的出土端。

②竖面上起伏较大，稳定性保证不了的地段。

③热力补偿段。

④大高差的底部。

穿(跨)越较多，站间距也不长，规定在管线进出站、大型河流跨越和山体隧道低端口加设固定墩。

(3)水工保护。

管道主要经过山地丘陵、冲沟和山间凹地等地貌地段。低山丘陵和山区冲沟发育会对管道运营产生潜在危害的不良地质作用，管道施工亦将使在自然状态下稳定或相对稳定的地貌产生变化，从而引发不稳定因素，对管线安全构成威胁。为保证管道安全及管道附近地表或地基的稳定，防止由于洪水、重力作用、风蚀、地震、人为改变地貌的活动给管道造成的破坏，对于管道所经河流堤岸、陡坡、山前冲积扇纵坡地带以及冲刷剧烈的季节小河、山区谷地，采用护坡、截水墙、挡土墙、堡坎等措施进行防护。

①护坡。

护坡指的是为防止边坡受冲刷，在坡面上所做的各种铺砌和栽植的统称。分为植物护坡和工程护坡。主要作用：一是抗风化及抗冲刷的坡面保护，该保护并不承受侧向土压力；二是提供抗滑力。

②截水墙。

为防止陡坡地段雨水冲刷，集输管道每隔适当距离设置截水墙。

③挡土墙。

挡土墙指的是为防止路基填土或山坡岩土坍塌而修筑的、承受土体侧压力的墙式构造物。主要用来支承路基填土或山坡土体，防止填土或土体变形失稳。结构形式分为直立式、倾斜式、台阶式。

④堡坎。

堡坎就是在河道、交通线、城镇建筑的，保护河岸或边坡的石料砌筑物，就是稳定土石边坡，起挡土墙的作用，有的地方叫“驳坎”。

5.1.2 酸气线路截断阀室

普光气田集输管网中，酸气集输管网因其输送介质高含硫化氢剧毒气体，一旦泄漏，对周边环境将造成严重污染，甚至危害到周边居民的人身生命安全。因此，需要对酸气集输管道进行一系列的安全管控措施，按照一定的设计原则布置线路截断阀室。

1)线路截断阀室作用

线路截断阀室的作用是在管道爆破或泄漏后，截断阀可根据管线的流速变化来判断工作状态，自动关闭事故管段，防止事故扩大。阀室包括仪表室和阀门室，仪表室内有UPS机柜、通信机柜和FSM防腐机柜；阀门室内有线路截断球阀，设置截断阀室数量的前提是，既要将整个系统的风险降到最低，又要尽可能地节约投资。

线路截断阀室采用半地下型式，保证集气管线不做竖向弯，阀室设置气液联动全通径球阀，并能通过清管器。一旦管线破裂，截断阀可根据介质的流速变化来判断工作状态，并自动关闭。

2）阀室设置原则

对于高含硫气田集输管道线路截断阀室的设置有如下原则：

（1）采、集气管道应设置线路截断阀。阀室位置宜选择在交通方便、地形开阔、地势较高、易于 H_2S 气体扩散的地方，并应满足环境影响评价报告、安全评价报告的要求。

（2）线路截断阀室设置除应满足现行国家标准的规定外，根据管线地区级别及管道中潜在 H_2S 释放量来确定相邻两个截断阀之间的距离：

①一级地区限制潜在 H_2S 释放量大于 $6000m^3$。

②二级地区限制潜在 H_2S 释放量为 $2000 \sim 6000m^3$。

③三级地区限制潜在 H_2S 释放量为 $300 \sim 1999m^3$。

（3）线路截断阀应为全通径，并配置感测压降速率和压力设定值的高低压自动关闭装置。

（4）三级地区、大型穿跨越工程、线路附近存在重要的建构筑物以及距离值守点较远的线路紧急截断阀室应设置远程终端装置（RTU）。

（5）线路截断阀室可不单独设置安全泄放系统，宜间隔设置或依托上下游站场安全泄放系统。

3）阀室设备及功能

阀室分为两间，一间为截断阀室，内有线路截断球阀；另一间为控制室，内有 UPS 机柜和通信机柜。按管线数量分为单管阀室和多管阀室两种类型。线路截断阀室主要用于管道破裂后阀门自动关闭，以保证高含硫天然气的泄漏总量在可接受的安全范围内；其次用于联锁关断或人为关断。线路截断阀在接收到关断信号后能够立即实施关断，关断信号来自人工干预、ESD 系统、压力下降速率 3 个方面。阀室一般采用防雨百叶窗自然进风，截断阀室顶部安装一台轴流风机机械排风。阀室防爆风机与室内燃气泄漏报警装置联锁，发生泄漏后可自动启动。

（1）截断阀室。

根据线路截断阀室当地的地形情况以及所处的管段位置、阀池内高含硫天然气管线的数量，可以分为：I 型线路截断阀室和多型线路截断阀室。截断阀室内的主要控制阀门是 GPO 气液联动球阀。

GPO 气液联动球阀在有气源的状态下共有 7 个动作：

①远程控制（指控制室和中控室）开阀，有开到位反馈显示。

②远程控制（指控制室和中控室）关阀，有关到位反馈显示。

③手动本地开阀，有开到位反馈显示。

④手动本地关阀，有关到位反馈显示。

⑤ESD 紧急关断联锁命令。一旦发生 ESD 紧急关断，有报警输出。

⑥ GPO 破管紧急关断。有三种状况可能发生破管紧急关断：压降速率降低到设定值，设定值为 7.5bar/min；压力降低到最低值，最低值为 0；压力升高到最高值，最高值为 100bar。

⑦游动功能测试：检测阀门在长期打开的状态下是否被卡死。

在发生了 ESD 动作和 GPO 破管紧急关断后，需手动复位；手动复位的作用是在发生紧急关断时，阀门被锁死，故障解除后，必须在阀门的现场进行手动复位，才能进行阀门的本地或远程操作。

(2)控制室。

在远控线路截断阀室设置 RTU，监控阀室 RTU 的功能主要有：

①采集阀室的温度、压力和阴极保护等参数。

②监视线路截断阀的状态。

③控制线路截断阀开启、关闭，由调度控制中心远程关闭的线路截断阀，在确保安全的前提下可执行远程开阀。

④监视供电系统工作状态。

⑤监视阀室的可燃气体报警、火灾报警等。

5.1.3 陆相井集输管网

陆相气藏开发是普光气田产能建设的另一重要阵地，普光气田陆相井产量普遍低于海相酸气单井产量($<10\times10^4m^3/d$)，且地理位置分布较为零散，单独为陆相井建立集输管网不具经济性。从经济性及实用性、灵活性角度考虑，普光陆相井集输模式采用就近利用酸气站场、管道输入酸气集输管网，或并入地方供给管网，或采用单站 LNG 充装直接销售模式。

目前并入酸气集输管网的有 5 座陆相井采气站(普陆 4、普陆 3、普陆 301H、老君 2、普陆 8)。

普陆页 1 试验井组站场新建 1 条输气管道输入普陆 3 站，管道规格为 *DN*200。

雷页 1 井并入地方供气管网生产。

采用站场 LNG 充装的有普陆页 1 –6、普陆页 2HF、普陆 201H。

陆相井并入酸气集输系统如图 5 –2 所示。

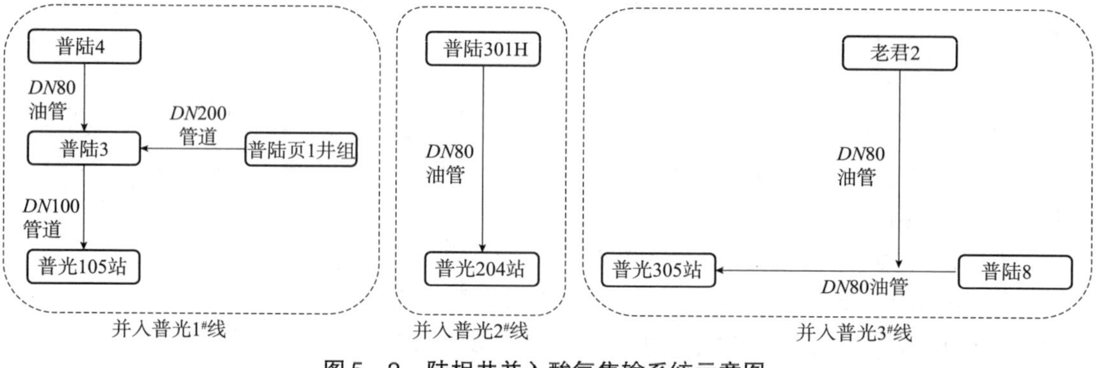

图 5 –2 陆相井并入酸气集输系统示意图

5.1.4 燃料气管网

燃料气返输管线与集气干线、集气支线同沟敷设至集气站和各单井集气装置的燃料气管线可供各站内的生产及生活用气、维护抢修时的置换气。气田燃料气用量约 $7425\times10^4m^3/a$，计算干线管径为 *DN*200，燃料气支线管径为 *DN*50 ~ *DN*150，材质选用 20# 无缝钢管，设计压力为 4.0MPa。

燃料气管道选用国产普通碳钢管，执行标准《石油天然气工业输送钢管　交货技术条

件　第2部分：B级钢管》(GB/T 9711.2—1999)，钢级为L245。

燃料气线路用管壁厚计算结果见表5-2。

表5-2　燃料气线路用管壁厚计算结果表

序号	公称直径/mm	管线外径/mm	钢种等级	壁厚/mm	备注
1	*DN*200	ϕ219.1	L245无缝管	6.0	燃料气管线
2	*DN*150	ϕ168.3	L245无缝管	5.0	燃料气管线
3	*DN*100	ϕ114.3	L245无缝管	4.0	燃料气管线
4	*DN*50	ϕ60.3	L245无缝管	3.5	燃料气管线

在集气站场运行过程中，需要为火炬系统、设备仪表风、加热炉和燃气发电机以及管道吹扫提供用气。普光气田为了保证各集气站场正常生产需要，在气田建设初期与酸气集输管道同沟敷设了燃料气管道，燃料气通过这些管道输往各集气站场。燃料气来源于净化厂，通过普光集气总站燃料气阀组分成多条输气干线分别输往各集气站场，如图5-3所示。

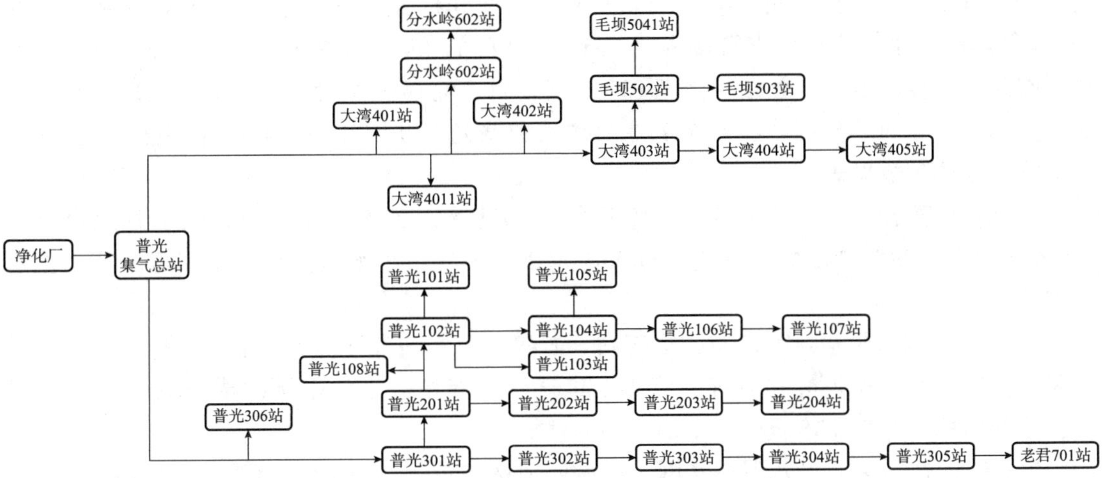

图5-3　普光气田燃料气管网示意图

5.1.5　产出水输送管网

随着气田开发，产水量逐渐增加，大量气田产出水进入集输系统，造成集输管道积液、集输效率下降，管道腐蚀风险增大。因此，对气田产出水情况进行评估后，增建了普光1#线输水管道、普光2#线输水管道以及大湾4#线输水管道，以解决管网内水量增加造成的生产问题。普光气田输水管道参数见表5-3。

表5-3　普光气田输水管道参数

序号	管段	材质	通径/mm	压力/MPa
1	P103-P104	柔性复合管	*DN*100	5.5
2	P105-P104	柔性复合管	*DN*80	5.5

续表

序号	管段	材质	通径/mm	压力/MPa
3	P104－P106(复线)	柔性复合管	DN100	5.5
4	P106－P107(复线)	柔性复合管	DN80	5.5
5	P107－3#水处理站(复线)	柔性复合管	DN80	5.5
6	P204－P203	柔性复合管	DN65	5.5
7	P203－P202	柔性复合管	DN40	7.0
8	3#水处理站－普光7井	柔性复合管	DN100	5.5
9	3#水处理站－普光3井	柔性复合管	DN100	5.5
10	2#水处理站－毛开1井	柔性复合管	DN80	5.5
11	1#水处理站－普光11井	玻璃钢	DN100	5.5
12	P104－深度水站	柔性复合管	DN100	6.4

1#线输水管道：主要管输普光1#线普光103集气站、普光104集气站、普光105集气站、普光106集气站和普光107集气站来液。普光103集气站和普光105集气站至普光104集气站的输水管道作为支管接入普光104集气站，再从普光104集气站输至普光106集气站，再经普光106集气站和普光107集气站后，输至3#水处理站。3#水处理站将来液处理完成后，分两路分别输往普光7井回注站和普光3井回注站。管线采用柔性复合管，各条管道具体参数见表5－3。

2#线输水管道：主要管输普光204集气站和普光203集气站来液，输水管道自普光204集气站起到普光202集气站止，进入普光202集气站污水缓冲罐，采用罐车转运至水处理站。

大湾4#线输水管道：大湾403集气站上游各站及本站来气汇入总汇管后进入生产分离器脱水，气相经外输管道进下游大湾402集气站。液相进入污水缓冲罐再输至2#水处理站，处理达标的产出水输至毛开1回注站回注。

1#水处理站—深度水处理站管网：1#水处理站与深度水处理站相邻，距离较近，1#水处理站初级处理后的液体通过埋地管道输入深度水处理站。

与输水管网紧密相连的有3座水处理站和1座深度水处理站，即普光1#水处理站、2#水处理站和3#水处理站。

普光1#污水处理站主要处理集气总站来液，集气总站将普光1#线、普光2#线、普光3线、大湾4#线来气经过脱水处理后，将脱出液体泵输至普光1#污水处理站处理，经处理后的污水通过管道输送至普光11回注站或拉运至毛开1回注站回注。

2#污水处理站主要处理大湾403站上游站场(D404、D405集气站，M502、M503、M5041集气站)来液，经过处理后的污水通过管道输送至毛开1回注站回注。

3#污水处理站主要处理普光1#线P103、P104、P105、P106、P107集气站来液，经过处理后的污水分别管输至普光3、普光7回注站回注，或通过管输至深度水处理站进行深度处理。

深度水处理站接收来自普光1#污水处理站、3#污水处理站来液，处理后管输至普光11回注站回注。普光气田产出水系统流程如图5－4所示。

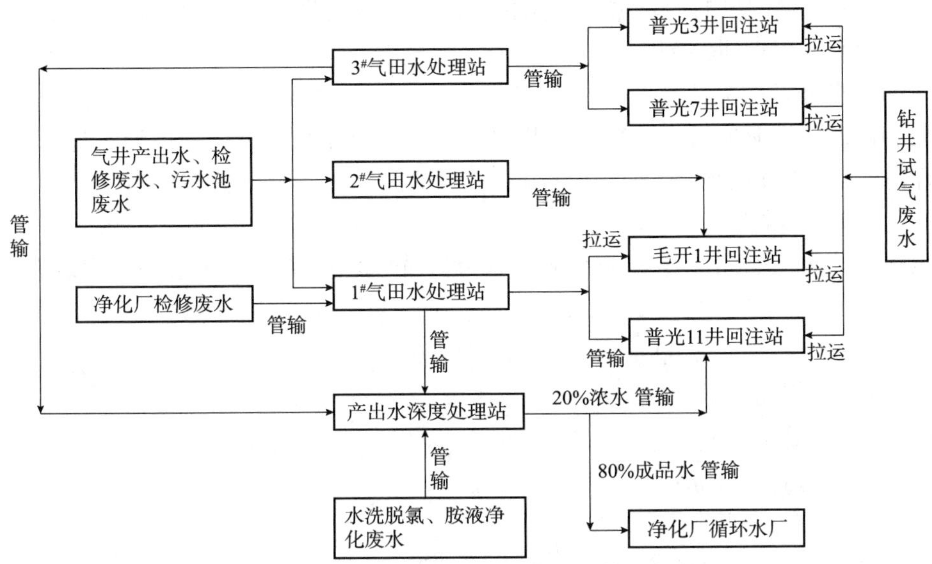

图5-4　普光气田产出水系统流程示意图

5.2　管道维护

为了确保管道在生产运行过程中安全高效运行，需要对管道运行情况实时监测、及时维护。燃料气管道、陆相集输管道、输水管道的维护工作因其输送介质风险性及危害性较小，主要是管道清洗或解堵等常规维护。酸性气集输管道维护主要是从保证管道正常运行及安全可控两个大的方面来进行，措施主要包括管道清管、缓蚀剂批处理和管道智能检测。

5.2.1　管道清管及缓蚀剂批处理

集输管道清管及缓蚀剂批处理是管道运行过程中解决管道堵塞和内腐蚀的主要措施。管道清管工艺主要是通过收(发)球筒发送清管器，清管器在气流的推动作用下沿管道向下游运动，运动过程中推动管道内液体、沉积杂质等进入下游收球筒中，从而达到清理管道的目的，保持管道内部清洁、管壁光滑、提高管道集输效率。缓蚀剂批处理则是在两个清管器中间注入缓蚀剂，形成缓蚀剂溶液段塞，在下游气流推动下在管道内向下游运动，缓蚀剂则均匀涂抹到管道内壁，形成一层保护膜，达到管道内防腐的目的。一般情况下，缓蚀剂批处理作业前为了保证管道内壁清洁，需先对管道进行一次清管作业，清管作业与缓蚀剂批处理作业一般同时进行。

1)缓蚀剂批处理工艺

缓蚀剂批处理主要是针对集输管道投用前和运行期间实施的一种管道防护工艺，是利用缓蚀剂在管道上形成一层黏性极强的薄膜，从而有效防止采出流体中 H_2S、CO_2 以及腐蚀性盐水造成的腐蚀。管道缓蚀剂批处理采取两个缓蚀剂批处理球夹缓蚀剂段塞的方法进行，利用酸性天然气推动段塞，批处理过程中控制成膜时间 5～10s，形成厚度为 80～

125μm，以达到涂膜的目的。根据工艺条件预涂膜和批处理一般选用了稳定性强的阳离子薄膜胺类缓蚀剂油溶性缓蚀剂。

2）缓蚀剂批处理相关计算

缓蚀剂批处理作业前需对缓蚀剂、柴油用量，批处理发球所需气体流量进行计算，确保批处理清管器在特定的运行速度下使缓蚀剂预涂膜在管道内壁均匀分布。

（1）缓蚀剂、柴油用量计算。

缓蚀剂柴油比为1：1，缓蚀剂柴油用量为三通与段塞容积之和。缓蚀剂使用量的计算公式如下：

$$Q = K \cdot \pi \cdot D_1 \cdot H \cdot L \times 10^{-6} + Q_1 \tag{5-3}$$

式中 Q——缓蚀剂使用量，L；

K——附加量系数，一般为1.15；

D_1——管道内径，mm；

L——管道总长度，mm；

H——缓蚀剂成膜厚度，mm，一般为(0.076～0.125)mm；

Q_1——管线上支管段三通、排污口等容积，L，计算公式如下：

$$Q_1 = \frac{\pi D_2^2}{4} \times L \times 10^{-6} + Q_{其他} \tag{5-4}$$

式中 D_2——支管段内径，mm；

L——支管段的长度，mm；

$Q_{其他}$——其他排污损耗量之和，L。

（2）批处理发球所需气体流量计算。

缓蚀剂批处理所需的天然气流量取决于缓蚀剂批处理清管器的运行速度，通过下面公式推算管线输气量与球运行速度关系：

$$Q = 2893165 \times \frac{PVA}{Z\left(\frac{t_{始} + t_{末}}{2} + 273.15\right)} \tag{5-5}$$

式中 Q——高含硫天然气流量，m^3/s；

P——管道清管运行压力，MPa；

V——清管球运行速度，m/s；

A——清管管道横截面积，m^2；

$t_{始}$——清管首站管道温度，℃；

$t_{末}$——清管末站管道温度，℃；

Z——高含硫天然气压缩因子。

3）缓蚀剂批处理操作步骤

详见第2章2.2.2设备设施及操作中的收(发)球筒。

5.2.2 管道智能检测

智能检测技术是使用各种智能检测清管器通过安全的收(发)球程序在一定的管道运行条件下穿过管道，之后通过读取并分析智能检测清管器在管道运行中所采集到的数据，发现管道的实际椭圆变形及金属损失等管道缺陷，评估出管道完整性情况。

1）管道智能检测内容

管道智能检测内容主要分为管道预清管、管道校量和清洁、管道智能检测和管道批处理4个部分，管道预清管阶段发送3个清管球（皮碗球、直板球）；管道校量和清洁阶段包括发送刷头磁铁双向移动清管器、定径片双向移动清管器；管道智能检测阶段依次发送几何变形检测清管器（EGP）、漏磁金属损失检测清管器（CDP）；管道批处理主要通过内防腐预膜恢复管线内壁保护膜。

管道校量和清洁阶段所发的2个清管通球仪器，刷头磁铁双向移动清管器主要是利用清管器上的铁刷刷除管线中的铁锈等其他附着物，并利用磁铁吸取铁质残渣达到清管目的，以避免铁渣干扰最终漏磁智能检测数据的获取。定径片双向移动清管器利用安装在设备上95%的管线内径定径片在整条管线中运行后的形变结果反映该段管线的最小管径以及通过定径片上的刮痕推测管线中是否存在突起物，确定EGP和CDP的现场管道通球安全性。其中定径片双向移动清管器自带定位跟踪装置开关模式，在检测设备进入管道前需开启开关，使设备处于工作状态，并能确定监控智能检测仪器在管线中的运行位置，从而确保了管道通球和检测仪器的安全运行。

管道智能检测阶段所发的2个智能清管通球仪器，EGP通过安装在设备上的感应装置在管线运行中记录管线几何形变数据，并自动存储在设备中的存储器上，待将EGP取出后利用工程师电脑将记录的管线数据读取出来，并分析生成管线几何变形报告。CDP利用漏磁技术对管道纵向磁化，通过磁场变化推测管道内外壁的腐蚀及损失情况，该仪器实时记录管线数据并自动存储在设备中的存储器上，待将CDP取出后利用工程师电脑将记录的管线数据读取出来，并分析生成管线腐蚀损失报告。其中EGP、CDP都自带里程轮及水平仪，可准确实时记录管道损失的纵向位置及时钟位置，并均带有仪器开关模式，在检测设备进入管道前需开启开关，使设备处于工作状态，并能监控智能检测仪器在管线中的运行位置，从而确保检测管道和检测仪器的安全平稳。

由于管道的清洁程度将直接影响智能清管器的数据质量，在运行几何变形检测和金属损失检测工具之前，需对管道进行预检测清管程序，直至管道达到符合检测要求的清洁标准。

采取渐进方式运行清洁清管器，以避免发生清管器卡球事故。渐进式清洁将使用装有定径片的双向移动清管器（作为验证运行）开始第一遍清管，然后使用配有刷头、磁铁的双向移动清管器进行第二遍清管，以确定是否可以接着发射“检测工具”开始检测工作。

2）管道智能检测参数控制

清洁清管器运行速度满足清管器运行要求，控制在1～3m/s，最佳运行速度为1.5m/s；EGP运行速度控制在1～1.5m/s；CDP运行速度控制在1～1.5m/s。

（1）定径片双向移动清管器。

定径片双向移动清管器主要用于测量管道内径大小，主要由导向盘、密封盘、定径片、拉钩和球体组成，定径片材质为比较软的铝合金。结构如图5－5所示。

在通球后分析定径片最小直径变化（一般情况下，尺寸应为95%的管道标称内径）和可能的缩径原因，决定是否进行下一步通球，对管道要求的最小内径见表5－4。

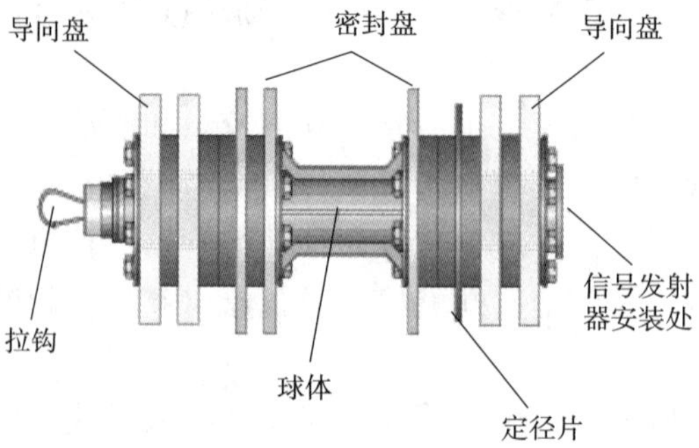

图 5-5　定径片双向移动清管器结构图

表 5-4　智能检测通球对管道内径的最低要求表

mm

管道规格	管道标准内径	直管段要求最小内径	3D 以上弯头段要求最小内径
*DN*500	463.6	438	449
*DN*400	371.4	348	356
*DN*300	338	260	282
*DN*250	248	218	239
*DN*200	199.1	169	189
*DN*150	150.4	135	144

(2)刷头磁铁双向移动清管器。

刷头磁铁双向移动清管器主要用于清洁管道内壁的铁锈、氧化皮等。主要由导向盘、密封盘、刷头、磁铁、拉钩和球体等组成。刷头磁铁对管道内壁进行清洁，对于检测工具的性能有着非常重要的影响，对于整体清洁的目的，刷头磁铁通球是非常有效的，而在管道内有其他碎屑物的情况下(比如黑尘、铁锈、固蜡)，可能会需要使用其他类型专用的清洁设备。

对通球中清除出的碎屑(类型、数量)进行称重和分析，之后再进行清洁程序以满足清洁要求。以上清管过程重复循环多次，直到收集到的管道废屑低于规定的质量，该质量根据不同管道的尺寸和长度而决定。这样做是为了确定管道整体的清洁程度是否能够满足之后的几何变形检测需要。智能检测可接受的管道内碎屑量的最低要求见表 5-5。

表 5-5　智能检测可接受的管道内碎屑量的最低要求表

管道规格/mm	沙/尘量/kg	废屑量/kg
*DN*150	<3	<4
*DN*200	<4	<5
*DN*250	<5	<7
*DN*300	<6	<8
*DN*400	<8	<11
*DN*500	<10	<14

(3)几何变形检测器。

几何变形检测器主要用于对被检测管道进行扫描并得到所需的数据，利用专门的软件进行分析，得到管道内壁几何变形情况，判断 CDP 的通过情况。主要由导向盘、密封盘、测距轮、温度传感器、几何变形传感器和拉钩等组成，结构如图 5-6 所示。

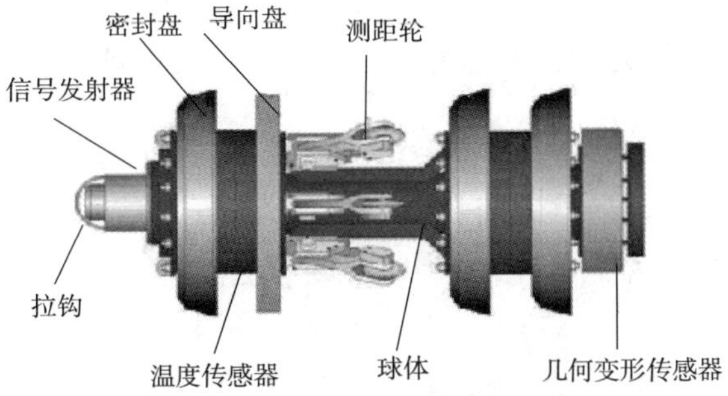

图 5-6　几何变形检测器结构图

(4)金属损失检测。

金属损失检测主要用于对被检测管道进行扫描并得到所需的数据，利用专门的软件进行分析，得到管道内壁金属损失情况。

金属损失检测主要通过“漏磁”(MFL)工具检测泄漏到管道外的磁通量，得出管道的腐蚀、侵损、凿槽及其他金属损失特征。主要由速度控制单元、里程表单元、传感器单元与中心球体等组成，结构如图 5-7 所示。

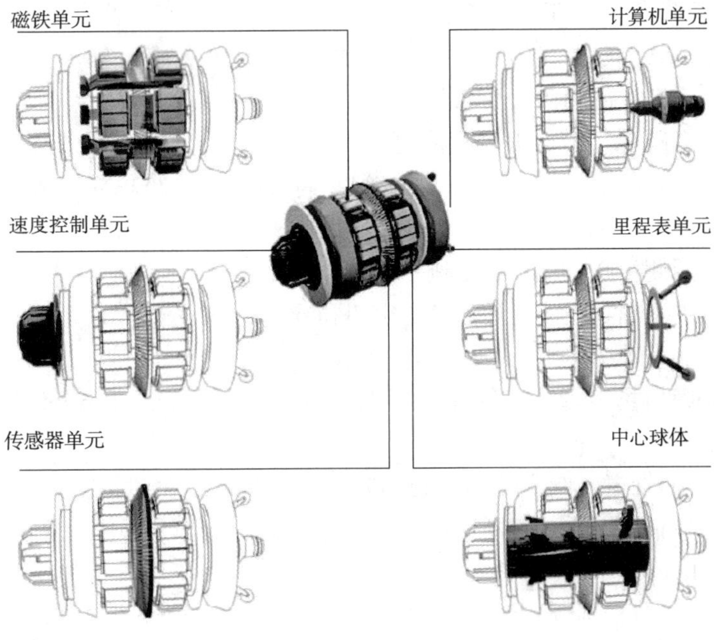

图 5-7　金属损失检测工具结构图

3)管道智能检测数据分析和开挖验证

为了准确评价集输管道的整体腐蚀和金属损失情况及几何变形情况，及时掌握管道变形、内外壁腐蚀等完整情况，合理调整生产运行参数和防腐维护措施，并与投产前管道资料进行对比分析。现场智能检测完毕以后，将现场采集的数据进行对比分析，发现磁力线散失等异常位置，确定腐蚀程度，并出具管道智能检测最终报告，将管道的整体情况描述清楚。同时为了确认智能检测工作的准确性和科学性，可以选取集输管道外腐蚀点位置或者是内腐蚀点比较严重的位置进行管道智能检测结果开挖验证工作，确保智能检测的精度，同时也能观察集输管道的腐蚀情况，通过管道开挖验证，可以对集输管道外腐蚀点位置进行重新打磨、防腐保护处理，对内部腐蚀点采用控制缓蚀剂批处理周期和参数来控制该其腐蚀速率。

5.3 管道巡护

为及时发现高含硫天然气管道、燃料气管道和输水管道等出现的问题、隐患，应加强管道完整性管理，进行有痕管理，保证气田运行。

5.3.1 工作内容

(1)对高含硫气田所有高含硫天然气管道、燃料气管道及输水管道开展日常巡查。

(2)对管线所经阀室、穿跨越、桁架、悬索、隧道等配套工程开展日常巡查并掌握运行情况，如有无锈蚀、断裂、脱落、倾斜等现象。

(3)开展管线配套设施的日常简单维护，比如配合拆卸阀室压力表、阀门除锈上漆润滑保养、局部除锈上漆、门锁更换等。

(4)检查管道沿线“三桩”(转角桩、测试桩、标志桩)、警示标识、水保设施的巡护，是否完好、齐全，管沟内管道有无暴露、位移。

(5)对阀室、穿跨越、桁架编号喷涂更新。

(6)巡检并掌握站场周边300m，管线、阀室周边100m，跨越周边200m范围内占压情况，及时统计、上报、更新。

(7)检查管线两侧100m以内有无施工。

(8)做好管线周边村民《石油天然气管道保护法》、H_2S知识的日常宣传、教育工作，不定期发放安全教育宣传材料。

(9)巡检并掌握站场、管线、阀室及穿跨越周边地质情况，雨季还应加密巡检次数，及时发现隐患并汇报。

(10)巡检并掌握管道、阀室抢修，道路状况，发现问题及时汇报。

(11)掌握阀室内有无积水、电控仪表及工艺设备是否运行正常，按时录取有关参数并作好记录，发现问题及时汇报。

(12)开展技术学习，掌握管道保护的法律法规和技术标准。

(13)开展管道巡护新技术的应用，特别是无人机巡护技术、智能巡护技术等。

(14)开展应急预案演练，提升应急处置能力，加强应急状态下的自我保护和互救能力，熟悉逃生路线及安全集合点等。

5.3.2 工作要求

(1)巡线人员应该做到十清。

①管线设计基本情况(规格、设计输气量、压力等)清;

②管线材质情况清;

③管线走向清;

④管线埋深清;

⑤管线腐蚀情况清;

⑥阀室基本情况(位置、内部设施)清;

⑦阴极保护测试桩位置清;

⑧管线穿越、跨越(公路、铁路、河流)情况清;

⑨管线周围地形、地貌清;

⑩管线占压情况清。

(2)定期组织巡线人员学习业务知识，掌握无人机管道巡护技术的操作及资料分析。

(3)对管道重点区段，要重点巡查，及时发现，制止占压，确保管线上不出现占压情况。

(4)按规定着装上岗，佩带工具用具齐全，巡线过程中向管道沿线群众宣传管道保护的重要意义，教育群众遵守《石油天然气管道保护法》。

(5)熟练使用硫化氢检测仪、空气呼吸器、PCM 金属探测仪。

(6)对一切危及管道安全的行为进行坚决制止，并及时向上级汇报。

5.3.3 注意事项

(1)巡线人员在巡线过程中，要保持通信畅通，便于联系，发生突发事故能及时汇报、及时掌握上级的新指令。

(2)巡线人员应两人以上结伴巡线，不准单独行动，以防发生人身伤害。

(3)巡线人员巡线时遇雷雨天气要迅速关闭手机，禁止在高大建筑物、大树下避雨，防止雷击。

(4)夏季巡线变动应避开高温时段，并带足饮用水及配发的防暑用品，以防止中暑。

(5)严禁跨越、行走无防护装置的跨河管道，以防摔伤。

(6)巡线人员在巡线途中严禁下河游泳，以防发生溺水事故。

(7)巡线人员要按要求穿戴劳保服装，以防蚊虫叮咬及荆刺。

(8)巡线人员巡线时必须穿防滑胶鞋，执竹棒或木棒以防滑摔、狗或毒蛇咬伤。

(9)巡线人员巡线时要查看巡线道路上是否有电线，以防触电。

(10)巡线人员巡线时遇土石松动处应绕行，以防砸伤。

(11)巡线人员在巡线过程中遇村民时说话要和气，不随意摘拿村民种植的水果，防止造成工农纠纷，影响单位形象。

(12)巡线人员巡线过程中严禁搭乘非巡线用的其他任何交通工具(渡河所乘船只除外)，以防发生交通事故。

思考与练习

1. 简述普光气田酸气集输管网的构成及特点。
2. 为适应普光气田陆相气藏的开发，集输管网应如何布局？
3. 简述管道智能检测的意义，在作业过程需要控制好哪些参数。
4. 普光气田管道维护有哪些内容？如何防止第三方施工对管道安全运行的影响？
5. 如何在管道巡护过程中及时发现危及管道安全运行的地质灾害？
6. 如何利用无人机巡护管道，提升管道巡护的效率？

第 6 章　自动控制系统

自动控制系统(以下简称自控系统)是指利用自动化仪表及装置对生产过程、工艺参数等进行自动调节和控制的系统。目前已广泛应用于油气田等诸多生产领域，它能够实现对生产现场的监控、调度、管理的自动化水平，为油气田的安全生产、顺利运行提供坚实可靠的保障。普光气田地面集输自动控制系统采用了以计算机为核心的 SCADA 系统，即数据采集与监视控制系统，其主要目的：一是实现正常生产情况下的实时参数监控、远程工艺流程切换，达到沿线各站场有人值守、无人操作的运行管理水平；二是实现异常情况下及时发现事故点，并通过预先设定的联锁关断逻辑快速关断泄压，有效控制 H_2S 逸散量，减轻事故危害。本章主要介绍了自动控制系统基本概念、普光气田 SCADA 系统及辅助系统等相关知识。

6.1　自控系统概述

6.1.1　自控系统基本概念

自控系统是在生产过程中采用自动化仪表及装置来检测、显示、记录和控制生产过程中的重要工艺参数，以代替操作人员的直接操作，维持整个生产过程正常状态；当它们受到外界干扰的影响而偏离正常状态时，又能自动地调回到设定的数值范围内；同时，对某些关键性参数设有自动信号联锁保护装置，也是生产过程中的一种安全装置。具有智能化、高精度化、总线化、网络化、开放性五大特点。

普光气田地面集输自动控制系统采用以计算机为核心的 SCADA 系统，作为生产过程和事务管理自动化最为有效的计算机软硬件系统之一，它包含两层含义：一是分布式的数据采集系统，即智能数据采集系统，也就是通常所说的下位机；二是数据处理和显示系统，即上位机系统。下位机一般意义上通常指硬件层上的，即各种数据采集设备，如各种 RTU、FTU、PLC 及各种智能控制设备等。这些智能采集设备与生产过程和事务管理的设备或仪表相结合，实时感知设备各种参数的状态，并将这些状态信号转换成数字信号，通过特定数字通信或数字网络传递到上位机系统中；在必要的时候，这些智能系统也可以向设备发送控制信号。上位机系统在接受这些信息后，以适当的形式，如声音、图形、图像等方式显示给用户，以达到监视的目的，同时数据经过处理后，告知用户设备各种参数的状态(报警、正常或报警恢复)，这些处理后的数据可能会保存到数据库中，也可能会通过网络系统传输到不同的监控平台上；还可能会接受操作人员的指示，将控制信号发送到下位机中，以达到控制的目的。建立 SCADA 系统的主要目的：一是用于生产和设备管理，提高自动化管理水平；二是作为调度中心，通过对历史数据及实时数据的分析及模型计算，为生产管理者提供决策。

6.1.2 自控系统在高含硫气田的作用

普光气田作为高含硫化氢气田，SCADA 系统在生产运行过程中发挥了至关重要的作用，主要体现在安全和管理两个方面。

1)安全方面

普光气田由于地理位置的关系，集输系统管线地理空间跨度大，生产时效性很强，要求连续运行，确保安全至关重要，而且强调各生产环节的分工与协作，同时追求整个系统的有效运转，要求集中统一管理。SCADA 系统作为控制管理核心，除负责气量的调配和人员的协调，还能够进行设备运行状况的实时监测、远程操作和生产状况的动态分析以及故障状态下的各级关断操作，可有效提高管理者对突发事件的快速准确处理能力，确保集输系统安全可靠运行、企业效益最大化。

2)管理方面

SCADA 系统主要任务是通过对各站 PLC 系统进行数据采集及控制，对管道系统、集气站场工艺过程的压力、温度、流量、密度、设备运行状态等信息进行监控和管理。在正常情况下，集气站场控制室 SCADA 系统对站场、集输管道进行监视和控制。操作人员在中心调度控制中心通过计算机系统完成对集输管道的监视、操作和管理，各站场控制室在调度控制中心的统一指挥下完成各自的工作。当数据通信系统发生故障或系统检修时，由站控制系统自动完成对本站的监视控制；当进行设备检修或紧急停车时，可用就地控制。在一定程度上减少人为操作工作量，极大提高自动化运行管理水平。

6.1.3 高含硫气田对自控系统的要求

高含硫气田自控系统的设计应用应满足以下几点要求：

(1)自控设计应满足高含硫气田地面集输系统生产过程安全、平稳、经济运行的需要。采用国内外先进成熟技术，做到因地制宜、经济合理。

(2)高含硫气田宜采用SCADA 系统，对气田的过程参数进行监视、控制、数据采集和报警。在有条件的情况下，宜设置管线泄漏检测系统，以利于尽早发现管线泄漏。

(3)自控设备选型及控制系统的选择，应根据高含硫气田的规模及发展规划要求和环境特点，经分析论证确定，保持工程项目整体的协调性和一致性。

(4)自动控制系统的设置应尽可能减少操作人员和公众直接接触有毒气体的机会，确保操作人员的生命安全。

(5)自控系统对生产过程的监控应达到以下基本要求：

①实现生产过程的监视与调控。

②实现对主要工艺过程设备的启停。

③在异常运行工况时，实现各异常部位的报警、联锁、保护。

④应设置可燃气体、有毒气体的泄漏报警系统。

⑤实现天然气流量计量。

(6)仪表排污与氮气置换。

①自控现场仪表应密闭排污，进入工艺排污系统。

②在线水分分析仪设置的取样口应设有毒气体排放管线，将有毒气体排放至火炬系统管线。

③阀式孔板节流装置应设氮气置换口，将置换气导入火炬系统管线。

(7)与高含硫介质接触的仪表、阀门和引压管的材料选择应符合 ISO 15156 标准规定。RTU 线路截断室设置截断阀的控制系统应能感测管道压降速率和/或压力设定值，实现事故时快速自动截断。在三级地区的线路紧急截断阀室宜设置 RTU，其功能如下：

①检测管道压力参数。

②监测 H_2S 气体泄漏和截断阀阀位信号。

③向监控站传送数据，接受监控站远程紧急关闭截断阀指令。

6.2　SCADA 系统

6.2.1　SCADA 系统架构

普光高含硫气田地面集输自动控制系统是以计算机为核心的 SCADA 系统。该系统采用中控室和站控室两级管理制。第一级与净化厂中心控制室合建的中控室 1 座，实行对普光气田集输系统整体数据的采集和监控；第二级站控室，设在各站场，站控系统由 PCS 和 SIS 组成，分别对各站场进行数据采集和监控，中控室或站控室在事故情况下均可实现紧急联锁站场关断。在沿线各阀室设置阀室控制系统，由 RTU 和 SIS 组成，完成对阀室以及隧道内数据的采集和监控。上位机系统用于调度控制中心完成对普光气田主体开发地面集输系统全线所有场站的数据采集和监视控制。SCADA 系统架构如图 6-1 所示。

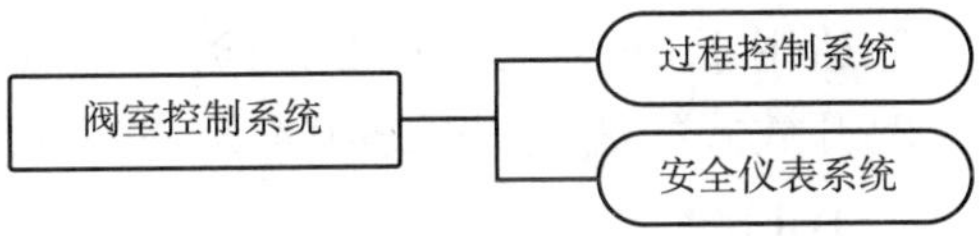

图 6-1　SCADA 系统架构示意图

BB 公司的 Control Wave 混合控制器用于所有 SCS 的 PCS，负责站内的生产流程以及辅助流程的数据采集和控制，并接收调度中心(DCC)调度控制指令。Honeywell 公司的 SM 用于所有 SCS 的 SIS，根据工艺流程中的各种失控事件以及火气检测异常报警，安全联锁相关设备，确保人员以及生产的安全，并接收调度中心安全仪表系统的指令。

BB 公司的 Control Wave Micro 用于阀室的 RTU，负责线路截断阀的状态检测以及正常的开关控制，并接收调度中心调度控制指令。Honeywell 公司的 SM 用于所有阀室的 SIS，根据线路截断阀配套电子防爆管控制单元中的压降速率报警以及火气检测异常报警，安全联锁相关设备，确保人员以及生产的安全，并接收调度中心安全仪表系统的指令。分布式服务器结构(DSA)用于调度控制中心与全线所有站场的系统集成。

SCADA 系统数据传输通道主干网采用冗余光纤环网(10/100Mbps)，备用网采用 5.8G 无线网络传输，第一次实现有线与无线通信的有机结合。并且整个系统提供了全面的冗余保护，在系统的各个层次都实现了冗余(包括服务器、通信和控制器)，如果主设备发生故障，冗余系统将自动从主设备切换到从设备。

6.2.2 PCS

PCS 是在自动化技术的支持下对生产过程进行实时监测、控制和优化的一种系统。PCS 通过传感器、执行器、计算机和网络等技术手段，对现场各种参数进行实时监测、分析和控制，以确保实现全气田集中监控及统筹调度管理的要求。

1)硬件组成

PCS 硬件采用 BB 公司 Control Wave 系列，集 PLC、RTU 和 DCS 的优点于一身，具有适应性强、分散型、开放、高性能的控制器。基于模块化的设计，从而使系统配置灵活，可满足大、中、小型控制系统的需要。Control Wave 系列产品可以实现高度开放的控制系统结构，带来更加高效的过程控制，从而提升气田生产运行效率。

(1)硬件。

①基于 586 的处理器提供卓越性能。

②多达 3 个 100/10MB 以太网口。

③支持远程以太网 I/O。

④多达 4 个串口。

⑤2、4 或 8 槽的不锈钢机架。

⑥单、双密 I/O 模块。

⑦I/O 模块的热插拔。

⑧安全锁防止无权限的访问。

⑨支持回路内供电。

⑩看门狗动作前，AOs 保持故障前值或预设值。

⑪看门狗动作前，DOs 保持故障前值或 0 值。

⑫工作温度范围(-40~70℃)。

⑬适用于 Class 1，Div. 2 危险区域、CE 认证。

⑭开放式的编程、网络组态及通信环境。

(2)CPU。

①AMD Elan 520 处理器：586CPU-100MHz。

②数据内存：2MB SRAM 电池后备内存。

③历史归档数据：存储在 Flash RAM 或者 SRAM。

④程序存储：8MB Flash Flash RAM。

⑤同步动态内存：4MB(66MHz SDRAM 与 32 位的总线连接)。

⑥通过 PIC 总线实现与其他模块通信。

⑦2 个字符显示的‘Port 80’显示端口用来显示 CPU 状态。

⑧硬件密码锁。

(3)通信。

①CPU 上有两个九针 RS－232 串口，波特率可达 115.2kB，标准的 PC/AT 9 针 D 型连接头。

②两个可扩展的 RS 232 或 RS 485 通信端口：波特率达 115.2kB，1 个标准的 PC/AT 9 针 D 型接头和 1 个 8 针 RJ45 接头。

③隔离电压：RS 485 串口隔离电压 500V DC。

④多达 3 个独立的 100/10 Base－T 以太网口 RJ45 型接口。

⑤隔离电压：以太网口隔离电压 500V DC。

2)软件配置

软件采用了 PLC 编程的国际标准 IEC 61131－3，Control Wave Designer 完全满足 IEC 61131－3 编程环境的 Control Wave 系列产品编程组态软件。Control Wave Designer 包括五种 IEC 61131－3 标准编程语言，即功能块图、结构文本、顺序功能块图、梯形图、命令列表语言，可以满足批量、连续及离散控制。

(1)Control Wave Designer 包括 200 多个基于 IEC 61131－3 标准的功能块和函数，包括：

①Flip－flops，Counters&Timers。

②梯形图函数：coils、contacts 等。

③数学运算及布尔型函数：Sine、Cosine、Add、Sub、Square Root、And、Or 等。

④选择比较函数及功能块：Min、Max、Greater than、Equal、Less than 等。

⑤类型转换函数：Integer to Real、Boolean toward 等。

(2)ACCOL Ⅲ功能块库。除了基本的功能块及函数外，Control Wave Designer 还集成了基于 20 多年 SCADA 及过程控制经验不断完善的 ACCOL Ⅲ功能块库。ACCOL Ⅲ功能块库包括 60 多个用于石油天然气、水及污水、过程计量及控制应用场合的功能块，同时将来还会集成更多实用有意义的功能块，包括：

①平均值计算、比较计算、累计值计算。

②顺序计划功能块。

③PID 及 Lead/Lag。

④AGA 天然气流量计算、液体流量计算。

⑤文件处理。

除此之外，可以利用 Control Wave Designer 软件编程组态实现带时间标签的报警及历史数据在控制器中的存储，当设备与外界通信中断恢复后，实现数据的回填。

3)系统功能

PCS 系统，以表征生产过程的变量为被控制量使之接近给定值或保持在给定范围内的自动控制系统。这里“过程”是指在生产装置或设备中进行的物质和能量的相互作用及转换过程，表征过程的主要变量有温度、压力、流量、液位等。普光气田过程控制系统的功能主要是对站内工艺参数及设备状态进行实时监控，具体如下：

(1)井口部分。

①井口各级油套管压力、温度的检测远传。

②井口放空阀的压力检测远传和阀门运行状态检测远传。

③井口控制盘就地控制系统数据接收与远传；与井口控制系统相连，接受井下安全

阀、地面安全阀的开关状态，油管压力温度、套管压力温度值以及地面、井下安全阀的关断命令信号。

(2)井口分离器。

①分离器温度检测远传。

②井口分离器气相压力检测远传。

③液位调节阀的开启状态、分离器的液位数值检测与远传(二者相关联，当液位高于设定值时调节阀开启排液，当液位低于设定值时调节阀关闭；当液位低于联锁值时 ESD 紧急关断，防止高压气体进入造成超压)。

(3)井口加热炉。

①加热炉的 ESD 控制状态、燃烧器运行状态检测远传。

②加热炉控制盘数据，包括加热炉本体压力、流量、温控阀的开度、ESDV 阀状态、节流阀的调节和开度等的检测远传。

(4)生产汇管与计量汇管的流程切换以及汇管的放空。

①集气计量及外输管线的流程切换，可以设定轮换时间，定时轮换计量单井产量。

②汇管放空 BDV 和 XV 阀的状态及流量计算机所反映出来的瞬时流量、温度、差压、静压以及累计流量，还有外输管线的温度和 ESDV 阀状态的检测远传。

(5)计量分离器橇块。

①计量分离器液位检测与排液的控制。

②计量分离器压力检测远传。

③计量分离器气相流量的计量。

④计量分离器液相流量的计量。

(6)乙二醇加注橇块。

①乙二醇罐液位检测远传，通过液位变送器，当液位达到设定值时低报警，当液位达到设定值时高报警。

②井口甲醇注入泵的出口流量。

③外输管线甲醇注入泵的出口流量。

④井口和外输管线甲醇注入泵状态的检测远传。

(7)缓蚀剂加注橇块。

①缓蚀剂罐液位检测远传，通过液位变送器，当液位达到设定值时低报警，当液位达到设定值时高报警。

②加热炉缓蚀剂注入泵的出口流量。

③外输管线缓蚀剂注入泵的出口流量。

④加热炉和外输管线缓蚀剂注入泵运行状态的检测远传。

(8)燃料气橇块。

①燃料气入口压力检测远传。

②燃料气 ESDV 阀开、关指示，通过气动单作用球阀来检测远传燃料 ESDV 阀开、关状态。

③燃料气分离器气相流量计量，通过旋进漩涡流量计来计量燃料气分离器气相流量。

④燃料气调压阀后压力检测远传。

(9)火炬分液罐与火炬信号检测远传。

①火炬分液罐温度检测远传。通过温度变送器，当温度达到设定值时低报警，开启分液罐加热器进行加热；当温度达到设定值时高报警，关闭分液罐加热器。

②火炬分液罐液位检测与控制。通过液位变送器，当高报警时开启罐底泵将液体加入外输管线，当低报警时关闭罐底泵。

③火炬长明灯状态检测远传。

(10)外输管线流量、ESDV状态、压力和温度的检测远传。

①出站酸气管线流量相关参数采集，通过流量计算机来对出站酸气管线流量进行计量。

②外输管线ESDV阀的状态检测远传。

③外输管线温度检测远传。

④外输管线压力检测远传。

⑤外输ESDV阀状态检测远传。

(11)酸液缓冲罐。

①酸液缓冲罐罐体的压力检测远传。

②酸液装车拉运时，如果液位过低时，液位变送器报警，罐底泵停止。

③酸液装车管线上的流量计数值远传至站控室，站控室可以随时控制罐底泵的启停。

(12)自控系统其他检测。

①火炬吹扫气流量检测。

②站控室水箱液位检测远传。

③UPS运行状态与故障报警。

④燃气发动机运行状态与故障报警。

⑤站场总电源状态与故障报警。

⑥阴保测试桩电位检测等。

6.2.3 SIS

SIS系统包括FGS和ESD。其中FGS主要是接收站场设置的气体探测器(火焰探测器、感烟或感温探测器、有毒或可燃探测器)信号，实现站场火气状态的检测、报警及相关联动功能；ESD是当工艺参数超出正常工况范围时，自控系统立刻采取联锁保护措施，实现紧急情况下的全气田四级关断，即全气田关断(ESD－1)、支线关断(ESD－2)、站场保压/泄压关断(ESD－3)、单元关断(ESD－4)。

1)硬件组成

普光主体站场SIS系统硬件采用Honeywell SM系列，配套的软件为Safety Builder；大湾区块站场SIS系统硬件采用Rockwell AB－1756系列，配套的软件为RSLogix 5000，下面以Honeywell SM系统为例进行介绍。

普光1#线、2#线、3#线，即普光主体集气站(17套)、集气总站(1套)、阀室(29套)和普光中控室，共计48套SIS系统。中控室、集气总站、各站场及阀室内配置具有SIL3等级的SM系统，冗余I/O系统的数量按点表中规定的I/O配置，控制器间通过具有SIL3等级认证的Safenet通信，从而实现全气田联锁关断功能。

SIS 系统 SM 均可通过现场已建的冗余工业以太网及霍尼韦尔内部通信协议，将 SIS 的状态信息传递到对应的中心/站场内的 SCADA 系统。中心、各站场及阀室的 SM 控制器，通过独立冗余的 Safenet 网络(具有 SIL3 等级安全认证)进行 SM 控制器间的点对点通信。

SM 系统主要硬件模块有：QPP(Quad Processor Pack)、USI(Universal Safety Interface)、PSU(Power Supply Unit)、BKM(The Battery and Key Switch Module)、I/O 模块等。

(1)QPP 中央处理器。

四重化处理器模块(QPM)是 SM 系统的心脏，负责控制所有的系统操作。每个 QPM 模块有两个微处理器和两个内存。微处理器芯片 Motorola Power PC 8260，32 位，主频为 32MHz。微处理器的每次读写指令都要先对硬件和逻辑运算进行比较，另外对硬件的诊断测试使 QPM 模块的诊断覆盖率 DC 高达 99.99%，因此，在一个 QPM 模块运行的情况下仍可以保证系统的安全等级达到 SIL3。

QPM 的硬件和软件具有高可靠性和容错性，控制站具备顺序控制、批量控制和一般连续控制功能，控制站具备顺序事件记录的功能。

(2)USI 通信模块。

USI 为网络接口模块，其上配置 2 个以太网口、2 个串行通信口(RS232 或 485 均可)，每个接口均光电隔离。

(3)PSU 电源模块。

PSU 模块是电绝缘的，为控制器、I/O 卡件及 FTA 提供 5V 电源。

(4)BKM 冗余模块。

BKM 模块由蓄电池以及复位和强制钥匙开关组成。在一个控制器底板中只需要一个 BKM。它同时用于冗余和非冗余配置。

(5)I/O 输入输出模块。

SM 系统提供各种类型的数字量和模拟量的输入输出模块以满足不同现场设备的信号要求。所有的 SM 控制器，电源，I/O 模块，I/O 卡件均有 CE 认证标志，SMD 镀膜封装，达到 ANSI/ISA - 71.04 标准 G3 等级，能在 G3/GX 等腐蚀环境下长期工作，所有 I/O 卡件满足通道与通道间隔离。

系统 I/O 卡件通过系统漏电流保护器能够识别现场回路对地短路；关于现场开路，由于 SIS 系统是故障安全型设计，正常时回路闭合状态，如果现场开路，则为断开状态，在系统内会有报警，能够识别出来。SM 系统所有卡件支持带电插拔功能。

①AI：FC - SAI - 1620m 是 16 通道故障安全型 AI 模块。

②SIS DI：所有 SIS DI 为无源干接点信号。将使用 FC - SDI - 1624 型 16 通道 24VDC 故障安全型 DI 模块，所有信号带 LED 状态指示灯。每个通道与通道之间安全隔离，信号与现场隔离。

③FGS DI：所有 FGS DI 为无源干接点信号。将使用 FC - SDIL - 1608 型 16 通道 24VDC 带回路诊断功能故障安全型 DI 模块，所有信号带 LED 状态指示灯。每个通道与通道之间安全隔离，信号与现场隔离。

④DO：FC - SDO - 0824 型是 8 通道故障安全型 24VDC/550mA DO 模块，每通道负荷 13W，卡件输出最大电流 4.33A，所有信号带 LED 状态指示灯。每个通道与通道之间安全隔离，信号与现场隔离。

2)软件配置

SM系统的组态软件为Safety builder，普光气田目前使用的软件版本为R162.6，下面主要从软件功能、配置等方面进行介绍。

(1)软件功能。

①离线状态下安全管理软件工具。

网络结构组态：用于定义组态系统的网络结构。

硬件组态：用于定义系统使用的所有硬件类型。

点组态：用于组态所有硬点及通信点，包括点对应的类型和属性。

逻辑功能组态：用于定义点的逻辑关系以及系统的逻辑功能。

软件编译：用于检验组态内容的正确性并将程序编译用于下装。

②在线状态下安全管理用户界面。

系统管理界面：监视系统的状态、观看系统的故障诊断界面以及系统的下装。

点状态浏览界面：用于在线监视所有点的实际运行状态。

应用程序查看器：系统运行时实时查看各程序界面中各点位的值。

(2)软件设置。

①使用网络配置器为安全管理器定义物理网络和逻辑连接——排除可能的远程I/O网络。

②使用硬件配置器来定义，安全管理柜硬件、机箱和模块，远程I/O网络、机柜和相关的通用I/O硬件。

③使用点配置器定义和分配点给Safety Manager。

④使用应用程序编辑器制作功能逻辑图(fld)并分配所需的执行环境。

⑤使用应用程序编译器创建一个可以加载到安全管理器中的控制器文件。

(3)普光SIS&FGS典型逻辑功能。

①系统报警逻辑：将系统中的控制器故障、控制器温度过高、系统通信故障等故障信号引出，通信到SCADA上位画面上，同时记录顺序事件SOE。

②机柜报警逻辑：首先，将系统机柜的电源故障、机柜温度过高、风扇故障通信到SCADA上位画面上，同时记录SOE；其次，将辅助机柜的电源故障、机柜温度过高通过硬接线串联成1个诊断硬点，有任意一个报警都会触发该信号报警。将每个辅助机柜的1个故障信号接入系统，通信到SCADA上位画面上，同时记录SOE。

③卡件报警逻辑：将系统的所有卡件的所有硬件通道故障诊断信号引出，以通信点的方式通信显示在SCADA上位画面上，同时记录SOE。

④模拟量高高(低低)联锁逻辑：井口压力共设置3块压力变送器，当其中两块或三块压力变送器的测量值超过设定的高高(低低)值时，自动触发单井关断。

⑤M取N逻辑功能块：M个联锁信号中有N个联锁将会触发相应的联锁动作。

⑥可燃(有毒)报警器功能块：集气站场的气体泄漏检测分区域设置，如加热炉区、井口区等，当某个区域的可燃(有毒)探测器多个同时报警时，自动触发相应的关断逻辑。

⑦联锁投用率功能块：将SIS系统所有未使用的旁路信号数量汇总除以总的旁路信号数量得出实时值，显示在SCADA系统上位画面上。

⑧Safenet(安全网络)逻辑功能：普光气田共计48套SM系统，在工业以太网基础上，为Safenet单独划分VLAN，使用Honeywell认证的独立专用网络，所有控制器在同一网段内，交换机为SDW－550EC。同时设置timeout时间为20000ms，Network Delay设置在20ms左右(依据不同节点的通信情况动态调整，降低retry次数)。中控室通过Safenet将紧急关断信号下发到各个站场、阀室控制器，实现SIS系统紧急关断信号专网专用，提高SIS联锁信号传输的可靠性和及时性。

3)系统功能

SIS系统是由IEC标准IEC 61508及IEC 61511(ISA 84.01)定义的专门用于安全的控制系统。根据工艺流程中的各种失控事件以及火气检测异常报警、安全联锁相关设备，确保人员以及生产的安全，并接收调度中心SIS系统的指令。SIS系统包括FGS和ESD。

(1)FGS。

FGS是一套针对火灾和气体探测、报警的安全管理系统。基于计算机技术、控制技术和通信技术(3C技术)，将现场所有用于检测火焰(灾)和气体泄漏的探测器及报警器、感烟探测器、感温探测器等，连接组成一个监控系统。其主要功能如下：

①实现对多种可燃气体、有毒气体、火焰、烟气和热的检测。

②实时状态显示：迅速地显示各个探测器的状态(浓度显示，故障、高报、低报状态显示等)。

③分区报警：按照现场的实际情况，分区显示报警状态。

④良好的用户界面：操作软件采用工业标准，操作直观，简便。

⑤操作简便：可简单精确地实现可编程逻辑组态，无须烦琐操作。

⑥自动化：可自动控制消防释放及声光报警。

(2)ESD。

ESD需通过中心控制系统确认是否触发全气田紧急关断，其监测及指令通过认证的安全协议与沿线各站场、阀室实现数据通信。ESD从高到低依次分为一级、二级、三级、四级4个级别，分别设置如下：

①一级关断(全气田关断)为最高级别紧急关断，触发条件为净化气输气首站、净化厂、集气总站保压或泄压关断，触发结果为全气田各集气站场保压关断。

②二级关断(支线关断)为1#线、2#线、3#线、4#线支线关断，触发条件为手操台按钮、上下游相邻两个压降速率同时报警、阀室感温感烟探测器两个同时报警、阀室可燃有毒探测器多个同时报警等，触发结果为事故点上游站场保压关断，并视具体情况进行放空泄压。

③三级关断(站场关断)为集气站单站关断，触发条件是站场发生火灾、气体泄漏、压力超限。当三级关断条件发生后，在站控室手操台上依次拔出报警确认按钮与紧急关断按钮，或根据预先设定的联锁逻辑自动触发三级关断。触发结果分为两种：紧急切断并保压(简称保压关断)，紧急放空泄压(简称泄压关断)。

④四级关断(单元关断)是为保护工艺单元或设备而设置的联锁关断，包括单井关断、加热炉关断、分离器关断等。触发条件主要有井口压力超限、局部区域气体泄漏、容器液位超限等，达到触发条件后自动联锁，切断相关工艺单元，并视具体逻辑启动局部放空。

6.2.4 PKS

PKS 主要是提供给操作员一个监视过程参数和控制生产过程的操作显示窗口。经过组态、编程，上位机软件里面包含了所有生产的动态流程图和设备的控制面板以及生产参数。操作员可以根据需要浏览当前的生产流程、生产参数等，并通过上位机提供的设备操作控制面板，控制现场的各个可控设备。同时上位机软件还可以根据设置的采集速率定期采集存储生产过程参数，并存储到硬盘上。上位机软件还可与 Excel 表格相连接，通过打印机，上位机软件将根据设置每天定时打印报表。

PKS 由很多任务组成，每个任务完成特定的功能。位于一个或多个机器上的服务器负责数据采集、数据处理(如量程转换、滤波、报警检查、计算、事件记录、历史存储、执行用户脚本等)。服务器间可以相互通信，有些系统将服务器进一步单独划分成若干专门服务器，如报警服务器、记录服务器、历史服务器、登录服务器等。各服务器逻辑上作为统一整体，但物理上可能放置在不同的机器上，分类划分的好处是可以将多个服务器的各种数据统一管理、分工协作。

1)硬件组成

PKS 的主要硬件有中心服务器、站场 PKS 服务器、阀室、RSLinx 服务器、操作员工作站，服务器软件运行在戴尔 PowerEdge T450 平台和 Windows 2019 server 操作系统上，操作站型号为 DELL T5820XL。其中中心服务器硬件采用 2 台机架式 DELL、16 台双屏操作站，负责所有站场、阀室数据采集、处理、上传(向办公网络提供数据)，软件采用霍尼韦尔 PKS R430；各集气站场均设冗余服务器，收集处理各站 SCADA 系统数据后，通过 DSA 通信传至中心服务器，在中心控制室集中监控；各阀室至中心控制室的数据由 6 台 RSLinx 服务器采集后通过 DSA 传至中心服务器；中心控制室及集气站均设有操作员工作站，用于值班人员生产数据监控及联锁控制。SCADA 系统硬件结构如图 6－2 所示。

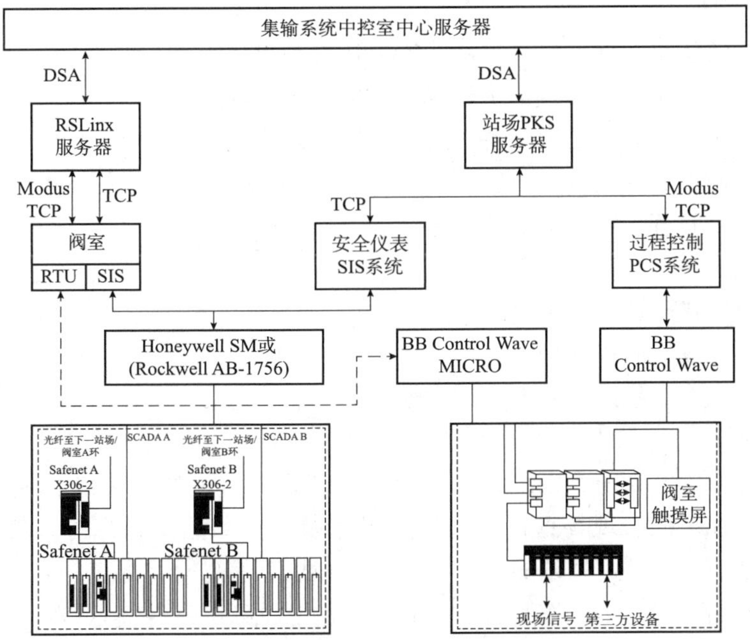

图 6－2 SCADA 系统硬件结构图

2)软件配置

PKS 组态软件采用 Quick Builder，是一种图形工具。通过 Quick Builder，用户可以对系统硬件如 FLEX 操作站、打印机、第三方控制器或 RTU 中相应的标准点进行组态，并通过组态工作室将这些组态信息下载至 Experion 的一体化数据库。

(1)操作员工作站。

操作员工作站是操作员用于监测和控制设备或工艺过程的装置，为了使 PKS 服务器能够识别在系统中的每个 FLEX 操作站，并且和它们正常通信，需要定义 FLEX 操作站的类型和同一时间能够访问 PKS 服务器 RTDB 数据库的 FLEX 操作站的数量。FLEX 操作站的数量是在购买 PKS 系统时定义好的，需要 License(许可证)。

(2)通道(Channel)。

PKS 服务器与第三方控制器通信时，需要建立一个服务器可以识别的“通道”。每一个第三方控制器都会有与之匹配的通道。

(3)控制器(Controller)。

定义多个不同的控制器，提供不同的数据类型，只读或可写的模拟量或状态量，每个控制器必须与其匹配的通道相关联。

(4)点(Point)。

SCADA 点的类型：Analog(模拟量)输入/输出点、Status(状态量)输入/输出点。

数字量(DI/DO)定义：在时间和数值上都是断续变化的离散信号。最基本的数字量就是 0 和 1，反映到开关上就是指一个开关的打开(0)或闭合(1)状态。

模拟量(AI/AO)定义：在时间和数值上都是连续变化的信号，指经 PT、CT 等各类传感器传送过来的电压、电流、频率等信号，即模拟量。

3)系统功能

PKS 主要功能有数据管理、过程控制、系统诊断、SOE 等，具体如下：

(1)数据管理。

①实时数据及历史数据采集、归档、管理及趋势图显示。

②经通信接口与第三方监控系统或智能设备交换信息。

③监控各种工艺设备、电力设备、阴极保护站运行状态。

④为调度控制中心提供有关数据。

⑤报警显示及管理、事件查询及打印。

(2)过程控制。

①对生产过程进行调节与控制。

②紧急关断、安全联锁保护。

③接受并执行调度控制中心下达的命令。

(3)系统诊断。

利用卡件故障诊断功能，以组态方式输入控制系统的相关信息和诊断对象基本信息，如量程上下限、速率限、现场远传仪表接入通道及故障数据库信息等。集成状态监视界面，自动显示通道、卡件、系统的运行状态和详细故障信息。将通道、卡件、控制器的运行状态、输入输出故障、温度控制、通信故障、供电故障等需求信息从诊断数据库中提取并友好地显示在操作员界面中。操作人员可以进行实时故障信息查询、历史故障信息查询，以及通过控制室主站查询各集气站、阀室控制系统的部件状态、传感器和执行器的运行情况。

集气站和阀室控制系统上位机 PLC 实现 CPU、通信模块、I/O 模块回路健康监控功能，通过工业以太网将诊断信息传至中心控制室历史服务器，中心控制室实现全气田工控系统状态健康监控，共计 20460 个监测点。操作人员可实时监控 SIS 系统各部件状态、现场仪表运行情况，确保及时发现工控系统运行故障，及时处理。

(4) SOE。

在事件顺序记录中，将 PLC 组态中关断原因作锁存，通过功能块判断首个触发原因，在 PLC 中获取事件发生时控制器的时间戳，实时显示最新记录发生时间，突出首次报警信息，分辨率≤100ms。同时将所有报警信息通信到 PKS 集中监控，将采集到的 SOE 信息统一管理，技术管理人员可快速定位关断事件触发原因。

6.3 通信系统

地面集输通信系统主要作用是保障各集气站、阀室、中控室之间的生产数据监控和办公网络的数据传输，从而有力保障普光气田的安全生产运行。通信系统主要由工业以太网、光传输系统、工业电视监控、语音软交换、程控调度电话、站场广播对讲、综合配线、办公网络等部分组成。其中工业以太网、光传输系统、工业电视监控为通信系统的核心部分，主要介绍此三个方面。

6.3.1 工业以太网

工业以太网为 SCADA 系统与腐蚀监测提供数据传输通道，以集输管道同沟敷设的直埋光缆和电力线路同杆架设的架空光缆为传输介质构建 A、B 主备网络，光缆全长超过 200km。采用 HSR 高速冗余环技术、OSPF 与 RSTP 协议，构建“双环网 + 星型”冗余复合网络结构，全网节点 90 余个，实现 SCADA 数据与腐蚀检测数据的高效传输，具有很高的网络安全性、可操作性和实效性，最大限度地满足了普光气田安全生产需求。

1) 硬件组成

全网共有 96 个 X308 - 2LH 交换机，位于 48 个交换机机柜内，每个机柜内两个交换机，分别用于 A、B 系统骨干环网中。X308 - 2LH 交换机作用是组成两个独立的千兆光纤环网，通过环网冗余管理技术从而实现核心环网的冗余功能。

全网共有 98 个 X414 - 3E 交换机，位于 48 个交换机机柜内，其中，中控室交换机机柜 4 个，站场和阀室交换机机柜内 2 个(A、B 两套系统各一个)。X414 - 3E 交换机主要作用是具有路由功能的三层交换机。通过千兆口上接 X308 - 2LH 交换机，下接 SCADA 系统设备；通过 X414 交换机来实现 VLAN 划分及路由转发。

SCALANCE X400 系列的模块化以太网交换机适用于组建总线和星形结构（10/100/1000Mbit/s)的高效能以太网，也可以用于组件光纤或电气的环形拓扑结构网络。由于其模块化设计，端口搭配以及安装更为灵活；冗余电源、宽温度工作范围使其可以适用于各种恶劣的工作场合。

通过交换机内置的环网冗余功能，SCALANCE X400 交换机可极大地提高网络可用性。在 C－PLUG 的交换介质帮助下，即便没有编程设备，也可以在更换设备时快速地恢复配置备份。C－PLUG 还可以保证在无须过于专业的操作知识下在另一台交换机上实现更改配置和数据应用程序。

2）拓扑结构

工业以太网骨干网络采用双环网冗余结构，沿工艺管线敷设 42km 埋地光缆，与电力线路同时架设 51km 架空光缆，使用长距离光纤模块将中控室、场站以及各个阀室连接在一个环网上。

骨干环网络利用西门子工业级交换机 SCALANCE X308－LH 组成 1000Mbit 光纤网络。骨干环网由西门子 HSR 协议提供单点故障保护，保证骨干链路在故障情况下通信不受影响。骨干网络具有 1000Mbit/s 全双工线速交换能力，并可通过 IEEE802.1q 的 VLAN 划分方式，对各子系统网络流量进行划分并优化流量，全网支持 3ms 精度时钟同步。工业以太网拓扑结构如图 6－3 所示。

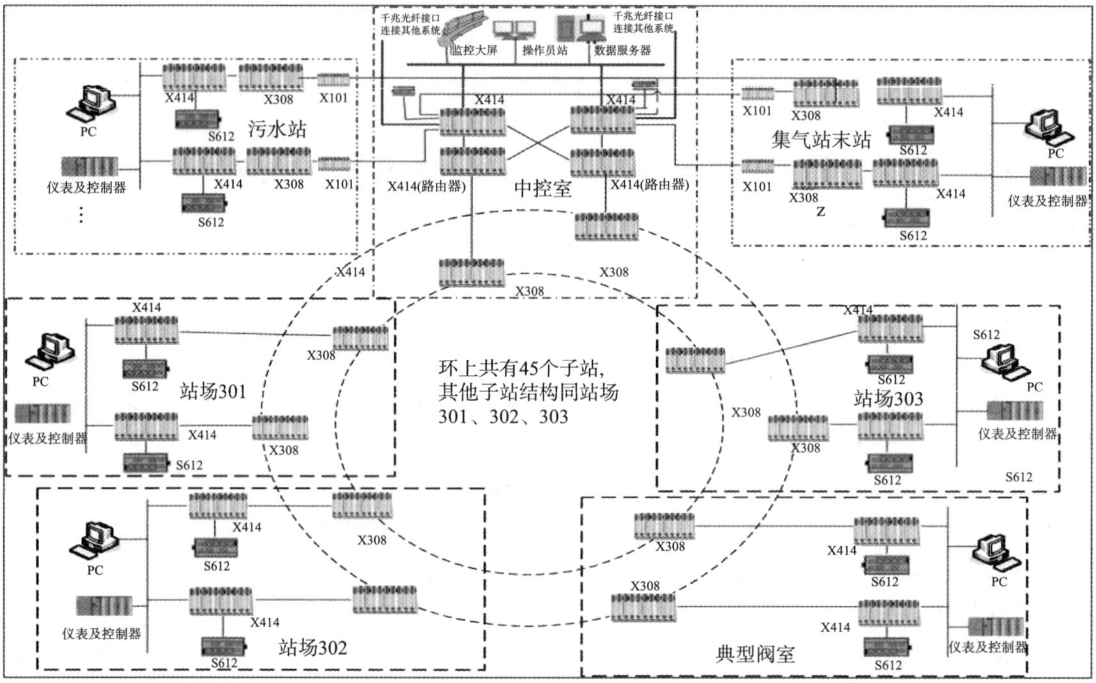

图 6－3　工业以太网拓扑结构示意图

3）系统功能

普光气田主体开发地面集输工程工业以太网由 A、B 两个环网组成，共包括 16 座集气站场、29 座线路截断阀室、1 座集气末站、1 座污水站及 1 座中心控制室。普光二期地面集输工程工业以太网系统包括 7 座集气站、18 座阀室，1 座中控室。其中主体和大湾区块各自成环，在中控室进行对接，使系统能够互访，各系统骨干网络为 1000Mbit/s 的光纤以太网，中控室、场站或阀室内部的子系统网络为 100Mbit/s 的电气以太网络。整个系统采用西门子工业级 SCALANCE－X 系列交换机进行构架。

6.3.2　光传输系统

光传输系统以中控室为中心，采用星形拓扑结构，主要采用华为 OSN3500、OSN2500、OSN1800 共34套光传输设备搭建综合业务数据传输平台。主要为工业电视监控、办公网络、站场广播对讲、语音软交换提供数据传输通道，与工业以太网之间相互独立。

1）硬件组成

光传输设备主要有：FAN 板卡为风扇、SS－PQ1A01－N2 为63xE1 业务处理板、SSN－SL16A02 为光接口板、SS－EGS211－N2 为二路交换式千兆以太网处理板、SSN1SXCSA 为交叉系统控制板、SS－EFS001－N4 为带交换功能的快速以太网处理板、SS－GSCC－N1 为系统控制板。光传输板卡安装排列如图6－4所示。

FAN						FAN						FAN					
SS-PQ1A01-N2	SS-PQ1A01-N2			SS-N-SL16A02	SS-EGS211-N2	SS-EGS211-N2	SS-N-SL16A02	SS-N1SXCSA	SS-N1SXCSA	SS-N-SL16A02	SS-EGS211-N2	SS-EGS211-N2	SSN-SL16A02	SSEFS001-N4	SSEFS001-N4	SSEFS001-N4	SSGSCC-N1
FIBER ROUTING																	

站名：净化厂中控室

出线板槽位区
- 出线板槽位：slot 1~4，slot 15~18
- 处理板槽位区
- 处理板槽位：slot 5~8和slot 11~13
- 线路、主控、交叉和时钟合一板槽位：slot 9~10
- 系统辅助处理板槽位：slot 14

图6－4　板卡排列示意图

2）软件配置

光传输网管为 T2000 软件，可登录管理光传输系统上各个网点的板块及业务端口。

（1）T2000 网管服务器的启动。

①在 T2000 服务器桌面双击“T2000Server”图标。数秒钟后出现 System Monitor 登录对话框。

②在登录对话框中输入要登录的服务器及口令。例如，口令：T2000。服务器：Local 当 EMS server、Security server 和 Topo server 都处于“运行”状态，则 T2000 服务器已正常启动。

（2）T2000 客户端的启动。

①在 T2000 客户端所在机器的桌面上双击“T2000Client”图标。

②在登录对话框中输入 T2000 服务器 IP 地址、网管用户名及密码。

用户名：admin；密码：T2000；服务器：10.70.76.59：9801。

(3)故障浏览。

①单击工具条上告警快捷图标。界面上显示所有某个特定级别告警。告警快捷图标有三个：紧急告警、主要告警和次要告警。

②单击选择一个告警，将在下面的表框中显示告警详细信息和告警原因。

③选择一个或多个告警，单击“确认”。界面上的“确认时间”和“确认用户”参数栏显示相应的参数值。

④当前告警有结束时间时，说明告警已处理或自动恢复，应注意观察，当告警中无结束时间时，说明告警还在继续，应及时处理。

3)系统功能

OptiX OSN3500(以下简称 OSN3500)是华为技术有限公司开发的新一代智能光传输设备，实现了在同一个平台上高效地传送语音和数据业务。OSN3500 采用“统一交换”架构，即可作为分组设备和 TDM(Time Division Multiplexing)设备使用。配合华为其他设备，OSN3500 支持不同组网应用：纯分组模式应用、混合组网应用(分组模式和 TDM 模式叠加组网)和纯 TDM 模式应用，实现数据业务和传统 SDH 业务的最佳处理。光传输系统包括安装在中控室、各集气场站及毛坝生产管理点光传输设备 34 台，配套的平台网管计算机 1 台。光传输系统原理如图 6－5 所示。

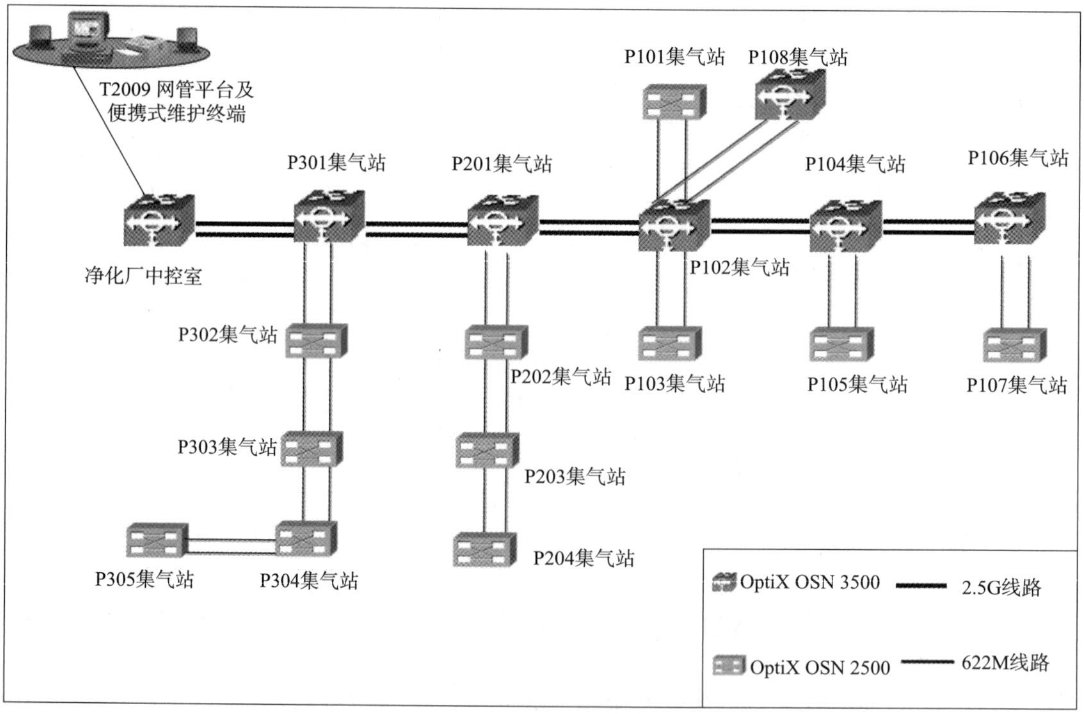

图 6－5　光传输系统原理图

6.3.3　工业电视监控

工业电视监控采用网络数字化监控模式，实现对工艺站场内工艺设备、控制仪表、生产作业等进行监控。工业电视监控既能在站控室监控设备，实现本地级显示、存储和控制；又能在中控室监控，实现中心远程监视、存储和控制，同时通过气田 MSTP 光传输网络将视频传输至中控室及普光分公司一级平台，实现远程中心级监控、存储和控制。各站场图像均以数字信号方式远传至中控室厂监控中心，在净化厂中控室可对各集气站场的监控图像进行查看，最终可为用户在调度中心提供图像质量不低于 25 帧/s CIF 的实时显示画面，并可发出指令控制远端各站的摄像机镜头及云台等。工业电视监控原理如图 6－6 所示。

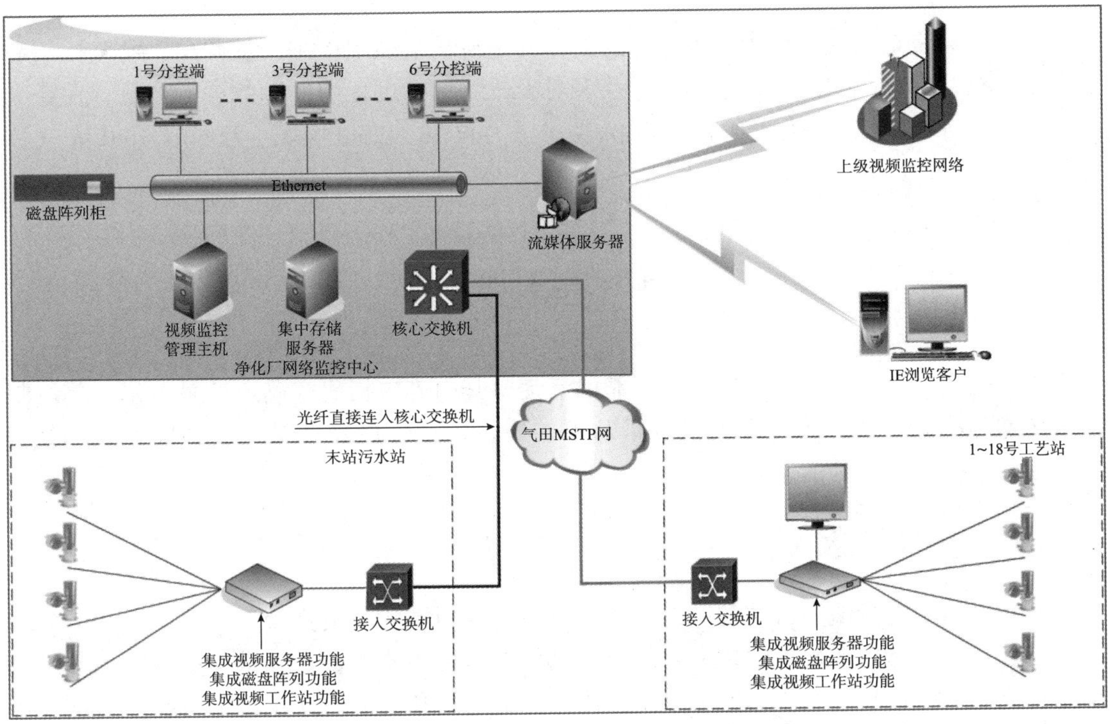

图 6－6　工业电视监控原理图

思考与练习

1. 普光气田自动化控制系统主要构成有哪些？
2. SCADA 系统在普光气田生产运行中，您认为最大的优势是什么？
3. 结合您在现场工作中对 SCADA 系统的认识，您认为哪些功能还需进一步开发？
4. 通过学习，您认为在气田进一步深入发展过程中，还可以引进哪些辅助系统？
5. 根据现场生产实际，您认为普光自控系统中还有哪些方面需进行改进与优化？

第7章　计量仪表

天然气计量是输气过程中一项重要的工作，是科学组织生产、气量调配、输气控制和巡线的依据。在实际生产中，使用计量仪表对天然气集输过程中的参数进行测量。在普光高含硫气田常见的计量仪表包括温度仪表、压力仪表、流量仪表、液位仪表及火气仪表等。

7.1　基础知识

计量是实现单位统一、量值准确可靠的活动，其内容包括研究确定计量单位、单位制量值传递和溯源方法、误差理论及测量结果的质量保证。保障计量仪表的准确性、灵敏性、稳定性是计量准确的基础。

7.1.1　基本概念

测量：以确定量值为目的的一组操作，分为直接测量和间接测量。

计量：计量是以实现单位统一、量值准确可靠为目的的测量。计量是一种特定形式的测量，以公认的计量基础、标准为依据，依据计量法规和法定的计量检定系统进行量值传递来保证量值准确的测量。

计量工作是为实现“统一”和“准确”这一过程的全部操作，具有以下三种特征：统一性是测量的根本目的，准确性是计量统一的前提，法制性是保证统一的手段。计量工作概括起来，即“统一是目的，准确是基础，法制是手段”。

计量单位：用于表示与其相比较的同种量的大小的约定定义和采用的特定量。计量单位又称测量单位，是用以度量、比较同类量大小的一个标准量或参考量。

单位制又称计量单位制，是指“对于给定量制的一组基本单位、导出单位、其倍数单位和分数单位及使用这些单位的规则”，简称单位制。

国际单位制缩写为SI，是指国际计量大会(CGPM)采纳和推荐的一种一贯单位制。SI的7个基本单位为米、千克、秒、安培、开尔文、摩尔和坎德拉，其对应量的名称、单位符号和定义见表7-1。

表7-1　SI基本单位表

序号	量	单位名称	单位符号	定义
1	长度	米	m	在真空中，1650763.73个波长的长度
2	质量	千克	kg	千克是质量单位，等于国际千克原器的质量

续表

序号	量	单位名称	单位符号	定义
3	时间	秒	s	铯133原子基态的两个超精细能阶间跃迁辐射振荡的9，192，631，770个周期的持续时间
4	电流	安[培]	A	安培是一恒定电流
5	热力学温度	开[尔文]	K	将水三相点的温度定义为273.16K后所得到的温度
6	物质的量	摩[尔]	mol	摩尔是一系统的物质的量，该系统中所包含的基本单元数与0.012千克碳-12的原子数目相等
7	发光强度	坎[德拉]	cd	坎德拉是一光源在给定方向上的发光强度

计量器具：单独地或连同辅助设备一起用以测量的器具。一般分为实物量具、计量仪器仪表和计量装置。

允许基本误差：在正常测量时，测量设备在全量程范围内的最大绝对误差与全量程范围之比的百分数。

测量准确度：测量结果与被测量真值的一致程度。

不确定度：表征合理地赋予被测量值的分散性，与测量结果相联系的参数。

准确度等级：按国家统一规定对计量器具或测量设备允许的基本误差而划分的等级。比如，0.02级、0.05级、0.1级、0.16级、0.2级、0.25级、0.4级、1.0级、1.6级、2.5级和4.0级等。准确度等级在数值上就是把计量仪表允许的最大相对误差去掉“±”号和“%”。

检定：评定计量器具的计量性能(准确度、稳定度、灵敏度等)并确定是否符合法定要求所进行的检查、加标记和出具检定证书等全部工作。分为强制检定和非强制检定。

校准：为确定计量器具或测量设备所代表的量值，与对应的由标准所复现的量值之间关系的一组操作。

仪表：用于检查、测量、控制、分析、计算和显示被测对象的物理量、化学量、生物量、电参数、几何量及其运动状况的器具或装置。

7.1.2　仪表的分类

仪表分类方法很多，根据不同原则可以进行相应的分类。例如，按仪表所使用的能源，可以分为气动仪表、电动仪表和液动仪表；按仪表组合形式，可以分为基地式仪表、单元组合仪表和综合控制装置；按仪表安装形式，可以分为现场仪表、盘装仪表和架装仪表；检测仪表根据被测变量不同(即根据化工生产五大变量)，又可分为温度检测仪表、流量检测仪表、压力检测仪表、物位检测仪表和分析仪表。

仪表的符号是绘制P&ID、测量与控制系统原理图、逻辑图等设计文件的基础。设计者可根据实际测量、控制、联锁系统组成的需要，选用各相应的图形符号绘制所需要的设计文件。

仪表功能标志由1个首位字母(回路标志字母)和1~3个后继字母(功能字母、功能修饰字母)构成。功能标志的字母编组的字母数一般不超过4个，所有字母均应大写。首位字母后面可以附加一个修饰字母，这时原来的被测变量会变成一个新变量。例如，在首位字母P、T后面加D，变成PD、TD，原来的压力、温度就变成压差、温差。仪表功能标志的常用组合字母见表7-2。

表7-2　仪表功能标志常用组合字母表

首位字母		后继字母															
被测变量或引发变量		读出功能						输出功能									
		检测元件	指示	记录	报警A(修饰)			变送器	控制器C				继动器计算器	最终执行元件	开关S(修饰)		
					高	低	高低		指示	记录	无指示	自力式			高	低	高低
		E	I	R	AH	AL	AHL	T	IC	RC	C	CV	Y	V/Z	SH	SL	SHL
A	分析	AE	AI	AR	AAH	AAL	AAHL	AT	AIC	ARC	AC		AY	AV	ASH	ASL	ASHL
D	密度	DE	DI	DR	DAH	DAL	DAHL	DT	DIC	DRC			DY	DV	DSH	DSL	DSHL
E	电压	EE	EI	ER	EAH	EAL	EAHL	ET	EIC	ERC	EC		EY	EZ	ESH	ESL	ESHL
F	流量	FE	FI	FR	FAH	FAL	FAHL	FT	FIC	FRC	FC	FCV	FY	FV	FSH	FSL	FSHL
FF	流量比	FE	FFI	FFR	FFAH	FFAL	FFAHL	FFT	FFIC	FFRC			FFY	FFV	FFSH	FFSL	FFSHL
FQ	流量累计	FE	FQI	FQR	FQAH	FQAL		FQT	FQIC	FQRC			FQY	FQV	FQSL	FWSL	
L	物位	LE	LI	LR	LAH	LAL	LAHL	LT	LIC	LRC	LC	LCV	LY	LV	LSH	LSL	LSHL
P	压力真空	PE	PI	PR	PAH	PAL	PAHL	PT	PIC	PRC	PC	PCV	PY	PV	PSH	PSL	PSHL
PD	压力差	PDE	PDI	PDR	PDAH	PDAL	PDAHL	PDT	PDIC	PDRC	PDC	PDCV	PDY	PDV	PDSH	PDSL	PDSHL
T	温度	TE	TI	TR	TAH	TAL	TAHL	TT	TIC	TRC	TC	TCV	TY	TV	TSH	TSL	TSHL
TD	温度差	TDE	TDI	TDR	TDAH	TDAL	TDAHL	TDT	TDIC	TDRC	TDC	TDCV	TDY	TDV	TDSH	TDSL	TDSHL
U	多变量		UI	UR									UY	UV			

被测变量与后继字母P、W、G的组合：	N、O、X未供用，其他字母组合：
P检测点，如AP、FP、PP、TP；	FO：限流孔板；
W套管或探头，如AW、BW、LW、MW、RW、TW；	LCT：液位控制、变送；
G视镜、观察，如BG、LG、FG等；	KQI：时间或时间程序控制；
就地指示仪表，如TG、BG、LG等	TJI：温度扫描指示

7.1.3　仪表主要性能指标

仪表性能指标通常用准确度、指示变差、灵敏度、稳定性来描述。

1)准确度

仪表准确度简称精度，指仪表测量值接近真值的准确程度，通常用相对百分误差表示。准确度等级是最大相对百分误差去掉“±”号和“%”。按国家统一规定划分的等级有0.005级、0.02级、0.05级、0.1级、0.2级、0.35级、0.5级、1.0级、1.5级、2.5级、4级等。仪表精度等级一般标志在仪表标尺或标牌上，数字越小，精确度越高。

2)指示变差

变差是指仪表被测变量多次从不同方向达到同一数值时，仪表指示值之间的最大差值；或在外界条件不变的情况下，被测参数由小到大(正向特性)与由大到小(反向特性)的指示不一致程度，两者之差即为变差。变差产生的主要原因是仪表传动机构的间隙、运动部件的摩擦、弹性元件滞后等。随着仪表制造技术的不断改进，特别是微电子技术的引入，许多仪表已电子化，无可动部件，模拟仪表改为数字仪表等，所以变差这项指标在智能型仪表中显得不那么重要和突出了。

3)灵敏度

灵敏度是指仪表对被测参数变化的灵敏程度(或者反应能力)，是在稳态下，输出变化增量对输入变化增量的比值。灵敏度有时也称为“放大比”，是仪表静特性曲线上各点的斜率。增加放大倍数可以提高仪表灵敏度，但单纯加大灵敏度并不改变仪表的基本性能，即仪表精度并没有提高，相反有时会出现振荡现象，造成输出不稳定。

4)稳定性

在规定工作条件内，仪表某些性能随时间保持不变的能力称为稳定性。由于企业使用仪表的环境比较恶劣，被测量的介质温度、压力变化较大，在这种环境中投入仪表使用，仪表的某些部件随时间保持不变的能力会降低，仪表的稳定性会下降。衡量或表征仪表稳定性目前尚无定量值，通常用仪表零点漂移来衡量仪表的稳定性。

7.2　气田常用计量仪表

普光气田具有高压、高含硫的特性，因此对仪表的灵敏度和安全性能要求高，现场安装的仪表需要具有较强的抗硫能力、耐腐蚀性，同时也兼具安全性和远传功能，因此，常用的仪表有就地测量的仪表，如温度表、耐震压力表、高级孔板阀等；也有具备远传功能的仪表，如压力变送器、温度变送器、多变量变送器等。

7.2.1　温度检测仪表

常用温度测量仪表按测量方式可分为接触式和非接触式两大类。测量时，其检测部分直接与被测介质相接触的为接触式温度测量仪表；非接触式温度测量仪表在测量时，其检测部分不必与被测介质直接接触，因此可测运动物体的温度，具体分类见表7-3。普光气田现场主要应用热电偶、双金属温度计以及温度变送器等，主要用于生产过程中气相或液相介质的温度检测，下文将重点讲解。

表7-3　常用测温仪表种类及优缺点表

<table>
<tr><th>测温方式</th><th colspan="2">温度计种类</th><th>常用测量范围/℃</th><th>优点</th><th>缺点</th></tr>
<tr><td rowspan="6">非接触式测温仪表</td><td rowspan="3">辐射式</td><td>辐射式</td><td>400~2000</td><td rowspan="3">测温时不破坏被测温度场</td><td rowspan="3">低温段测量不准，环境条件会影响准确度</td></tr>
<tr><td>光学式</td><td>700~3200</td></tr>
<tr><td>比色式</td><td>900~1700</td></tr>
<tr><td rowspan="3">红外线</td><td>热敏探测</td><td>-50~3200</td><td rowspan="3">测温时不破坏被测温度场，响应快，测温范围大，适于测温度分布</td><td rowspan="3">易受外界干扰，标定困难</td></tr>
<tr><td>光电探测</td><td>0~3200</td></tr>
<tr><td>热电探测</td><td>200~2000</td></tr>
</table>

续表

测温方式	温度计种类		常用测量范围/℃	优点	缺点
接触式测温仪表	膨胀式	玻璃液体	-50~600	结构简单，使用方便，测量准确，价格低廉	具有测量上限和精度受玻璃质量的限制，易碎，不能记录和远传
		双金属	-80~600	结构紧凑，牢固可靠	精度低，量程和使用范围有限
	压力式	液体	-30~600	耐震、坚固、防爆，价格低廉	精度低，测温距离短，滞后性大
		气体	-20~350		
		蒸汽	0~250		
	热电偶	铂铑-铂	0~1600	测温范围广，精度高，便于远距离、多点、集中测量和自动控制	需冷端温度补偿，在低温段测量精度较低
		镍铬-镍铝	0~900		
		镍铬-考铜	0~600		
	热电阻	铂	-200~500	测温精度高，便于远距离、多点、集中测量和自动控制	不能测高温，须注意环境温度的影响
		铜	-50~150		
		热敏	-50~300		

1)热电偶

热电偶测温范围宽，性能比较稳定；测量精度高，热电偶与被测对象直接接触，不受中间介质的影响；热响应时间快，热电偶对温度变化反应灵活；测量范围大，热电偶从-40~1600℃ 均可连续测温；热电偶性能可靠，机械强度好。普光气田集输系统中多用于加热炉点火枪火焰温度检测，如图7-1所示。

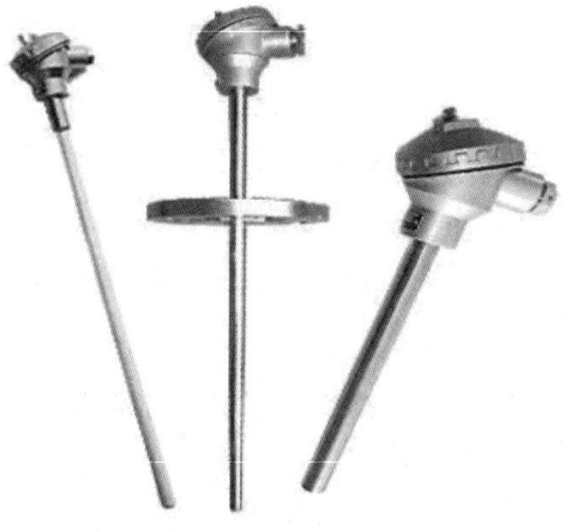

图7-1　热电偶示意图

常用热电偶可分为标准热电偶和非标准热电偶两大类。标准热电偶是指国家标准规定了其热电势与温度的关系、允许误差，并有统一的标准分度表的热电偶，具有与其配套的显示仪表可供选用。非标准化热电偶在使用范围或数量级上均不及标准化热电偶，一般没有统一的分度表，主要用于某些特殊场合的测量。

2)双金属温度计

工业双金属温度计是一种适合测量中、低温的现场检测仪表，可用来直接测量气体、液体和蒸汽的温度。双金属温度计采用绕成螺纹旋形的热双金属片作为感温元件，并将其装在保护套内，一端固定(固定端)，另一端(自由端)连接在一根细轴上，轴端装有指针。当温度发生变化时，感温元件的自由端随即转动，带动细轴上的指针产生角位移，在标度盘上指示温度变化。直型表则通过转向传动机构带动指针，如图7－2所示。由于感温元件与温度变化呈线性关系，所以双金属温度计指针所指示的位置即是被测温度值。

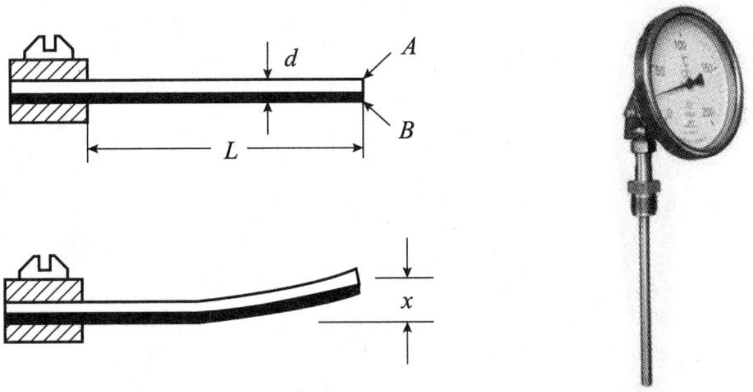

(a) 双金属温度计原理图　　(b) 双金属温度计实物图

图7－2　双金属温度计示意图

3)温度变送器

温度变送器是一种将温度变量转换为可传送的标准化输出信号的仪表，主要用于工业过程温度参数的测量和控制。温度变送器在普光气田集输系统应用广泛，常用于采气树套温、油温、一级节流后温度、加热炉进出口、二级节流后等处的测量。其工作原理是：采用热电偶、热电阻作为测温元件，利用温度影响产生电阻或电势效应，经转换产生一个差动电压信号，将测温元件输出信号送到变送器模块，经过稳压滤波、运算放大、非线性校正、V/I转换、恒流及反向保护等电路处理后，转换成与温度成线性关系的4～20mA电流信号输出，如图7－3所示。

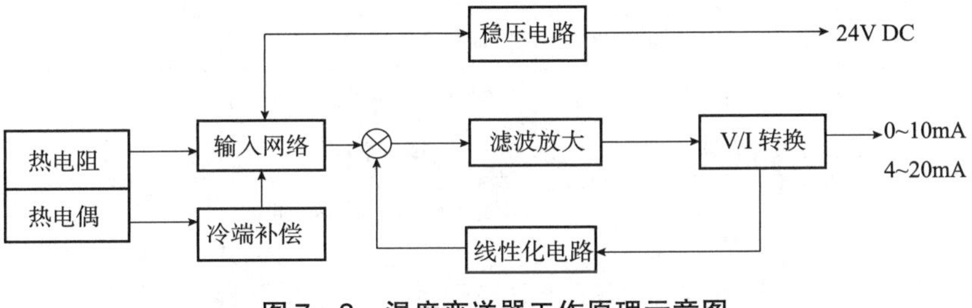

图7－3　温度变送器工作原理示意图

7.2.2　压力检测仪表

在工业中，测量压力的仪表主要包括压力表、压力变送器两类，根据测量原理不同可分为液柱式压力计、弹性压力表、负荷式压力计和压力传感器。压力变送器在压力表的基础上，增加数据远传功能，供逻辑联锁使用。常见压力检测仪表分类见表7－4。普光气田现场主要应用弹簧管压力表、隔膜压力表、膜盒压力表和压力变送器等，下文将重点讲解。

表7-4 常见压力检测仪表分类表

<table>
<tr><th>类别</th><th colspan="2">子类别</th><th colspan="2">工作原理</th><th>用途</th></tr>
<tr><td rowspan="5">液柱式压力计</td><td colspan="2">U 型管压力计</td><td colspan="2" rowspan="5">流体静力学原理</td><td rowspan="5">低微压测量，高精度者可用作压力基准器。常用于静态压力测量</td></tr>
<tr><td colspan="2">单管压力计</td></tr>
<tr><td colspan="2">斜管微压计</td></tr>
<tr><td colspan="2">补偿微压计</td></tr>
<tr><td colspan="2">自动液柱式压力计</td></tr>
<tr><td rowspan="4">弹性压力表</td><td colspan="2">弹簧管压力表</td><td colspan="2" rowspan="4">胡克定律(弹性元件受力变形)</td><td rowspan="4">测量范围宽、精度差别大、品种多，是最常见的工业用压力仪表</td></tr>
<tr><td colspan="2">膜片压力表</td></tr>
<tr><td colspan="2">膜盒压力表</td></tr>
<tr><td colspan="2">波纹管压力表</td></tr>
<tr><td rowspan="4">负荷式压力计</td><td rowspan="2">活塞式压力计</td><td>单活塞式</td><td colspan="2" rowspan="4">静力平衡原理(压力转换成砝码重量)</td><td rowspan="4">用于静压测量，是精密压力测量基准器</td></tr>
<tr><td>双活塞式</td></tr>
<tr><td colspan="2">浮球式压力计</td></tr>
<tr><td colspan="2">钟罩式微压计</td></tr>
<tr><td rowspan="14">压力传感器</td><td colspan="2" rowspan="2">电阻应变片压力传感器</td><td>应变式</td><td>应变效应</td><td rowspan="2">用于将压力转换成电信号，实现远程监测、控制</td></tr>
<tr><td>压阻式</td><td>压阻效应</td></tr>
<tr><td colspan="3">压电式压力传感器</td><td>压电效应</td><td></td></tr>
<tr><td colspan="3">电感式压力传感器</td><td>压力引起磁路磁阻变化，造成铁心线圈等效电感变化</td><td></td></tr>
<tr><td colspan="2" rowspan="3">电容式压力传感器</td><td>极距变化式</td><td rowspan="3">压力引起电容变化</td><td rowspan="3">通过测量电路即可输出与电压成一定关系的电信号</td></tr>
<tr><td>面积变化式</td></tr>
<tr><td>介质变化式</td></tr>
<tr><td colspan="3">电位器式压力传感器</td><td>压力推动电位器滑头位移</td><td></td></tr>
<tr><td colspan="3">霍尔压力传感器</td><td>霍尔效应</td><td></td></tr>
<tr><td colspan="3">光纤压力传感器</td><td>用光纤测量由压力引起的位移变化</td><td></td></tr>
<tr><td colspan="2" rowspan="3">谐振式压力传感器</td><td>振弦式</td><td rowspan="4">压力改变振体的固有频率</td><td></td></tr>
<tr><td>振筒式</td><td></td></tr>
<tr><td>振膜式</td><td></td></tr>
<tr><td colspan="3">力平衡式压力开关</td><td></td></tr>
</table>

1)弹性压力表

普光气田生产现场使用的弹性压力表包括弹簧管压力表、耐震压力表、隔膜压力表和膜盒压力表，在管道集输系统中发挥重要作用。

(1)工作原理。

弹性压力表的工作原理基于各种形式的弹性元件。在弹性限度内，固体受外力作用能产生弹性变形；当弹性力与外力相平衡时，变形停止。利用这一原理，可以将压力信号转换成弹性元件自由端的位移信号。

例如，弹簧管式压力表通过弹簧的弹性传递作用，将压力通过弹簧固定端传递至中心轴，再通过中心轴上附着的指针的位移变化来指示压力大小。弹簧管压力表的实物图和结构图如图 7－4 所示。

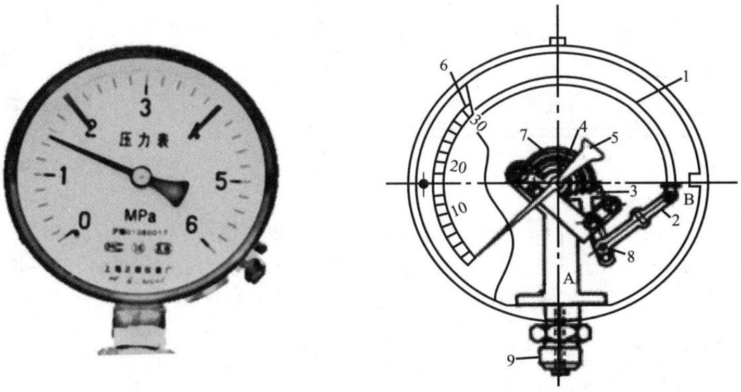

(a)实物图　　(b)结构图

图 7－4　弹簧管压力表示意图

1—弹簧管；2—拉杆；3—扇形齿轮；4—中心齿轮；5—指针；
6—刻度盘；7—游丝；8—调节螺钉；9—接头

耐震压力表的区别在于其外壳采用气密型结构，能有效保护内部机件免受环境影响和污秽侵入。在外壳内填充阻尼液(一般为硅油或甘油)的仪表，如图 7－5 所示，能够抵抗工作环境振动并减少介质压力脉动的影响。

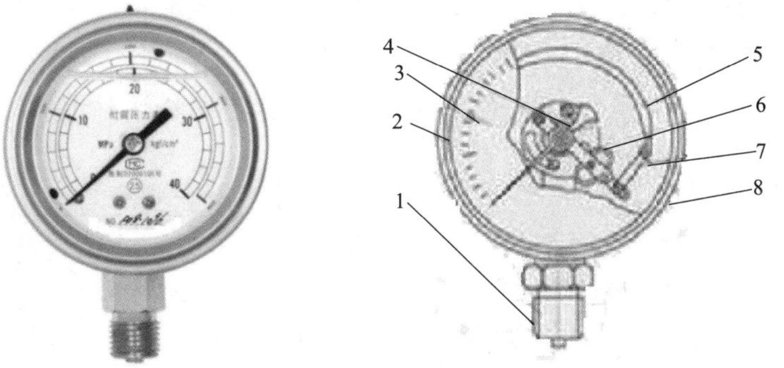

(a)实物图　　(b)结构图

图 7－5　耐震压力表示意图

1—接头；2—衬圈；3—度盘；4—指针；5—弹簧管；
6—传动机构(机芯)；7—连杆；8—表壳

膜盒压力表是在被测气体介质压力作用下，膜盒发生弹性变形，其自由端产生位移，由连杆带动传动机构进而放大，使指针轴偏转，指针在标有法定计量单位的分度标尺(或分度盘)上指示出被测压力值，如图 7－6 所示。

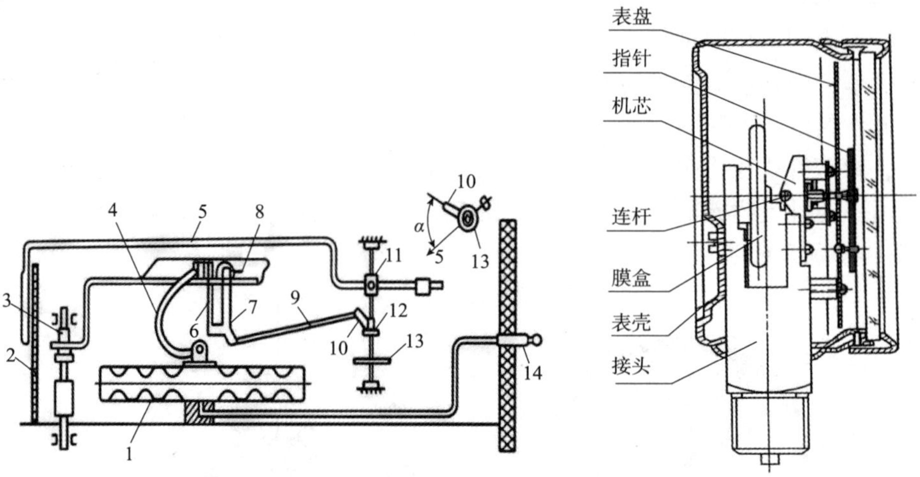

图7－6　膜盒压力表内部结构图

1—膜盒；2—分度板；3—调节螺母；4—弧形连杆；5—指针；6—簧片；7—曲柄；
8—调整螺钉；9—拉杆；10—拐臂；11—固定指针套；12—固定轴；13—游丝；14—压力接头

隔膜压力表主要由隔膜隔离器与通用型压力仪表组成一个系统，如图7－7所示。当测量介质的压力P作用于隔膜时，隔膜产生变形，压缩压力仪表测压系统的密封液，使其形成$P-\Delta P$的压力。当隔膜的刚性足够小时，ΔP也很小，压力仪表测压系统形成的压力就近于测量介质的压力。

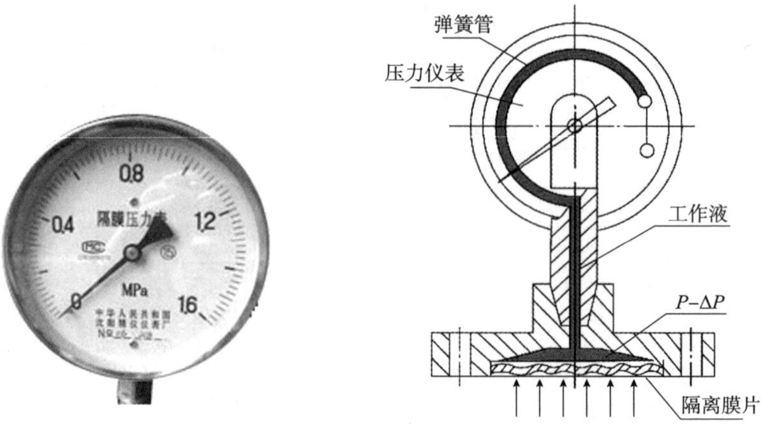

(a)实物图　　(b)结构图

图7－7　隔膜压力表示意图

(2)维护保养方法。

日常维护中应确保零部件完整且符合技术要求，安装时应避免碰撞和振动；安装后运行正常，满足作用要求，具体包括：运行时，压力表应达到规定的性能指标；正常工况下，压力表示值应在全量程的1/3～2/3；压力表指示平稳，无跳动或卡滞现象；压力表应贴有在有效期内的合格标志。此外，保持设备清洁，无油污、无锈蚀。

(3)故障判断与处理。

结合现场实际情况，对弹性管压力表常见故障的判断和处理方法总结见表7－5。

表7-5　弹性管压力表常见故障判断和处理方法表

<table>
<tr><th>检查方法</th><th colspan="2">故障现象</th><th>可能原因、检查重点</th><th>调修方法</th></tr>
<tr><td rowspan="3">外观检查</td><td colspan="3">接头螺纹损坏</td><td>车修螺纹或报废</td></tr>
<tr><td colspan="3">表壳、玻璃破损</td><td>更换</td></tr>
<tr><td colspan="3">指针弯曲、松脱</td><td>矫直指针、敲紧固定</td></tr>
<tr><td rowspan="25">校验检查</td><td colspan="2" rowspan="5">压力表无指示</td><td>引压管堵塞</td><td>疏通</td></tr>
<tr><td>弹簧管堵塞</td><td>疏通</td></tr>
<tr><td>弹簧管开裂</td><td>更换</td></tr>
<tr><td>齿轮不能啮合</td><td>调整齿轮位置或更换</td></tr>
<tr><td>传动机构不正常</td><td>调整或更换问题部件</td></tr>
<tr><td colspan="2" rowspan="4">指针有跳动或呆滞</td><td>指针与表盘磨碰</td><td>矫直指针、调节间距</td></tr>
<tr><td>中心齿轮轴弯曲</td><td>矫直齿轮轴或更换</td></tr>
<tr><td>齿轮啮合处有污损</td><td>清洗</td></tr>
<tr><td>示值调节螺丝不活动</td><td>锉薄连杆厚度或润滑</td></tr>
<tr><td rowspan="4">轻敲位移</td><td rowspan="4">摩擦轻敲位移，一般低压表易产生</td><td>传动放大部件污损</td><td>清洗</td></tr>
<tr><td>零件加工不良、变形或机械损伤</td><td>更换</td></tr>
<tr><td>活动部件间隙不当</td><td>调整</td></tr>
<tr><td>指针松动或磨碰</td><td>调整</td></tr>
<tr><td rowspan="2">超差</td><td>荡动轻敲位移</td><td>轴、孔间隙过大</td><td>调整或更换零件</td></tr>
<tr><td>一般高压表易产生</td><td>游丝弹力不足</td><td>调整或更换</td></tr>
<tr><td colspan="2" rowspan="3">指针不能指示到上限</td><td>传动比偏小</td><td>调整示值调节螺钉(内移)</td></tr>
<tr><td>机芯固定位置不当</td><td>将机芯逆时针旋转一点</td></tr>
<tr><td>弹簧管焊接位置不当</td><td>重新焊接</td></tr>
<tr><td colspan="2" rowspan="3">指针不能回零</td><td>游丝弹力不足</td><td>调整或更换</td></tr>
<tr><td>指针松动</td><td>调整</td></tr>
<tr><td>齿轮啮合间隙过大</td><td>调整传动齿轮啮合间隙</td></tr>
<tr><td colspan="2">每一检定点的超差相同</td><td>指针安装位置不当</td><td>加压到零点以外第一个检点处，重新安装指针，校准示值</td></tr>
</table>

2)压力变送器

压力变送器是将压力转换为气动信号或电动信号以实现控制和远程传输的设备。这种设备广泛应用于工业自动化、过程控制和能源等领域，用于测量和监控气体、液体或蒸汽的压力。

(1)工作原理。

压力变送器的核心传感元件一般为电阻应变片。电阻应变片是一种将被测物体上的压力转换为电信号的敏感器件。通常将应变片通过特殊黏合剂紧密粘贴在力学应变基体上。当基体受力发生应力变化时，电阻应变片随之产生形变，导致应变片阻值改变，从而使加在电阻上的电压发生变化。

(2)维护保养方法。

压力变送器日常检查包括变送器内部、工艺介质连接面、压力引入接口及绝缘情况。变送器内部检查元器件、零配件及连接件有无缺损、断裂、变形、腐蚀、密封不良等情况；工艺介质连接面检查压力引入接口情况，接线盒内的接线板、接线螺丝、螺孔、接线盒盖密封件以及变送器密封件等有无碎裂、缺损、滑牙、烂牙、老化失效等情况。绝缘检查在停电情况下，拆下接线并使用500V兆欧表检查变送器接线端子与外壳间的绝缘电阻，该电阻应大于20MΩ。

使用压力变送器时，在启动前应接通电源预热3min，再缓慢打开引压阀，以免压力过猛冲击损坏测量元件。

日常维护中，仪表运行时应保持外观清洁无污物，定期校验调整零点(须在测量初始压力下进行)，并保持仪表周围环境清洁，检查引压管、阀门及接头的密封性；定期检查引压管电伴热运行情况，防止冻结或堵塞。

(3)故障判断与处理。

①输出偏差。

压力变送器出现偏差是正常现象，需确认偏差是否在允许范围内。排除这种故障的最佳方法是将传感器卸下直接查看零位，若零位正常可更换密封圈再试，若零位不正常，则应先检查压力接口是否漏气或者堵塞。同时检查接线方式与电源，若电源正常则进行加压查看输出是否变化，或者检传感器零位是否输出，若无变化，则传感器已损坏，可能是仪表损坏或系统其他环节故障。

②输出信号不稳定。

主要原因为：压力变送器主板故障，导致输出信号偏差、异常；传感器部位膜片破损、异常变形，导致无法正常产生压电感应，主板无法接收正常信号。

7.2.3 流量检测仪表

流量测量仪表是用于测量气体、液体流量的设备。按测量结果可分为体积流量计、质量流量计；按测量原理可分为节流式(如孔板流量计)、容积式(如椭圆齿轮流量计)、速度式流量(如旋进旋涡流量计、超声波流量计)。

1)标准孔板流量计

标准孔板流量计是一种常见的差压式流量计，其节流元件为标准孔板。

(1)工作原理。

当天然气流经节流装置时：流束在孔板处形成局部收缩，从而使流速增加，静压力降低；在孔板前后产生静压差(差压)，气流的流速越大，孔板前后产生的差压也越大；通过测量差压值来确定天然气流过节流装置的流量。普遍采用Fisher FloBoss 103、Rosemount 3095两种型号作为二次仪表。

标准孔板流量计由节流装置、信号引线和二次仪表系统组成。

(2)维护保养方法。

标准孔板流量计的节流装置的安装方向必须使孔板的圆柱形锐孔端面正对流体流向，不能装反。法兰、环室和夹紧环的安装应考虑：被测流体为液体时防止气体进入导压管；

被测介质为气体时防止冰晶和杂质进入导压管。同时还需零位校对，必须严格按照先关闭高压侧阀，然后打开平衡阀，最后关闭低压侧阀的顺序进行。零位校正正确后，则先打开高压侧阀，然后关闭平衡阀，最后打开低侧压阀，仪表开启使用。切不可先打开平衡阀操作，否则会使高压侧的隔离(冷凝)液冲向低压侧，造成两侧隔离(冷凝)液失衡，给测量带来误差。

日常维护中，定期清除孔板，保护上下游侧的尖锐边缘；定期开孔面无毛刺、伤痕或边缘不尖锐等缺陷；重要的节流装置每年或每个运行周期都应检查清洗1次(一般的节流装置则需3~5年检查1次)；定期排污，排污周期视物料状况而定。

(3)故障判断与处理。

运行中发现指示不正常时，在确认仪表、导压管、阀门等无异常情况后，才能对孔板进行检查。如果差压无变化，可能是节流装置的取压口或环室被脏污或胶状物堵塞导致，可用铁丝疏通取压口，取出环室内脏物，再用煤油或合适的溶剂进行清洗；出现测量产生明显的误差时，可能由孔板发生弯曲变形导致，需要对变形的节流装置进行更换，并查出原因，采取相应措施，防止再次发生变形。

2)旋进旋涡流量计

旋进旋涡流量计属于速度式流量计的一种，主要用于普光气田集气站燃料气的计量，如图7-8所示。

图7-8　旋进旋涡流量计示意图

(1)工作原理。

旋进旋涡流量计主要由传感器和转换显示仪组成，其中传感器包括旋涡发生器、检测元件、整流器和壳体，如图7-9所示。

当流体通过由螺旋形叶片组成的旋涡发生器后，流体被迫绕着发生体轴剧烈旋转，形成旋涡。当流体进入扩散段时，旋涡流受到回流的作用，开始做二次旋转，形成陀螺式的涡流进动现象。该进动频率与流量大小成正比，不受流体物理性质和密度的影响。检测元件测得流体二次旋转进动频率，就能计算出流量。

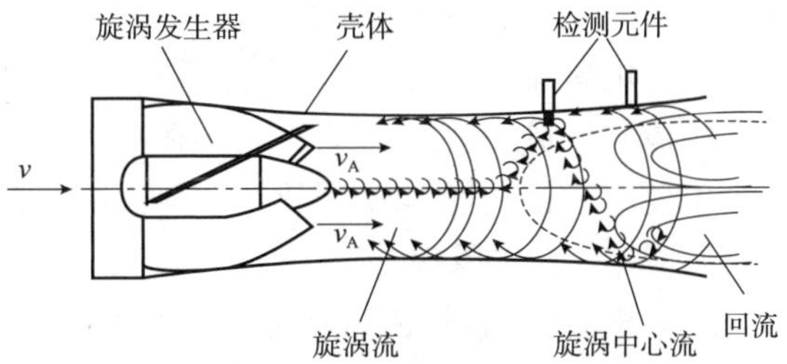

图7-9　旋进旋涡流量计工作原理示意图

(2)维护保养方法。

旋进旋涡流量计应定期清洗涡街流量计的温压、频率传感器，传感器脏污或堵塞会影响正常测量；定期检查接地和屏蔽情况，消除外界干扰；当仪表更换零部件或进行其他影响测量的操作时，需重新检定，并依据检定证书设置K系数。安装环境潮湿的传感器应定期烘干或作防潮处理。由于传感器本身并未作防潮处理，受潮后会影响运行；在更换电池时，需在取下旧电池后 10min 内安装新电池，以确保仪表保留换电池前的所有原始数据并正常显示。必须确保新电池按照正确的正、负极方向装入流量计。

(3)故障判断与处理。

常见旋进旋涡流量计故障判断和处理方法详见表 7－6。

表 7－6　旋进旋涡流量计故障判断和处理方法表

故障现象	可能原因	处理方法
接通电源后无输出信号	管道无介质流动或流量低于始动流量	提高介质流量或者换用更小通径的流量计，满足流量范围要求
	电源与输出线连接不正确	重新正确接线
	前置放大器损坏(积算仪不计数，瞬时值为“0”)	更换前置放大器
	驱动放大器电路损坏(积算仪显数正常)	更换驱动放大器中损坏的元器件
无流量时流量计有信号输出	流量计接地不良及强电和其他地线接线干扰	正确接好地线，排除干扰源
	放大器灵敏度过高或产生自激	更换前置放大器
	供电电源不稳，滤波不良及其他电气干扰	修理、更换供电电源，排除干扰源
瞬时流量示值不稳定	介质流量波动	待流量稳定后测量
	放大器灵敏度异常(多计/漏计脉冲)	更换前置放大器
	壳体内有杂物	排除脏物
	接地不良	检查并规范接地
累积流量示值与实际量不符	流量计仪表系数输入错误	重新标定并输入正确的仪表系数
	实际流量低于或超出选用流量计的正常范围	调整管道流量或选用合适规格的流量计
	流量计本身超差	重新标定
转换器显示异常	转换器按键接触不良或按键锁死	更换按键
换新电池后死机	上电复位电路不正常或振荡电路不起振	重装电池(需放电 5s 后重装)

3)电磁流量计

电磁流量计是一种根据法拉第电磁感应定律测量管内导电介质体积流量的感应式仪表，采用单片机嵌入式技术实现数字励磁，主要用于普光气田酸液测量，实物图见图 7－10。

图 7－10　电磁流量计示意图

(1)工作原理。

电磁流量计主要由变送器(又称一次装置、检出器或传感器)和转换器(又称二次装置或变换器)及流量显示仪表三部分组成。其工作原理基于法拉第电磁感应定律：导电液体在磁场中流动时切割磁力线，产生感应电势。

在电磁流量计中，测量管内的导电介质相当于法拉第实验中的导电金属杆，上下两端的电磁线圈产生恒定磁场。当导电介质流过时，会产生感应电压。表达式为：

$$E = KBLv \tag{7-1}$$

式中 B——磁感应强度；

L——测量电极之间的距离；

v——被测流体在磁场中运动的平均速度；

K——比例常数。

(2)维护保养方法。

定期清除转换器内部灰尘；检查各接插件接触情况，保证连接可靠；定期清洗传感器电极；检修后的仪表按国家计量检定规程进行检定。

(3)故障判断与处理。

电磁流量计常见故障判断和处理方法见表7-7。

表7-7 电磁流量计常见故障判断和处理方法表

故障现象	处理方法
仪表无显示	电缆是否接通；保险丝是否完好；电缆连接是否正确
流量测量不准确	介质是否满管；信号线连接是否正确可靠；信号线或地线是否接好
励磁驱动故障	励磁驱动连接 CD1 和 CD2 是否开路或对地断路；检查励磁线圈电阻应小于 20Ω
空管故障	测量管道中介质是否满管；短接转换器 SIG1 和 SIG2 至 SIG GND，观察故障能否排除；信号连接线是否正确；电极是否被污染；在流量为零的情况下，参数 MtSnsr Emwel 值是否大于 300；在介质为水且有流量的情况下，SIG1 或 SIG2 对地电阻是否小于 50Ω
模拟量故障	如果模拟输出超过量程，应调整参数项 Flow Rang 之值；断开电流输出电缆，检查参数项 Anlg mA 的值，同时测量电流输出端子 IC+和 IC-间的值应与之相符；如果流量达到满量程时，电流输出示值达到满度，应检查电流输出电路电阻是否小于 750Ω
脉冲频率故障	如果频率输出超过量程，应调整参数项 Pls Fact 之值；如果脉冲频率输出不正确，使用 Test 功能测试输出频率，以排除输出接线故障
其他故障	系统强制复位(如断电)，恢复有关出厂参数

4)齿轮流量计

齿轮流量计是一种新型容积式流量计，亦称为福达流量计，主要用于普光气田站场的缓蚀剂加注计量，如图7-11所示。

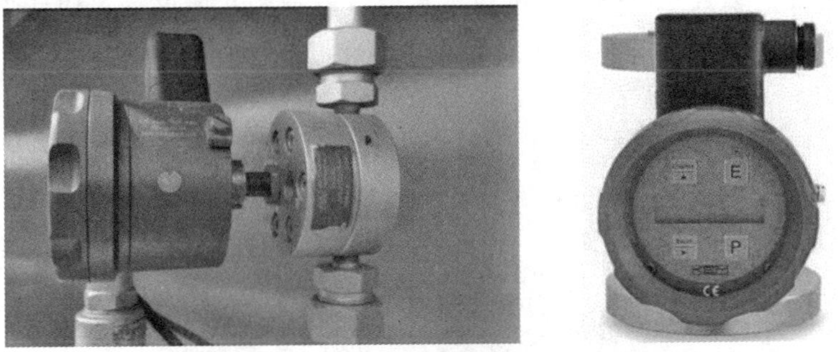

图7-11 齿轮流量计示意图

(1)工作原理。

齿轮流量计由传感器和齿轮壳体组成。其壳体内部装有两个特种工程塑料制成的齿轮状转子，内藏沿圆周分布的磁体。当被测流体进入流量计时，流体推动齿轮状转子和磁体转动(图7－12)，形成对应待测流量的磁脉冲信号，经安装在仪表壳体外的霍尔传感器检测后转换为电脉冲信号最终由变送器进行线性化处理并显示流量值。

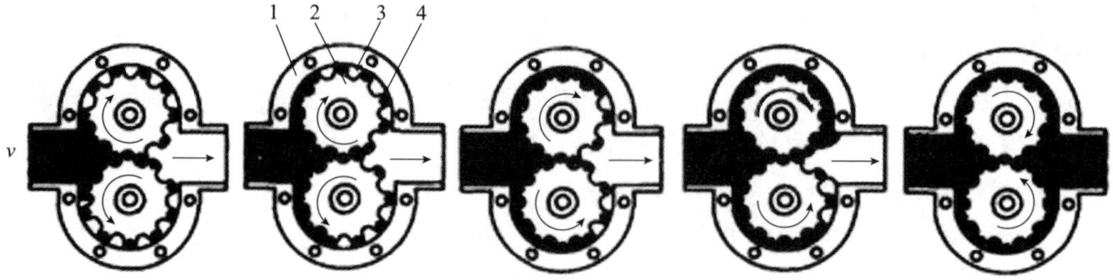

图7－12　齿轮流量计的结构和工作原理示意图

1—外壳；2—齿轮状转子；3—计量室；4—磁体

(2)维护保养方法。

日常使用中应定期排污由于测量介质含有粉尘、油垢或微小颗粒，这些杂质在导压管或取压阀内沉积，直接或间接影响测量结果；定期查看流量计完好状况，具体包括：铭牌应清晰无误，零部件应完好齐全，紧固件应接触良好，端子接线应牢靠，可调件应处于可调位置，密封件应无泄漏。

(3)故障判断与处理。

齿轮流量计常见故障判断和处理方法见表7－8。

表7－8　齿轮流量计常见故障判断和处理方法表

序号	故障名称	处理方法
1	无信号输出	接线是否可靠；通讯模块是否损坏
2	流量偏低或偏高	参数设置是否正确；齿轮是否卡住或间隙过大
3	无流量显示	仪表表头是否损坏；参数设置是否正确；齿轮部分是否卡滞

5)外夹式超声波流量计

普光气田安装使用的外夹式超声波流量计应用于测量圆管内含硫天然气的流量。它采用时差法测量原理，结合先进的多脉冲技术、信号数字化处理技术及纠错技术，使其更适应工业现场环境，计量更方便、经济、准确，如图7－13所示。

图7－13　外夹式超声波流量计示意图

(1)工作原理。

外夹式超声流量计由流量计表体、电子组件及微处理器系统、超声换能器等组成。超声换能器通常沿管壁安装，直接同气体接触并承受气体压力。其中一个超声换能器发射的超声波脉冲由另一个超声换能器接收，反之亦然。

(2)维护保养方法。

为确保传感器与管道接触良好，应剥净安装段的保温层和保护层，打磨传感器安装处的壁面，避免局部凹陷，将凸出物修平，漆锈层磨净。在传管器与管道间涂抹足量的耦合剂，避免空气和固体颗粒影响耦合效果。

(3)故障判断与处理。

当流量计无显示时，检查电源是否打开、保险丝是否完好。当流量计显示出错信息时，根据错误信息分别予以解决。当输出电流小于4mA时，检查：是否为反向流量；传感器电缆是否接反；零点设定是否正确。当输出4mA不稳定时，检查：介质是否稳定、传感器电缆或传感器振子是否故障。当输出电流不稳定时，检查：介质中是否存在气泡或固体颗粒；是否为脉动流量；传感器电缆或传感器振子是否故障。

6)槽道式流量计

槽道式流量计是一种新型差压式流量计，利用流体流过管道时产生的差压变化测量流量，适用于洁净天然气的测量，如图7－14所示。

图7－14　槽道式流量计示意图

(1)工作原理。

槽道式流量计主要由表体、纺锤体、固定支撑片、引压管和测温口构成。其工作原理为测量管中间位置设有一纺锤体，纺锤体与测量管内壁之间形成均匀的环形通道。被测流体进入传感器后，首先经过纺锤体的盾体，紧接着进入该环形通道。流体被迫通过阻流件与管道内壁形成的环道时，其两侧边界层重新开始构建，环道中的流体流动状态接近于具有均匀速度分布的槽道流态，同时流速加快、压力降低，在节流件的前部和中部形成压力差，通过测量压力差并根据其与流量之间的函数关系即可确定流量，如图7－15所示。

(2)维护保养方法。

日常使用时主要检查流量计的密封件，确保其完好无损，定期更换损坏的密封件，以防止泄漏；定期检查电源和电缆，确保流量计的电源供应正常，电缆连接牢固，无短路或断开等问题。

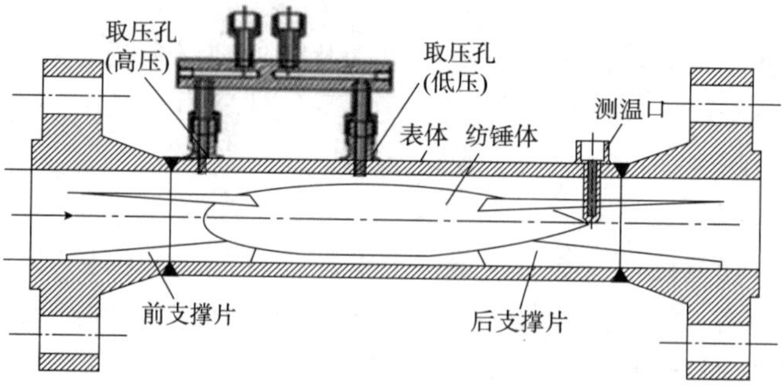

图7-15 槽式流量计结构图

(3)故障判断与处理。

当温度显示波动较大时，检查测温元件的接口是否松动，并紧固接口。

当计量数据传输出现故障时，检查线路接头是否松动，并进行紧固；检查通讯板是否故障，必要时更换通讯板；检查线路，必要时更换 CPU 板。

当远传数据显示失真时，检查对应的模块传感器是否损坏，必要时更换损坏的模块；检查校准是否超期，若超期重新校准。

7.2.4 物位检测仪表

“物位”一词统指各种设备和敞开或密闭的容器中液体或固体物料的表面位置。物位检测仪表按测量方式可分为连续测量和定点测量两大类；按工作原理分类，可分为直读式、静压式、浮力式、电气式、声学式、光学式、辐射式、机械式等。常用物位测量仪表性能见表7-9。普光气田生产现场主要用于各类液相介质的位置测量，如各类污水罐液位，分离器液位、加热炉水浴液位以及各类药剂储罐液位等的测量。普光气田现场主要应用磁翻板液位计、浮筒液位计以及双法兰差压液位变送器，下文将重点讲解。

表7-9 常用物位测量仪表性能表

仪表种类		被测介质类型	最大测量范围/m	误差/%	对黏性介质	对有泡沫沸腾介质	与介质的接触状态	可动部件	输出
直读式	玻璃管液位计	液位	1.5	±3	不适用	不适用	接触	无	就地目视
静压式	压力计式	液位、料位	50	±2	法兰式适用	适用	均可	无	根据压力表而定
	差压式	液位、液-液相界面	20	±1	法兰式适用	适用	接触	无	根据差压计而定
	吹气式	液位	16	±2	不适用	适用	接触	无	就地目视
浮力式	浮子式	液位	20	±1.5	不适用	不适用	接触	有	计数、远传
	浮筒式	液位、液-液相界面	2.5	±1	不适用	适用	接触	有	报警、控制
	杠杆浮球式	液位液-液相界面	2.2	±1.5	不适用	适用	接触	有	显示、记录、调节

续表

仪表种类		被测介质类型	最大测量范围/m	误差/%	对黏性介质	对有泡沫沸腾介质	与介质的接触状态	可动部件	输出
电气式	电容式	液位、液-液相界面	50	±2	不适用	不适用	接触	无	显示
	电阻式	液位、液-液相界面	根据安装位置定	±10mm	不适用	不适用	接触	无	报警、控制
	电感式	液位	20	±0.5	适用	不适用	均可	无	报警、控制
声学式	气介式	液位、料位	30	±3	不适用	适用	不接触	无	显示
	液介式	液位、液-液相界面	10	±5mm	适用	不适用	不接触	无	显示
	固介式	液位	50	±1	适用	适用	接触	无	显示
光学式	激光式	液位、料位	20	±0.5	适用	适用	不接触	无	报警、控制
辐射式	核辐射式	液位、液-液相界面	20	±2	适用	适用	不接触	无	需防护、远传、显示
机械式	重锤式	液位、液-液相界面	50	±2	不适用	不适用	接触	有	报警、控制
	音叉式	液位、料位	根据安装位置定	±1	不适用	不适用	均可	有	报警、控制

1)磁翻板液位计

磁翻板液位计，也称为磁浮子液位计，是一种用于测量和显示容器内液位的仪表，主要由浮子、磁翻柱指示器等部件组成，见图7-16。

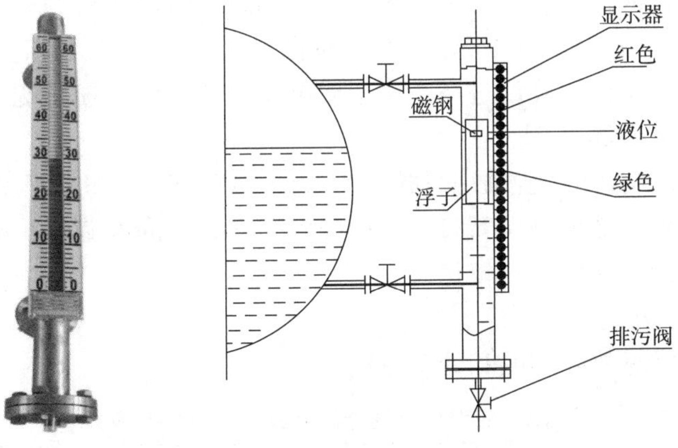

图7-16　磁翻板液位计结构图

(1)工作原理。

磁翻板液位计基于连通器原理和磁性耦合原理工作。其指示器由磁性色片组成，当被测容器中的液位升降时，液位计本体管中的磁性浮子也随之升降。浮子内的永久磁钢通过磁耦合作用驱动磁翻柱指示器的色片翻转180°。翻片两面有两种不同颜色(一般为红色和白色)，以指示液位的位置。例如，当容器内液位上升时，翻片由白色转变为红色；当容器内液位下降时，翻片由红色转变为白色。指示器的红白交界处为容器内液位的实际高度，如图7－17所示。

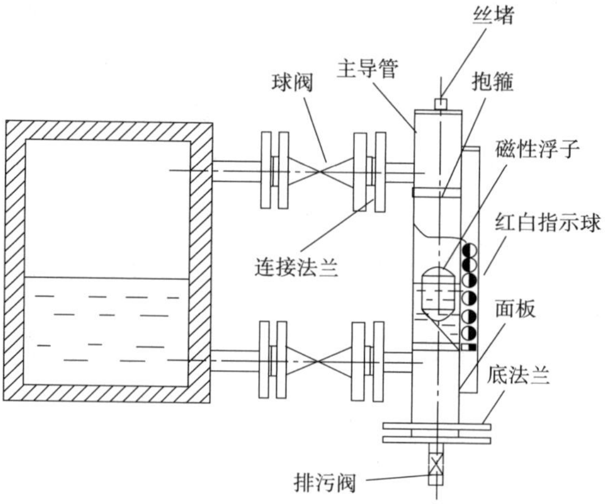

图7－17　磁翻板液位计工作原理图

(2)维护保养方法。

①磁翻板液位计在经过一段时间的使用后，浮筒内常会吸附很多污垢。因此，每年应定期清洗磁翻板液位计，减少浮筒内杂质堆积，以免影响仪表的测量准确性。

②清洗前，应先打开磁翻板液位计的排污法兰，小心取出浮球，再把设备周围的沉淀、脏污等清扫干净。

③浮球取出后，应整齐放置，确保管道、线路整齐有序，同时注意做好防护措施，避免磁翻板液位计内的腐蚀性液体流出，造成意外伤害。

④在清洗磁翻板液位计时，可以使用三氯乙烯或乙醇(俗称酒精)注入引压孔至其高度二分之一处，静置浸泡大约5～10min，然后轻微晃动，重复多次，直到清洗干净为止。

⑤在清洁时，禁止使用硬度过高的刷子或金属工具，以免损坏磁翻板液位计的敏感芯子及接口螺纹，造成局部损坏。

⑥清洗完毕后，将浮球慢慢放回铁管中，置于铁管底部，将排污法兰安装回原处，再将拆卸清洗后的磁翻板液位计重新安装。为确保采样数据的准确性，必须再次对照水闸同一水位，并对仪表的检测值进行校正。

(3)故障判断与处理。

磁翻板液位计常见故障判断和处理方法见表7－10。

表7－10　磁翻板液位计常见故障判断和处理方法表

序号	故障名称	处理方法
1	液位示值不正确	磁条是否磁力正常；是否存在堵塞
2	液位无示值	浮子是否装反；是否存在堵塞

2)浮筒液位计

浮筒液位计是一种用于测量液体高度的设备，广泛应用于工业过程控制中，特别是需要连续或定点测量液位的容器。

(1)工作原理。

浮筒液位计是根据阿基米德定律和磁耦合原理设计而成的液位测量仪表。主要由浮筒室、浮筒、电动系统及电子测量系统等组成。浮筒浸没在浮筒室内的液体中，与电动系统刚性连接。浮筒所受的合力为其自重减去其所受浮力，在这种合力作用下控制浮力阀。浮筒室内液体的位置、密度或界位高低的变化会引起浸没在液体中的浮筒受到的浮力变化，从而使扭管转角随之变化。该变化被传递到与扭力管刚性连接的传感器，使传感器输出电压变化，继而被电子部件放大并转换为4～20mA电流输出。变送器采用微控制器与相关的电子线路测量过程变量，提供电流输出，驱动LCD显示及支持HART通信，如图7－18、图7－19所示。

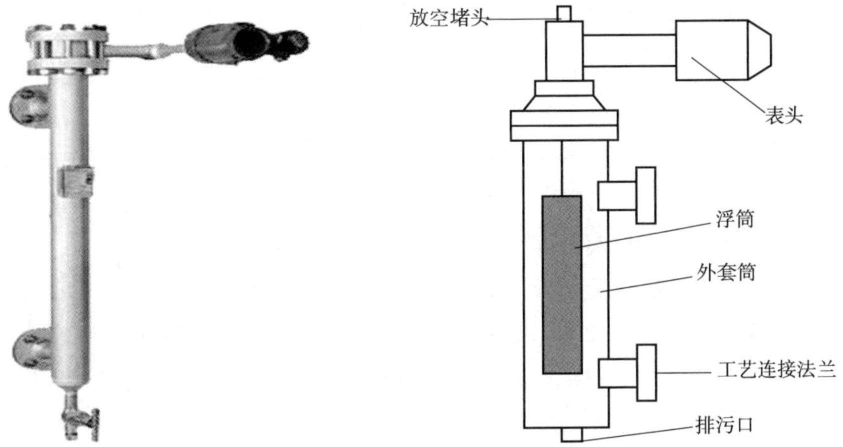

图7－18 浮筒式液位计示意图

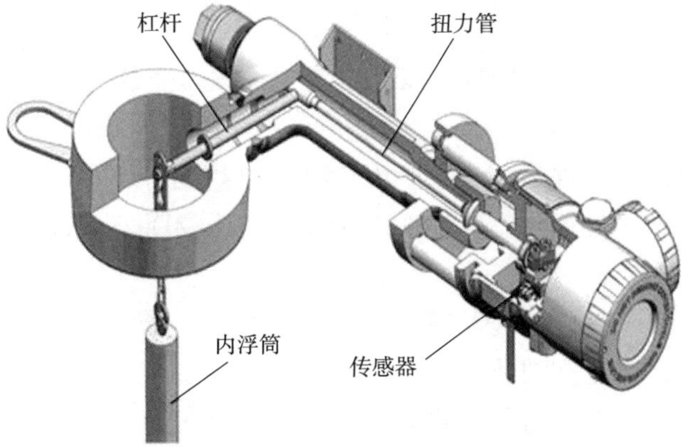

图7－19 浮筒式液位计内部核心组件示意图

(2)维护保养方法。

①使用前应检查液位计是否处于检定周期内，若超过周期或不合格应及时检定或更换。

②接线应严格按照使用说明书操作，禁止短接或错接。

③传感器与防爆接线盒的连接应严密，防止雨水渗漏。

④传感器应水平安装，下入长度应符合企业技术规范。

⑤液位计应在设定值范围内工作，严禁超限运行。

⑥传感器在运行6个月至1年后，应进行外观质量检查及常规数据校验。

⑦定期检查传感器的磁感应开关元件是否因老化失效，每月至一次。

⑧传感器的检定周期为1年。

⑨定期检查传感器是否受外力弯曲，防止卡球故障。

⑩检查液位计保护套管，不得有渗漏水现象。

(3)故障判断与处理。

连通管堵：

①下连通管堵塞(包括下取压阀堵塞)：最常见现象为液位长时间不变化，趋势曲线呈直线，若超过上连通管，则快速升至最大。

②上连通管堵塞：现象为液位变化缓慢，与实际液位存在偏差。

外筒进入杂物：

①内筒体卡住：现象为液位长时间不变化，趋势曲线呈直线。

②内筒体挂料：现象为液位指示变低或显示负值。

③内筒脱落：现象为液位突然窜至最大。

④内筒破裂：现象为液位显示负值。

⑤被测介质密度变化：现象为液位指示与实际值不符。温度升高导致密度降低，浮力减小，液位指示偏低(有时介质中含杂质或气泡)。温度降低导致密度变大，浮力增加，液位指示偏高。

⑥浮筒扭力管穿透：现象为仪表无指示或显示乱码。

⑦工艺罐内淤泥等杂质多(内浮筒)：现象为液位指示最大值或长时间无变化。

⑧测量信号线路故障：现象为液位显示零下。

⑨冬季冻凝：现象为液位长时间无变化，趋势曲线呈直线。

3)双法兰差压液位变送器

双法兰液位变送器是一种通过法兰取压的特殊型差压变送器，专门用于液位测量。它通过检测容器内液体产生的静压差确定液位高度，广泛应用于石油、化工等行业。

(1)工作原理。

双法兰液位变送器在差压变送器的正、负压室取压口接2条紫铜毛细管，末端是两个用不锈钢膜片封闭的、固定在安装法兰上的膜盒。膜盒、毛细管及差压变送器正、负压室内部通过真空充填硅油，并通过外套螺母、接管和接头紧密连接。这样，在测量液位时，不锈钢波纹膜片感测的压力经硅油传递至差压变送器的正、负压室。在一般情况下，被测介质的密度和重力加速度都是已知的，因此，差压计测得的差压与液体的高度(H)成正比，从而将液体测量转化为差压测量，如图7-20、图7-21所示。该变送器在普光气田集输系统中多用于污水罐等中大型储罐的液位监测。

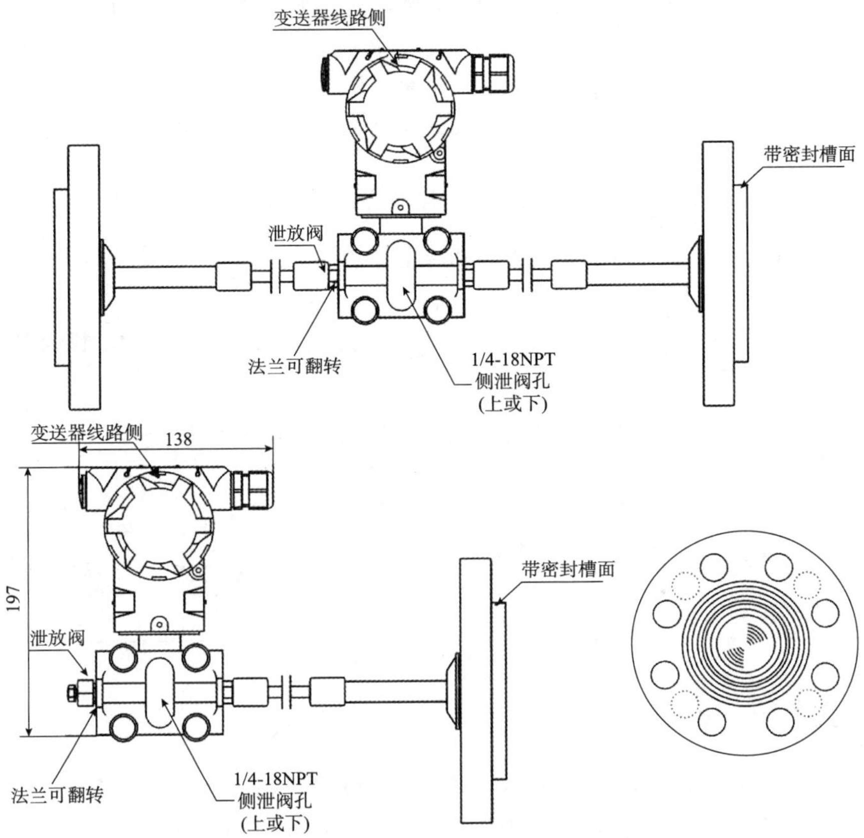

图7-20　双法兰差压液位变送器示意图

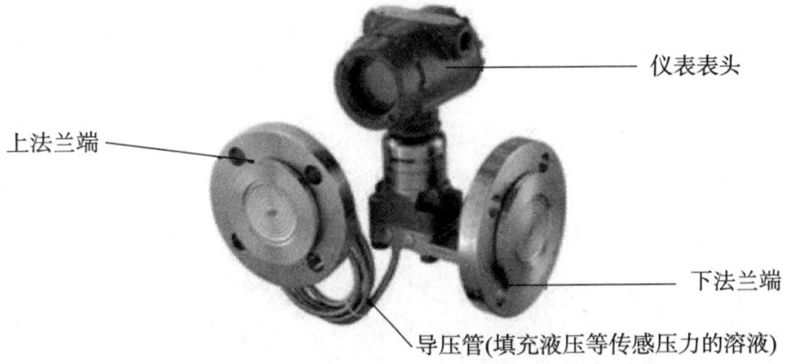

图7-21　双法兰差压液位变送器组件示意图

(2)维护保养方法。

①双法兰检查：检查双法兰液位计与设备连接部位的密封是否良好；法兰与毛细管、毛细管与变送器的连接部位及毛细管本身是否有液体泄漏；法兰膜片有无变形、损伤、腐蚀、结垢等情况。

②变送器外观检查：检查外壳有无损伤、腐蚀和其他故障，发现后及时处理。

③变送器内部检查：打开外盖，检查密封圈有无损坏，若损坏应及时更换；检查电路板及其他元器件是否正常。

④检查接线是否牢固。

⑤断开电源，卸下接线，用500V兆欧表测量接线端子与外壳间的绝缘电阻，阻值应大于20MΩ。

⑥检验周期一般为出产装置的一个运行周期。

⑦若仪表与设备连接部位有排污孔，应拆开堵头进行吹扫(吹扫时避免蒸汽正对法兰膜片)。

⑧若仪表与设备连接部位无排污孔，应拆开法兰进行吹扫。

⑨检查零部件有无腐蚀、磨损、变形和渗漏，若情况严重，应更换双法兰液位计。

(3)故障判断与处理。

双法兰差压液位变送器由测压法兰、导压管和表体组成，常见故障判断和处理方法见表7-11。

表7-11　双法兰差压液位变送器常见故障判断和处理方法表

故障名称	处理方法
液位示值不正确	是否存在堵塞
液位无示值或液位为死值	浮子是否装反；是否存在堵塞
现场示值与上位机示值不一致	仪表量程设置是否与PLC中量程设置一致

7.2.5　火气测量仪表

火气测量仪表是用于监控火灾事故、可燃气及毒气泄漏事故，并具备报警和系统联锁关断的安全控制仪表。高含硫气田安装的火气测量仪表包括感烟探测器、感温探测器、火焰探测器、可燃气体探测器和硫化氢气体探测器等。

1)感烟、感温探测器

感烟、感温探测器属于消防系统，用于监测火灾发生时的烟雾和温度。

(1)工作原理。

感烟、感温探测器主要安装于室内或封闭空间内，当火灾发生时，探测器感应周围温度变化或烟雾浓度升高，触发报警。按其结构原理不同，可分为双金属片型、膜盒型和热敏电子元件型三种类型，如图7-22所示。

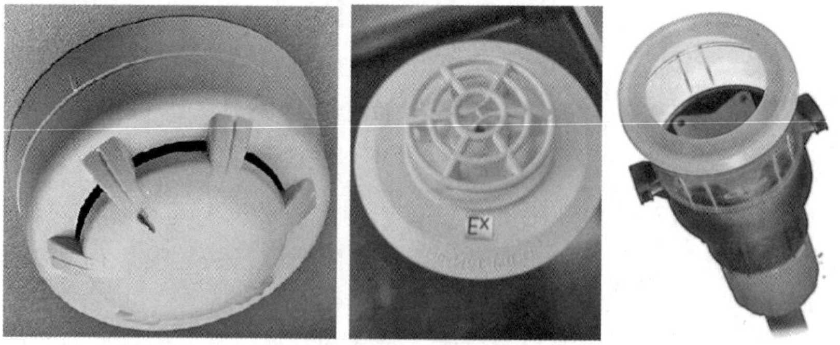

(a)感烟探测器　(b)感温探测器　(c)测试工具

图7-22　感烟、感温探测器和测试工具示意图

(2)维护保养方法。

对于粉尘、油渍较多的部位需定期进行清洁检查，先用相应洗涤剂清除，然后用清水擦拭，最后用干净软布擦拭，确保水不会进入传感器内部；进行此操作时应将传感器断电。

(3)感烟、感温探测器常见故障处理。

若测试时未出现报警，首先检查机柜内供电是否正常，极性及接线是否正常，使用确认正常的感温传感器进行替换检测，确认是否损坏；若测试时出现报警延迟，需检查传感器内部是否存在灰尘、油渍等，断电清理后再次进行检查；若探测器本体报警但系统不联动，使用万用表测量电流值，若偏高，可在负极串入1000Ω电阻后再次测量。

2)火焰探测器

火焰探测器又称感光式火灾探测器，主要用于集气站火灾的实时监控。

(1)工作原理。

火焰探测器主要安装在集气站四周和井口位置，通过探测火焰燃烧时光照强度和闪烁频率实现监测，如图7－23所示。

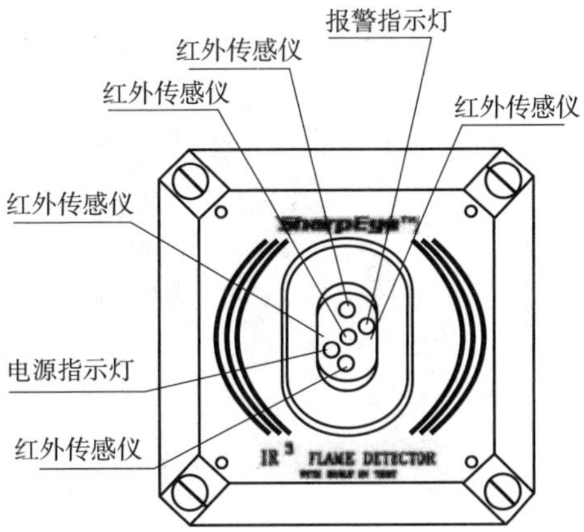

图7－23 火焰探测器示意图

(2)维护保养方法。

火焰探测器在户外安装时应避免探照灯等强光干扰，安装时需将探测器光感部位对准可能发生火灾的区域；对于存在户外光照或探照灯干扰的区域，需加装遮阳板等防护罩，但不能遮挡探测器光感部位。

(3)火焰探测器常见故障处理。

若电源指示灯不亮，检查探头内部接线及信号线与电源线连接是否正确，电源是否正常供电；若故障灯常亮，检查主板是否短路及接线是否正常；若出现误报或警告提示，检查探头视窗和反射镜是否干净，必要时进行清洁。

3)可燃气体探测器

可燃气体探测器是对单一或多种可燃气体浓度进行检测的探测器。普光气田主要用于CH_4气体探测。

(1)工作原理。

集输系统的可燃气体探测器主要用于检测空气中CH_4气体浓度，其原理主要分为催化燃烧型和红外光学型两种；当可燃气体浓度达到预设报警值时，探测器将触发报警，如图7－24所示。

图 7－24　可燃气体探测器示意图

(2)维护保养方法。

可燃气体探测器应安装在没有剧烈振动、没有强烈电磁辐射的环境，否则会影响气体分析仪的寿命和测量精度。同时，需要定期清理防尘罩内的灰尘和蛛网。

(3)MSA 点式可燃探测器常见故障处理。

当仪表使用较长时间后，其电流可能出现细微误差，此时人机界面会显示“－1”等零点漂移信号，需对探头进行零点漂移标定；若示值误差超过标准允许范围 ±5%，应按标定步骤重新进行示值标定，如图 7－25 所示。

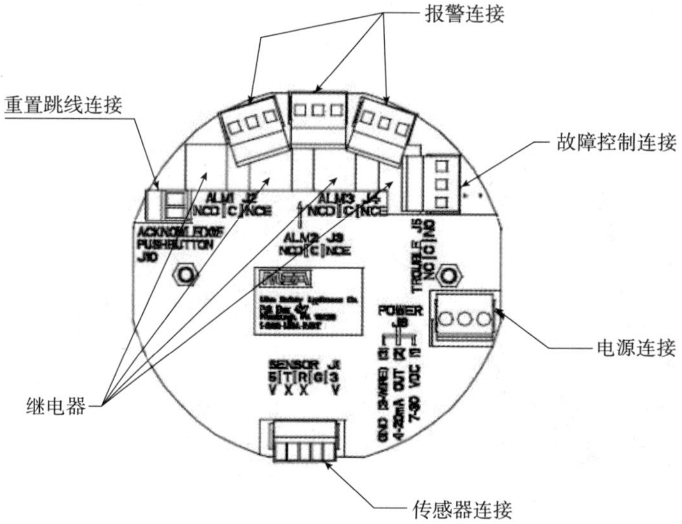

图 7－25　可燃探测器接线图

4)硫化氢气体探测器

硫化氢气体探测器是对硫化氢气体浓度响应的探测器。普光气田主要用于 CH_4气体的探测，如图 7－26 所示。

图 7－26　硫化氢气体探测器示意图

(1)工作原理。

其工作原理基于电化学效应，即当硫化氢气体进入传感器并发生电化学反应时，会产生电流，电流大小与气体浓度成正比，该电流信号经转换后输出模拟信号。常见型号主要有 SMC、MSA、Honeywell 等固定式硫化氢探测器。

(2)维护保养方法。

硫化氢气体探测器宜安装在无冲击、无振动、无强电磁场干扰的场所，且周围留有不小于0.3m 的净空间。在日常使用过程中，需定期对防尘罩进行清洁，确保传感器与外界连接空间通畅。

(3)硫化氢气体探测器常见故障处理。

故障现象包括无显示显示不清、乱码、工具调试无反应或调试按键失灵。解决方式为更换探测器主板；在使用标准气测试时，若灵敏度降低、示值误差超过标准允许误差 ±5% 或响应时间超过 1min，则故障原因为传感器老化，需更换传感器。

思考与练习

1. 您在普光气田工作过程中接触到哪些计量仪表，并说明它们的功能。
2. 气田生产过程中，温度测量有什么意义，结合生产实践，谈谈您的看法。
3. 普光气田目前应用的流量计有哪些，在实际生产过程中存在哪些问题？
4. 普光气田生产运行的各个环节中，压力测量尤为关键。请简单列举几种压力测量仪表。
5. 气田集输现场某些重点部位会安装两到三只压力变送器监测压力值，这是为什么？

第 8 章　腐蚀监测与防护系统

普光气田采用“腐蚀监测 + 腐蚀检测 + 智能检测”的综合监检测技术，以及“抗硫管材 + 缓蚀剂 + 防腐涂层 + 阴极保护”联合防腐工艺。腐蚀监测系统主要包括腐蚀挂片、电阻探针、线性极化探针和电指纹；集输防腐工艺技术主要包括材质优化本质安全保护技术、集输内防腐技术和复合外防腐技术等，如图 8 – 1 所示。

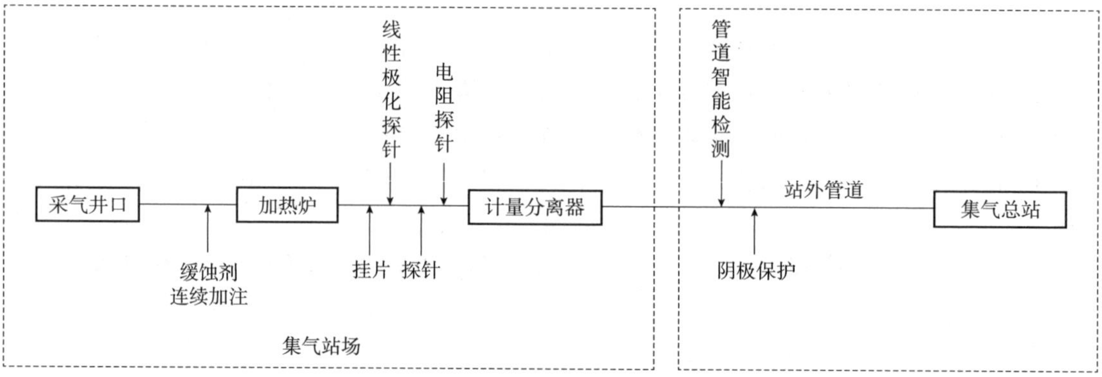

图 8 – 1　普光气田腐蚀监测与防护系统示意图

8.1　腐蚀监测系统

通过腐蚀监测系统的应用，能够及时掌握管道设备腐蚀状况，采取合理的控制措施，确保集输系统安全运行。

8.1.1　集气站腐蚀监测技术

腐蚀监测是对设备的腐蚀速度和与腐蚀速度密切相关的参数进行连续或间歇测量，同时根据测量结果对生产过程的有关条件进行控制的一种技术。腐蚀监测可获得腐蚀过程和操作参数之间相互联系的有关信息，鉴定腐蚀原因，判断和评价腐蚀控制措施的有效性和可靠性，进而有针对性地制定、调整、优化腐蚀控制方案和措施，使生产设备更高效运行，达到延长设备寿命的目的。

集气站腐蚀监测方法包括腐蚀挂片、电阻探针和线性极化电阻探针测量法等。集气站腐蚀监测系统主要包括腐蚀挂片、电阻探针和线性极化探针，监测点分布在介质参数变化较为明显、腐蚀介质易于积聚及管道设备相对脆弱的区域。

1)腐蚀挂片

腐蚀挂片用于监测一定周期内的平均腐蚀速度，同时可观察试片上点蚀情况，分析判断腐蚀成因和机理，确定腐蚀类型(点蚀或其他局部腐蚀)。

它可以应用于任何介质中，根据应用范围的不同，挂片的类型也不同，主要有带状和圆形两种。挂片采用和管线或容器相同或相似的材料制成，暴露于介质内，用于监测腐蚀状况。其结构主要由挂片支架、固定螺栓以及绝缘垫片组成，腐蚀挂片组装如图8－2所示。

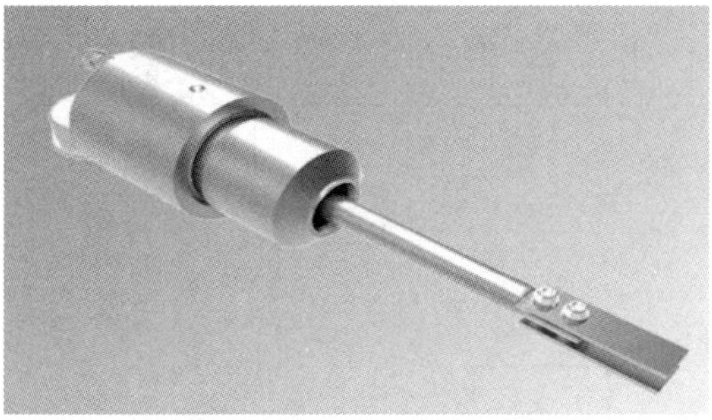

图8－2　腐蚀挂片组装图

腐蚀挂片主要检测管道底部、中部、上部的平均腐蚀和点蚀情况。生产初期按照每30天的频次进行更换，后期根据腐蚀监测分析结果调整更换频次。腐蚀挂片分析报告内容包括监测点位置、监测介质、安装/取出日期、原始重量与清洗后重量、暴露面积、平均/最大腐蚀速率等。

2)电阻探针

通过测量金属试片的电阻变化来测量腐蚀，探头为平试片。电阻探针通过数据采集器并利用数据处理软件传至服务器，可连续测量腐蚀速率变化。

相较腐蚀挂片测量法而言，该法可连续测量，并可计算任一时间段内的累计腐蚀量或腐蚀速率。其主要特点是几乎能在所有的腐蚀环境中工作，特别是在多相或非电解质体系中，而且方法相对简单，易于掌握和解释结果。

由于电阻探针具有较高的灵敏度，测量结果可以用于评价气相和液相中缓蚀剂的保护效果。

3)线性极化探针

线性极化探针采用三电极测量电解质溶液中的极化电阻，将一个小的极化电压加到溶液中的一个电极上，由于微小的电压极化而产生的电流直接与电极表面的腐蚀速率有关，从而得到瞬时腐蚀速率。

线性极化探针只能安装于溶液中，且对溶液杂质要求较高，由探针本体及三个极化探头组成。线性极化电阻法只适用于存在电解质的腐蚀环境中，目前只能测量全面腐蚀。该法的主要特点是能测定瞬时腐蚀速率。

探针在管理分析平台上对数据进行处理分析，绘制腐蚀速率与金属失重曲线，根据一周的腐蚀速率曲线或者金属失重曲线，结合各个监测点生产流的参数，分析腐蚀状态和腐蚀原因，并制定腐蚀控制方案。

4)安装位置

腐蚀挂片与电阻探针通常分布在以下6个位置：加热炉进口位置；加热炉出口位置；计量分离器气相出口；计量分离器液相出口；集气站外输管道出站位置；收球筒旁通位置。线性极化探针安装于计量分离器液相出口，如图8－3所示。

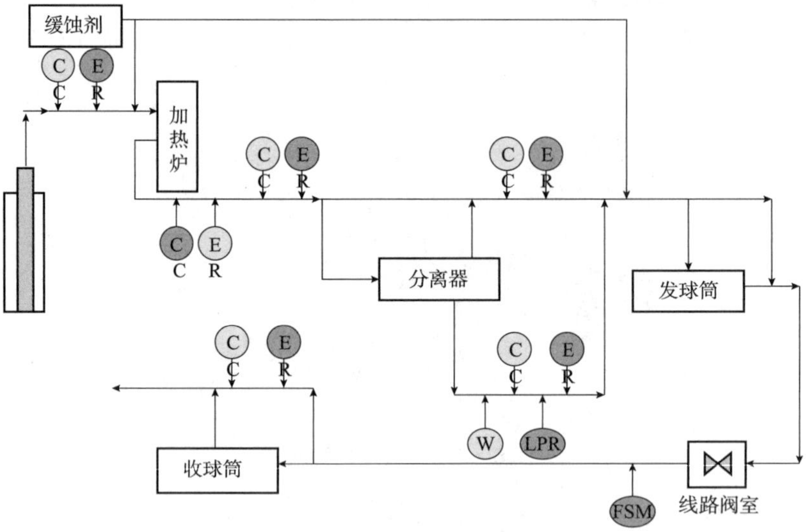

图8－3　腐蚀监测布局示意图

5)电阻探针/腐蚀挂片取放

在运行过程中，电阻探针会失效，导致数据缺失，无法反映介质腐蚀情况，需对电阻探针进行更换；腐蚀挂片需定期取出进行分析，以便准确掌握介质平均腐蚀以及点蚀等情况。因此，需开展电阻探针/腐蚀挂片更换。

(1)电阻探针带压取放。

在更换电阻探针前，必须采用液压软管将取放器与液压泵连接，将液压泵方向阀打到“安装”位置，打压直至取放工具压力升至管道压力的1.5倍，且保持1min。若压力无明显下降，则视为合格。此举旨在确保工具可靠性，避免操作过程中压力突降导致酸性气体通过取放工具喷出，引发安全事故。

取出已安装探针的步骤如下：卸下安全盖后，首先将伺服阀安装在法兰座上，然后将取放器安装到伺服阀上，最后用液压软管连接取放器与液压泵。为保障安全，将取放工具压力升至管线压力的1.5倍，以防止管道内气体通过取放工具喷出。达到压力后，将4个锁定销卸松至与法兰座侧面平齐。缓慢打开取放器针阀泄压，使探针全部进入取回装置内，随后关闭伺服阀，以隔绝酸气与取放器通道。将放空软管连接中和槽进行泄压，缓慢打开泄压阀泄压，直至取放器压力表显示为0，表示酸气已中和完毕。拆卸软管，转动取放器将其从伺服阀上取下。将取放器平稳放置于地面后，重新用液压软管连接取放器与液压泵，将方向阀打到“安装”位置，打压直至探针全部伸出取放器，然后卸下探针。

安装新电阻探针的步骤与取出相反，具体如下：将探针装入取放器内，然后将取放器与伺服阀连接，并用液压软管连接取放器与液压泵；打开伺服阀，打压至管道压力的1.5

倍；达到压力后，将 4 个锁定销紧固；采用中和槽中和酸气；卸下软管、取放器和伺服阀，最后安装安全盖。如图 8－4 所示。

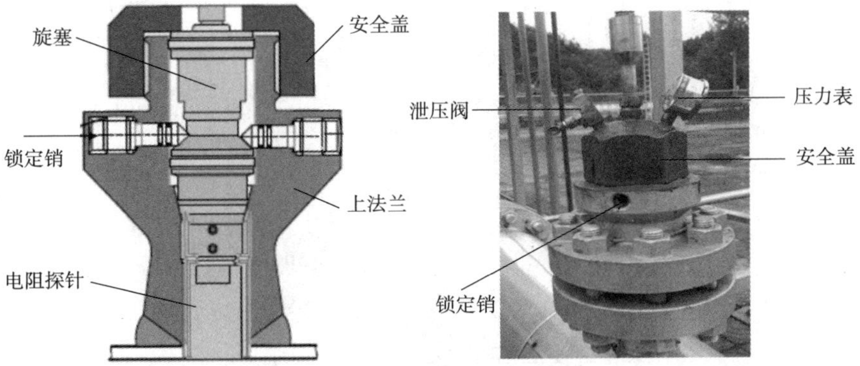

图 8－4　电阻探针安装示意图

(2)腐蚀挂片取放。

腐蚀挂片取放包括带压和不带压两种方式。带压取放操作可参照电阻探针的流程，此处不再赘述。

腐蚀挂片常压拆卸步骤如下：为保障操作安全，拆卸前必须确认管道压力为 0，并卸松挂片装置上的锁定销；打开安全盖上的泄压阀，使管道与大气连通；取下的旧挂片必须立即放入密封袋，并及时送至化验室分析，以确保监测数据准确可靠。

腐蚀挂片常压安装步骤如下：更换挂片时，必须同时更换主填料，防止生产过程中气体泄漏；为保护设备并避免锈蚀，应在旋塞和螺纹表面涂抹润滑油。

8.1.2　集输管道腐蚀监测技术

集输管道主要采用电指纹和智能检测技术对腐蚀进行监控。

1)电指纹

由于集输管道需要定期开展批处理作业，因此不宜安装影响作业的电阻探针、腐蚀挂片等装置。为此，集输管道腐蚀监测主要采用非插入式的电指纹方法，不影响清管等操作，且能准确反映管道腐蚀情况。具体实施方式如下：在管道焊缝及焊缝两侧的管道表面均匀布置 128 个探针，形成区域矩阵，主要分布在阀室附近的管道焊缝处。通过监测矩阵区域内管壁的电场变化，实时在线精确测量管道壁厚变化、腐蚀趋向及腐蚀速率。

FSM 主要由服务器、LOG 箱、探针以及探针电缆组成。探针采用点焊方式焊接在管道上(环焊缝两端各一倍管道直径)，共 128 个测点，通过探针电缆连接至 LOG 箱。LOG 箱内的主板采集数据后，通过工业以太网上传至中控室服务器进行分析。

与传统探针监测系统相同，电指纹可在数据管理平台上对某段时间的数据进行绘图分析。不同之处在于，电指纹采用沿管道四周分布的一组探针矩阵，通过瞬时电流激发磁场扫描管段的腐蚀情况。数据管理分析平台可以绘制三维腐蚀柱状图，结合探针矩阵排布图，不仅能分析平均腐蚀程度，还可以定位点蚀的具体位置。电指纹技术采集的三维腐蚀数据图如图 8－5 所示。

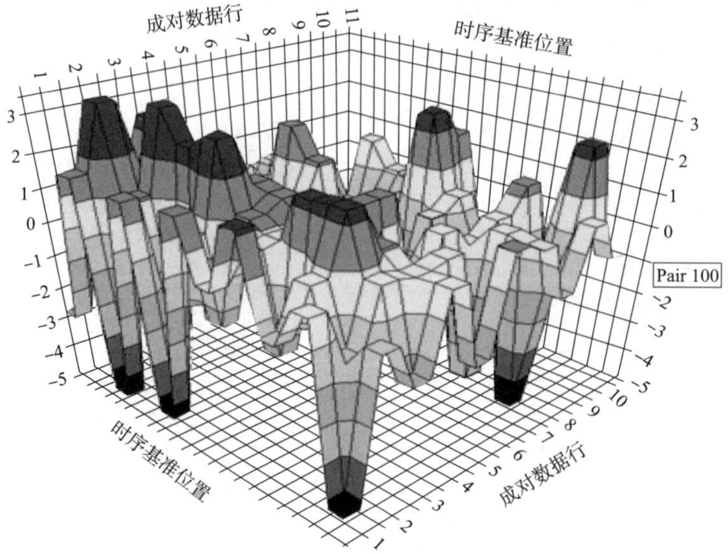

图 8-5 电指纹技术监测三维图

2)智能检测

智能检测技术是使用各类智能检测清管器，通过安全的收(发)球程序，在特定管道运行条件下穿过管道，随后通过读取并分析智能检测清管器的采集数据，发现管道的椭圆变形及金属损失等缺陷，评估管道完整性情况。

(1)管道智能检测内容。

管道智能检测的实施内容主要分为管道预清管、管道校量和清洁、管道智能检测及管道批处理四个部分。管道预清管阶段发送 3 个清管球(皮碗球、直板球)；管道校量和清洁阶段发送刷头磁铁双向移动清管器、定径片双向移动清管器；管道智能检测阶段依次发送几何变形检测清管器(EGP)、漏磁金属损失检测清管器(CDP)；管道批处理阶段通过内防腐预膜恢复管线内壁保护膜。

管道校量和清洁阶段所发送的 2 个清管通球仪器：刷头磁铁双向移动清管器主要利用清管器上的铁刷刷除管线中的铁锈等附着物，并利用磁铁吸取铁质残渣，以避免铁渣干扰漏磁智能检测数据的准确性。定径片双向移动清管器利用安装在设备上(95% 管线内径)的定径片，通过其在整条管线中运行后的形变结果，反映该段管线的最小管径，同时通过定径片上的刮痕推测管线是否存在突起物，从而确保几何变形检测清管器和漏磁金属损失检测清管器的通球安全性。其中，定径片双向移动清管器自带定位跟踪装置，在检测设备进入管道前需开启该开关，使设备处于工作状态，以便监控并确保智能检测仪器在管线中的运行位置，保障管道通球和检测仪器的安全运行。

管道智能检测阶段所发送的 2 个智能清管通球仪器：几何变形检测清管器通过设备上的感应装置记录管线几何形变数据，并自动存储于内置存储器，待取出后由工程师读取分析，生成管线几何变形报告。漏磁金属损失检测清管器利用漏磁技术对管道纵向磁化，通过磁场变化检测管道内外壁的腐蚀及损失情况，数据实时存储，待取出后由工程师读取分析，生成管线腐蚀损失报告。其中几何变形检测清管器和漏磁金属损失检测清管器均配备里程轮及水平仪，可准确实时记录管道损失的纵向位置及时钟位置。两种设备均设有仪器开关模式，在进入管道前需开启开关以激活工作状态，同时监控其在管线中的运行位置，从而确保检测管道和检测仪器的安全平稳运行。

由于管道的清洁程度直接影响智能清管器的数据质量，因此在运行几何变形检测和金属损失检测工具前，需进行预检测清管程序，直至管道达到检测要求的清洁标准。

采用渐进方式运行清洁清管器，以避免发生清管器卡球事故。先使用定径片双向移动清管器(验证运行)进行第一遍清管，然后使用刷头、磁铁双向移动清管器进行第二遍清管，以确认是否可以开始检测工作。

(2)管道智能检测参数控制。

清洁清管器运行速度要控制在1～3m/s，最佳运行速度为1.5m/s；几何变形检测清管器运行速度应控制在1～1.5m/s；金属损失检测清管器运行速度应控制在1～1.5m/s。

①定径片双向移动清管器。

定径片双向移动清管器主要用于测量管道内径，由导向盘、密封盘、定径片、拉钩和球体组成，结构如图8－6所示。定径片材质为比较软的铝合金。

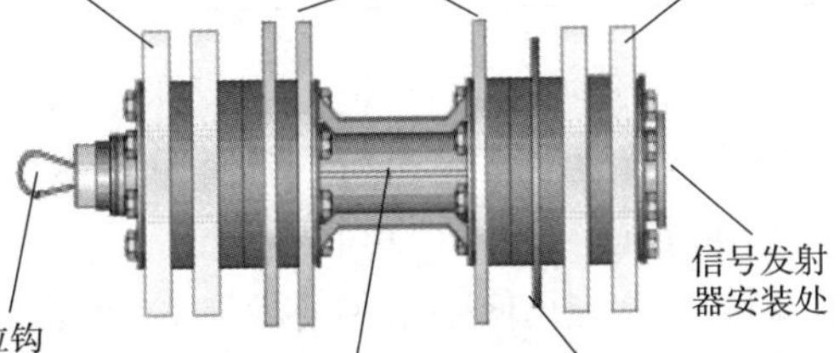

图8－6　定径片双向移动清管器结构图

在通球后分析定径片最小直径变化(一般情况下，尺寸应为管道标称内径的95%)及可能的缩径原因，以决定是否进行下一步通球作业。智能检测通球对管道内径的最低要求见表8－1。

表8－1　智能检测通球对管道内径的最低要求表

管道规格/mm	管道标准内径/mm	直管段要求 最小内径/mm	3D弯头段要求 最小内径/mm
*DN*500	463.6	438	449
*DN*400	371.4	348	356
*DN*300	338	260	282
*DN*250	248	218	239
*DN*200	199.1	169	189
*DN*150	150.4	135	144

②刷头磁铁双向移动清管器。

刷头磁铁双向移动清管器主要用于清洁管道内壁的铁锈、氧化皮等，其主要由导向盘、密封盘、刷头、磁铁、拉钩和球体等组成。刷头磁铁对管道内壁进行清洁，其性能对检测工具的影响非常重要。为达到整体清洁的目的，刷头磁铁通球非常有效；但在管道内有其他碎屑的情况下(如黑尘、铁锈、固蜡)，可能需要使用其他类型的专用清洁设备。

需对通球中清除出的碎屑(类型、数量)进行称重和分析，之后再进行清洁程序以满足清洁要求。以上清管过程重复循环多次，直到收集到的管道废屑低于规定的重量，该重量根据不同管道的尺寸和长度确定。这样做是为了确定管道整体的清洁程度能否满足后续几何变形检测的需要。智能检测可接受的管道内碎屑量的最低要求见表8－2。

表8－2　智能检测可接受的管道内碎屑量的最低要求表

管道规格	沙/尘量/kg	废屑量/kg
*DN*150	<3	<4
*DN*200	<4	<5
*DN*250	<5	<7
*DN*300	<6	<8
*DN*400	<8	<11
*DN*500	<10	<14

③几何变形检测器。

几何变形检测器主要用于对被检测管道进行扫描并获取数据，利用专门的软件进行分析，以得到管道内壁几何变形情况，判断CDP的通过情况。几何变形检测器主要由导向盘、密封盘、测距轮、温度传感器、几何变形传感器和拉钩等组成，结构如图8－7所示。

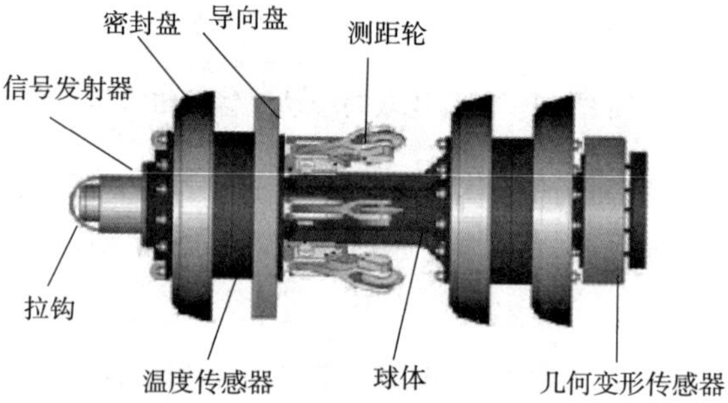

图8－7　几何变形检测器结构图

④金属损失检测器。

金属损失检测器主要用于对被检测管道进行扫描并获取数据，利用专门的软件进行分析，以得到管道内壁金属损失情况。

主要通过“漏磁”(MFL)工具检测泄漏到管道外的磁通量，从而得出管道的腐蚀、侵损、凿槽及其他金属损失特征。金属损失检测器主要由速度控制单元、历程记录单元、传感器单元与中心球体等组成，结构如图8－8所示。

(3)管道智能检测数据分析和开挖验证。

为了准确评价集输管道的整体腐蚀和金属损失情况及几何变形情况，及时掌握管道变形、内外壁腐蚀等完整信息，合理调整生产运行参数和防腐维护措施，并与投产前管道资料进行对比分析。现场智能检测完成后，将现场采集的数据进行对比分析，发现磁力线散失等异常位置，确定腐蚀程度，并出具管道智能检测最终报告，清楚描述管道的整体情况。为了确认智能检测工作的准确性和科学性，可以选取集输管道外腐蚀点或内腐蚀点比较严重的位置进行管道智能检测结果开挖验证工作，确保智能检测的精度，同时观察集输管道的腐蚀情况。通过管道开挖验证，可以对集输管道外腐蚀点位置进行重新打磨防腐保护处理，对内部腐蚀点采用控制缓蚀剂批处理周期和参数来控制腐蚀速率。

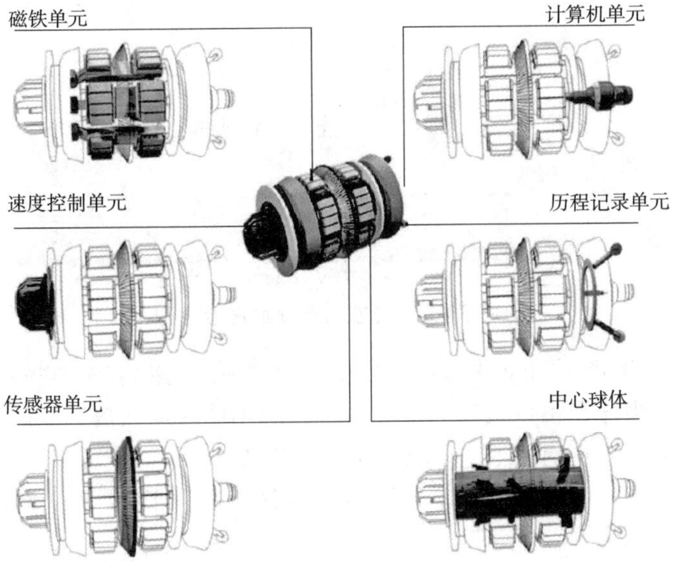

图 8－8　金属损失检测器结构图

8.2　腐蚀防护系统

普光气田地面集输系统采用“抗硫管材＋缓蚀剂＋防腐涂层＋阴极保护”的联合防腐工艺，主要包括抗硫管材选用、化学药剂加注、阴极保护等措施。

8.2.1　集气站腐蚀防护

1）本质防护

根据美国腐蚀工程师协会（NACE）《石油天然气工业生产中用于含 H_2S 环境的材料》（MR0175/ISO 15156－1）标准，选择适合普光工况的抗硫管材。其中，普光主体区块和大湾区块集输系统的管材选择也存在差异。

普光主体集输系统主要材料：普光主体集气站采气树井口至加热炉进口管线为镍基合金管材；加热炉至出站工艺管道及外输管道为抗硫碳钢管材；火炬放空系统为抗硫低温碳钢管材；药剂加注管道为不锈钢管材。

大湾区块集输系统主要材料：大湾区块集气站采气树井口至加热炉进口管线为镍基复合管管材；加热炉至出站工艺管道及外输管道为直缝埋弧焊钢管；火炬放空系统为抗硫低温碳钢管材。

2)管道内防护

管道内防护主要采用缓蚀剂加注方式。缓蚀剂连续加注防腐技术是指在生产过程中将缓蚀剂不间断地注入集输管网，使其在持续浓度下发挥防护作用。通过固定式缓蚀剂加注橇进行连续加注，并采用雾化工艺以保证有效覆盖距离，满足腐蚀控制要求，如图8－9所示。井口加注量为18L/10^6m^3，外输加注量为24L/10^6m^3，产水气井按照外输3000ppm的标准投加。

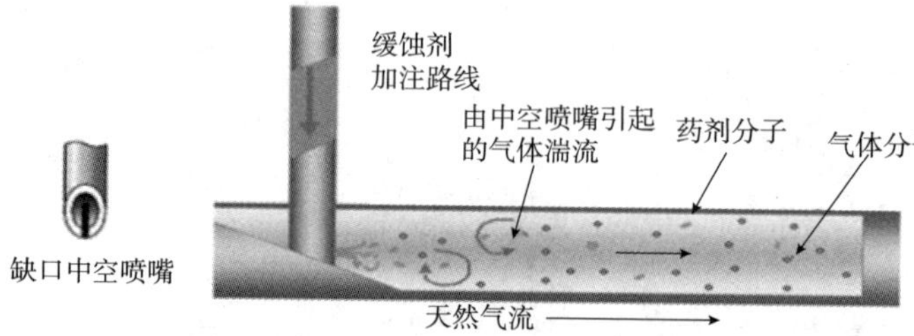

图8－9　缓蚀剂连续加注示意图

随着普光气田生产的不断深入，地面集输系统整体腐蚀速率控制良好，保持在0.076mm/a以内。当存在不可抗拒因素导致批处理不能按期实施时，通过实验及现场应用评价，形成了缓蚀剂加注调整工艺。具体加注标准如下：

管道批处理间隔小于30d，对应集气站外输缓蚀剂按照正常标准加注，加注浓度为24L/10^6m^3。

管道批处理间隔在31～45d，对应集气站外输缓蚀剂进行强化加注，加注浓度为36L/10^6m^3。

管道批处理间隔大于第45d，对应集气站外输缓蚀剂进行强化加注，加注浓度为48L/10^6m^3。

3)管道外防护

站内管道采用涂漆防护：保温管道底漆采用环氧富锌，中间漆采用环氧云铁，面漆采用聚氨酯；涂漆前，严格按照《涂装前钢材表面预处理规范》(SY/T 0407—2012)标准进行表面处理，确保涂层附着牢固。

8.2.2　集输管道腐蚀防护

1)管道内防护

管道内防护主要采用缓蚀剂涂膜防护，即通过缓蚀剂定期预涂膜和批处理工艺，适用于集输管网新管材投用前和管道运行期间的腐蚀防护。这种工艺可以使缓蚀剂在管壁形成一层黏性极强的薄膜，有效防止采出流体中H_2S、CO_2及腐蚀性盐水造成的腐蚀。缓蚀剂批处理采用两个缓蚀剂批处理球夹持缓蚀剂段塞的方法，利用酸性天然气推动段塞。批处理过程中，控制成膜时间为5～10s，形成厚度约为80～125μm的保护膜，以达到成膜目的。根据工艺条件，预涂膜和批处理一般选用稳定性强的阳离子薄膜胺类油溶性缓蚀剂。

(1)缓蚀剂批处理工艺。

缓蚀剂批处理主要是针对集输管道投用前和运行期间实施的一种管道防护工艺，其原理是将缓蚀剂在管道内壁形成一层黏性极强的薄膜，从而有效防止采出流体中H_2S、CO_2

以及腐蚀性盐水造成的腐蚀。管道缓蚀剂批处理采用两个缓蚀剂批处理球夹持缓蚀剂段塞的方法进行，利用酸性天然气推动段塞，批处理过程中控制成膜时间为5～10s，形成厚度约为80～125μm的保护膜，以达到涂膜的目的。根据工艺条件，预涂膜和批处理一般选用稳定性强的阳离子薄膜胺类－油溶性缓蚀剂。

(2)缓蚀剂批处理相关计算。

缓蚀剂批处理作业前需对缓蚀剂、柴油用量及批处理发球所需气体流量进行计算，确保批处理清管器在特定的运行速度下，缓蚀剂预涂膜在管道内壁均匀分布。

①缓蚀剂与柴油用量计算。

缓蚀剂与柴油配比为1：1，缓蚀剂和柴油用量为三通与段塞容积之和。缓蚀剂使用量的计算公式如下：

$$Q = K \cdot \pi \cdot D_1 \cdot H \cdot L \times 10^{-6} + Q_1 \tag{8-1}$$

式中 Q——缓蚀剂使用量，L；

K——附加量系数，一般为1.15；

D_1——管道内径，mm；

L——管道总长度，mm；

H——缓蚀剂成膜厚度，mm，一般为0.076～0.125mm；

Q_1——管线上支管段三通、排污口等容积，L，计算公式如下：

$$Q_1 = \frac{\pi D_2^2}{4} \times L \times 10^{-6} + Q_{其他} \tag{8-2}$$

式中 D_2——支管段内径，mm；

L——支管段的长度，mm；

$Q_{其他}$——其他排污损耗量之和，L。

②批处理流量计算。

缓蚀剂批处理所需的天然气流量取决于清管器的运行速度，通过以下公式推算管线输气量与球运行速度的关系：

$$Q = 2893165 \times \frac{PVA}{Z\left(\frac{t_{始} + t_{末}}{2} + 273.15\right)} \tag{8-3}$$

式中 Q——高含硫天然气流量，m^3/s；

P——管道清管运行压力，MPa；

V——清管球运行速度，m/s；

A——清管管道横截面积，m^2；

$t_{始}$——清管首站管道温度，℃；

$t_{末}$——清管末站管道温度，℃；

Z——高含硫天然气压缩因子。

缓蚀剂批处理操作步骤：

详见第2章2.2.2设备设施及操作中的收(发)球筒。

2)管道外防护

管道外防护主要采用防腐涂层和阴极保护。

(1)防腐涂层。

普光气田管道地处山区，土壤腐蚀性较强。对酸气管道外防腐采用常规防腐工艺，避免电化学腐蚀。对外输管道采用硬质聚氨酯泡沫聚乙烯防腐保温层，底层防腐涂料采用无溶剂液体环氧涂料，补口采用黏弹体胶带、辐射交联聚乙烯热收缩带；对燃料气管道采用加强级三层 PE 防腐结构，管道补口采用辐射交联聚乙烯热收缩带。

(2)阴极保护。

阴极保护是一项成熟的管道外防腐保护技术，其原理是通过向被保护金属结构物提供阴极电流，使金属的电位负移，从而降低金属腐蚀速率。具体来说，当金属处于阴极状态时，其表面的电子过剩，抑制了金属离子的溶解，从而起到保护金属的作用。

阴极保护主要分为两类。牺牲阳极阴极保护：将一种电位更负的金属或合金与被保护金属结构物连接在一起，形成一个腐蚀电池。电位更负的金属作为阳极，不断溶解并向被保护金属提供阴极电流。外加电流阴极保护：通过外部电源向被保护金属结构物提供阴极电流，通常使用恒电位仪等设备控制电流大小和电位。

①阴极保护的优点：

有效防止金属腐蚀，延长金属结构物的使用寿命；可以在不影响被保护结构物正常使用的情况下进行保护；对于难以进行防腐涂层施工的部位，阴极保护是一种有效的补充保护方法。

②阴极保护的设计和实施要点：

确定保护对象的腐蚀环境和腐蚀速率，以便选择合适的阴极保护方法和参数；设计阴极保护系统，包括阳极的类型、数量和布置，以及参比电极的位置等；安装阴极保护系统并进行调试和监测，确保系统正常运行；定期对阴极保护系统进行检测和维护，及时发现和解决问题。

③普光气田阴极保护系统：

普光主体、大湾区块集输管线和毛达线阴极保护系统采用强制电流保护法；双大线、清燕线、普胡线均采用牺牲阳极阴极保护法。共设置 21 座阴极保护站(42 台恒电位仪)、135 个阴保电位测试桩(普光主体 44 个、大湾区块 45 个、毛达线 46 个)。管线进出站处设置绝缘法兰。普光气田阴极保护系统分布见图 8－10。

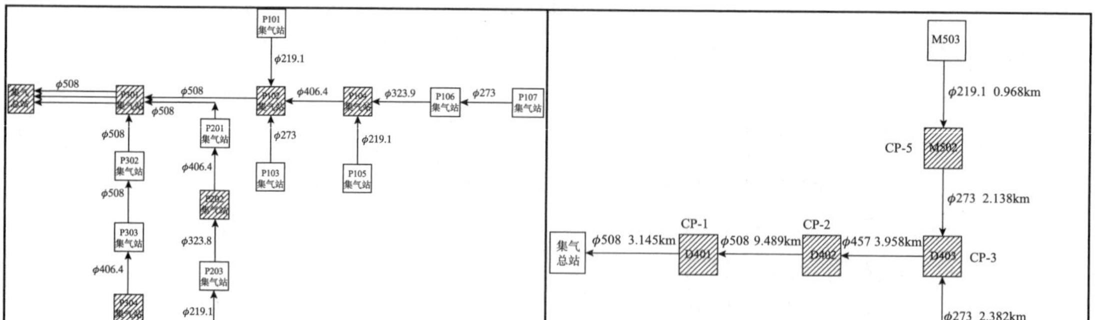

图 8－10　普光气田阴极保护系统分布图

依据《埋地钢质管道阴极保护参数测量方法》(GB/T 21246—2020)，测试桩保护电位范围为-0.85~-1.2V。低于-0.85V为欠保护，管道得不到有效保护；高于-1.2V为过保护，长期易造成防腐层剥离。

思考与练习

1. 简述普光气田酸气腐蚀监测系统的构成及其特点。
2. 为适应普光气田安全开发，采取了哪些腐蚀防护措施?
3. 常用腐蚀检测方式有哪些，有哪些特点?
4. 简述管道智能检测的意义，在作业过程中需要控制哪些参数?
5. 缓蚀剂涂膜的用量如何计算?

第 9 章　其他配套系统

天然气集输系统还需要其他配套系统，才能保证其正常运行，主要有供电、消防及给排水系统，它们也是确保天然气集输系统安全平稳运行不可或缺的一部分。

9.1　供电与配电

供电系统是集输系统的重要组成部分，是保证自控系统、安全控保装置、紧急关断装置正常运行的基础，稳定的供电和配电是实现集输系统各项功能的关键。

9.1.1　负荷分级

普光气田集输系统输送的介质为易燃、易爆和高含硫化氢气体，突然停电将严重影响集输系统的安全平稳运行，易造成较大经济损失和社会影响。根据《输气管道工程设计规范》《供配电系统设计规范》的有关要求，集气站、清管站、集气总站、污水处理站场和增压站等主要生产设备用电均为二级负荷；各站场内的自控、通讯、应急照明等负荷为一级负荷，均设应急供电设施。对于管道沿线的阀室，由于主要用电设备为通信、RTU 等要求连续供电的负荷，因此其负荷等级为一级。

一级、二级负荷采用下列供电方式：一级负荷由两个电源供电，其中一路电源故障时，另一电源应保证正常供电；备用电源为天然气发电机等电源，以满足其供电需求。二级负荷的供电系统由两回线路供电，在负荷较小或地区供电条件困难时，二级负荷由一路 6kV 及以上专用的架空线路或电缆供电。

9.1.2　供配电电压等级

根据各线路用电负荷容量，各输气管线沿线及站场均采用 35kV 电压等级供电，即 35/0.4kV 的直配方式。

站场配电电压为 380V/220V。

9.1.3　供电方案

根据各站场的分布情况，集气站供电系统采用从附近取得一路外电源加一路自备电源的供电方式，自备电源就地采用天然气发电机组形式。根据工艺专业对供电的要求，集气站的天然气发电机容量按照总负荷安装容量的 50% 确定。

截断阀室的电源采用从附近取得一路外电源加一路不间断电源装置(在线式冗余 UPS)的供电方式。

9.1.4 供电系统

普光集输系统建有 220kV 变电站 1 座，为整个集输系统提供电源。建有清溪线、老君线、大湾线等供配电线路，形成了独立且完善的供配电系统。

9.1.5 配电方案

每座集气站场建设 35kV 线路支线供电，线路长度约 0.5km，站内设 35/0.4kV 变配电室 1 座，变配电室内设干式变压器 1 台。集气站变压器容量为 1×125kV·A。每个集气站自备一套 60kW 天然气发电机组。外电源与发电自动切换并相互闭锁，低压侧采用单母线形式。

各集气站场内的通信、自控等设备除有外部电源供电外，另设在线式 UPS 冗余式不间断电源供电装置 1 套，容量为 380V、15kV·A，后备时间为 30min。各站通信系统还另设 48V、1kW 直流开关电源 1 套，后备时间为 30min。

截断阀室为通信、自控等负荷，用电负荷较小，供电质量和负荷等级高，选用 5kV·A 小容量柱上式变压器为其供电，设在线式冗余 UPS 不间断电源供电装置 1 套为自控设备供电，容量为 3kV·A，后备时间为 12h；设 220V 1kW 直流开关电源 1 台，后备时间为 12h。

天然气管道所穿越的隧道内设有通信、自控等负荷，用电负荷较小，供电质量和负荷等级高，选用 5kV·A 小容量柱上式变压器为其供电，设在线式 UPS 不间断电源为自控设备供电，容量为 3kV·A，后备时间为 12h；设 220V 1kW 直流开关电源 1 台，后备时间为 12h。

村、镇紧急疏散报警系统及无线基站：每个村镇的报警电话和报警传播装置的电源由村镇 1 回 380/220V 低压电源引入，并设在线式 UPS 不间断电源供电，容量为 2kV·A，后备时间为 48h。

9.2 消　防

集输系统各集气站均属于五级站场，站内消防对象主要包括各类设备、压力容器、供配电设施等。根据《石油天然气工程设计防火规范》规定，站内不设消防给水设施；在集气站内配置一定数量的手提式及推车式磷酸铵盐干粉和二氧化碳灭火器，以便火灾发生时随时启用扑救，并在工艺装置区配置消防沙箱等消防器材，便于及时扑救火灾。

集气总站依托天然气净化厂消防系统，普光主体各站场设有应急喷淋系统。普光气田消防主要依托中原油田普光分公司应急救援中心及该中心毛坝救援站，位于四川省宣汉县普光镇和毛坝镇，主要担负普光气田重大施工作业监护、安全生产事故处置、社会救援等任务。

9.3 给、排水

集输系统各集气站场设置较为分散，无法建立统一的给排水系统。根据现场需要，建设了简单、实用的给、排水装置，能够满足现场生产和生活需要。

9.3.1 给水系统

1)用水点与量

给水站场：集气站、集气总站及污水处理站。

集气站用水点：站控室、生产区地面水管(绿化、装置外部冲洗)、分离器应急冲洗。

集气站用水量：1～$2m^3/d$。

2)水源

每座集气站设置1座容量为$4m^3$的高架水罐，水源由清水罐车送水，经水泵卸入高架水罐后，再由站内供水管网输送至各用水点。集气总站在净化厂内，依靠净化厂给水系统。

3)供水流程

集气站生活、生产用水采用罐车拉水的方式，由罐车卸水至站场高架水箱，再由水箱供给各用水点。

集气站供水流程：清水罐车送水→高架水罐→站内供水管网→用水点

集气总站供水流程：净化厂来水→给水管网→用水点

9.3.2 排水系统

集气站生活污水经管网汇集至化粪池，定期清掏拉运处理；生产污水由罐车拉运至污水处理站集中处理；雨水依托站内排水沟散排。

排水系统简明流程：

生活污水→化粪池→生活污水池→生活污水处理装置→外排。

生产检修污水→污水池→污水回收泵→装车外输。

思考与练习

1. 简述普光气田其他配套系统的组成及主要功能。
2. 如何保证天然气集输系统供电系统的平稳运行?
3. UPS电源常见故障有哪些?日常巡检过程中应重点检查哪些内容?
4. 简述集气站消防器材配备标准及日常检查内容。
5. 集气站场的生产污水应如何处理?如何做好站场的雨污分流?

第 10 章　故障及异常案例分析

普光气田自开发投产以来，经过十余年的生产开发实践，在生产管理、安全管控及故障处理等方面积累了宝贵经验，有效保障了普光集输系统的安全、高效、平稳运行。为进一步提升职工现场问题处理能力，现对气田集输系统在设备、计量仪表、腐蚀防护等方面遇到的典型生产异常进行梳理，选择部分代表性案例进行剖析，供职工学习参考。

10.1　设备与阀门常见故障及处理

自投产以来，普光气田集输系统总体运行平稳，安全风险可控。但由于工艺复杂、设备种类繁多等较为复杂，运行过程中难免出现异常，尤以设备类故障最为常见，约占所有故障类型的 80% 以上。

10.1.1　加热炉橇块

加热炉橇块主要用于对井口天然气进行加热，保证集输过程中气体温度稳定，同时具备两级节流、两级加热、自动调节流量/压力/温度及初步计量的功能。日常生产中，加热炉橇块常见故障主要为安全阀与温控阀故障，异常熄火停炉及其他通信故障等。

1)加热炉一级盘管安全阀故障

现象描述：某集气站加热炉一级盘管安全阀(型号 26GA15－920，整定压力 19.9MPa)在 12.5MPa 时突然起跳且不能回座；2 天后，另一台同型号安全阀在 13.03MPa 时重复该故障。

原因分析：两台安全阀均为弹簧断裂导致意外起跳。

解决措施：将安全阀的弹簧更换为镍基弹簧，并更换 FO845LX 垫圈包及螺栓。

2)加热炉熄火故障

现象描述：某井加热炉人机界面显示熄火报警，ESDV 阀关闭，加热炉熄火。

原因分析：燃料气长明火熄火。

解决措施：调整长明火位置，确保其与热电偶、主燃料气管线空间匹配，避免长明火被燃料气吹灭，从而防止加热炉熄火。

3)加热炉温控阀故障

现象描述：某井加热炉在正常启动过程中，水浴温度为 18℃，燃料气 ESDV 阀全开，但温控阀开度达到 78% 后不再上升(正常情况下，水浴温度未达到设定值时，温控阀开度应为全开)，查看控制面板显示温控阀开度为全开。

原因分析：温控阀阀位丢失。

解决措施：加热炉温控阀在拆除或多次动作后均会导致阀位丢失，故在启动加热炉时，多次观察温控阀能否全开，在确认阀位已经丢失后，按照操作规程及时进行初始化设定。

4）加热炉液位变送器显示与现场不一致

现象描述：生产过程中，站控室人机界面显示的加热炉液位变送器数据与现场不符，无法准确反映罐内真实液位。

原因分析：现场液位变送器读数与缓冲罐顶的玻璃液位计读数不一致，表明变送器读数与罐内真实液位不一致。该差压变送器的低起点位于加热炉中部，离地面 30cm 左右，站控室控制器程序中已对该值叠加修正，但现场液位变送器未设置叠加，故造成液位变送器表头与站控室不一致。

解决措施：通过将手操器连接到表头，找到当前设备后，依次进入 DEVICE→SETUP→DETAILED SETUP→OUTPUT CONDITION→METER OPTIONS→Meter Type，将其更改为 Custom Type，并将 Custom Meter Value 的 CM Lower Value 由原来的 0% 更改为 32%，即使表头输出显示叠加 32%。处理后，现场液位变送器表头与罐顶玻璃液位计、加热炉就地控制盘及 SCADA 系统界面显示一致。

5）加热炉 ESDV 阀频繁关闭

现象描述：某井加热炉正常运行时，加热炉 ESDV 突然在无报警情况下自动关闭，5min 内又自动重启。

原因分析：加热炉燃烧过程中喷出的火焰会引起管线振动，影响加热炉一些敏感性较强的部件，如热电偶探头位置松动，导致长明火被主燃料气吹离热电偶探头，使系统误认为长明火点火不成功，从而关闭 ESDV 并重启。

解决措施：重新调整并紧固加热炉点火棒上的热电偶探头安装位置，同时为避免同类事件，需定期对加热炉接线、探头位置等进行检查维护。

6）加热炉燃烧器通信故障

现象描述：某井加热炉正常运行过程中突然无法启动，发现 PLC 显示屏上通信状态栏显示 FAIL，加热炉 TC 值等燃烧器状态数据处于冻结状态。

原因分析：加热炉 PLC 模块 FGI351 燃烧器控制器出现故障。在夏季高温天气下，加热炉控制面板内电子元件由于散热不良，突然发生故障，导致加热炉失控。

解决措施：更换液晶主板后故障清除，并增加伞罩等装置遮阳降温，促进散热。

7）加热炉停炉故障

现象描述：某站人机界面显示 4#加热炉通信存在问题，所有加热炉数据均呈掉电状态。经现场确认，加热炉控制面板红灯不亮、操作面板按钮失灵、温控阀定位器无电源显示，加热炉不能复位。此外，加热炉无故停机后，发现温控阀定位器显示屏无电源显示。

原因分析：加热炉 PLC 系统 I/O 输入、输出卡件损坏。具体表现为：PLC 系统 CPU 的“I/O”指示灯不停闪烁；调试软件状态栏显示“I/O NOT RESPONSE”；PLC 系统 I/O 输入、输出卡件指示灯无闪烁信号。

解决措施：更换接线盒后，加热炉恢复正常。

10.1.2　分酸分离器橇块

分酸分离器是能够实现生产过程中气液混合物分离的设备，通常设置在井口加热炉前，主要用于酸化压裂增产措施实施过程中的残酸返排以及地层产出水的分离及排出。日常生产中，分酸分离器橇块常见故障主要集中于捕雾器及液位传感器等。

1）分酸分离器捕雾器压差故障

现象描述：某井在生产过程中，一级节流后压力在未进行任何操作的情况下从 18MPa 上涨到 20MPa，且下游压力不变。

原因分析：分酸分离器到加热炉一级加热前的管道出现堵塞。在分酸分离器出现假液位时，酸液冒罐，导致酸液中的杂质堵塞捕雾器。

解决措施：为解除堵塞，对 3 级节流阀进行突然开大 20% 并迅速还原开度的操作对该管段进行吹扫。通过 3 次吹扫，一级节流后压力恢复正常，管道堵塞现象得到解除。

2）分酸分离器液位传感器调节故障

现象描述：某井分酸分离器液位变送器不停跳动。

原因分析：液位变送器的门槛电压值设置错误。

解决措施：按照操作规程对液位变送器的门槛电压进行重新设定，使其恢复正常。

10.1.3　计量分离器橇块

计量分离器主要用于分别对高含硫天然气的气量和液量进行计量，计量前需先进行气液分离。日常生产中，计量分离器橇块的常见故障主要集中于液位调节阀、液位计及排液阀门等。

1）计量分离器液位调节阀故障

现象描述：某站通过站控室对计量分离器液位调节阀进行远程开关操作，现场阀门开关状态与站控室操作结果一致，但人机界面一直显示阀门状态为关闭。

原因分析：现场检查发现该阀门的状态连杆脱落。

解决措施：重新定位并固定阀门状态连杆，问题解决。

2）计量分离器液位计故障

现象描述：某站在计量分离器排液至火炬分液罐过程中，现场液位正常下降，但是人机界面显示的液位持续 5min 未变化；火炬分液罐液位计本应快速上升，但 10min 后仍无变化。

原因分析：对于排液后液位不下降，判断为液位计的上取液部分堵塞；对于前段时间液位计显示正常，火炬液位计液位不上升，判断为液位计的下取液部分堵塞。

解决措施：针对第 1 种故障，在做好相关准备工作后，用开水浇淋液位计本体及上取液部分，用橡皮锤轻敲，并多次活动上取液闸阀。针对第 2 种故障，在做好相关准备工作后，用开水浇淋液位计本体及下取液部分，用橡皮锤轻敲，并多次活动开关下取液闸阀。若仍无效，可暂时憋压，先打开上取液闸阀，再开下取液闸阀，随后反复活动上下取液闸阀；或在人机界面的二级关断界面中将相关硫化氢探头打到超驰允许后，再用简易放空管线通过变径接头与液位计排污口相连，以中和液吹扫解堵。

3)计量分离器排液阀门内漏

现象描述：某站闪蒸分离器、燃料气分离器压力持续上升，接近安全阀起跳压力。使用余气对计量分离器排液管线的内漏阀门进行吹扫并活动阀门后，效果不明显，引气测试确认阀门仍内漏。

原因分析：计量分离器手动排液阀门内漏，部分气体进入闪蒸分离器导致其压力上升。部分气井压裂试气后放喷时间短，压裂返排液中含压裂砂，进入生产系统后，对设备、管线和阀门产生较多不利影响，易造成阀门内漏。

解决措施：发现压力异常上升后，立即关闭来气、来液阀门；若仍无法有效控制，及时关井处置。对内漏故障阀门进行检查，更换合格阀门，调整排液操作。对于经过大型压裂的气井试气后，需确保一定的放喷时间，使含砂入井液排出，从源头上降低对下游生产系统的影响。气井进入生产阶段，密切关注气量、液量等数据变化，核实设备装置的适应性，及时调整生产动态，保障气井安全稳定生产。同时，按需储备必要的备品备件，以便出现异常问题时能第一时间解决。建议以后投产时，设备厂家和现场人员组成“领导 + 调试人员”，提高厂家的反应、决策和配合效率。

10.1.4 火炬分液罐橇块

火炬分液罐的作用是确保放空气体中不含有过多液体，以免对火炬系统的设备和燃烧过程产生不利影响。该设备进口与放空总管相连，出口管线直接连通至火炬，放空气体自进口经火炬分液罐分离后进入火炬燃烧，分离出的液体可泵至外输管线与酸气混输到下游，也可装车拉运至产出水处理站进行处理。日常生产中，火炬分液罐橇块的常见故障主要集中于装车流程、温度变送器及长明灯熄火等。

1)火炬分液罐装车流程堵塞

现象描述：从火炬分液罐往污水车上排运酸液时，发现火炬分液罐液位不下降，污水车液位也不上升，但经过加清水稀释以后能正常排液。

原因分析：火炬分液罐单流阀堵塞。

解决措施：关闭单流阀前球阀，拆下单流阀清洗后重新安装，流程恢复后排液正常。

2)火炬分液罐温度变送器故障

现象描述：火炬分液罐温度变送器数值在人机界面跳动，跳动值分别为 −5.5℃、实际值一半、实际值，且现场与站控室显示一致。

原因分析：检查发现配电盘内一个保险管损坏，导致温度变送器信号干扰。

解决措施：更换保险管后，温度变送器恢复正常。

3)火炬长明灯熄火故障

现象描述：集气站 SCADA 系统人机界面显示火炬长明灯熄火报警，但现场火炬实际处于燃烧状态。

原因分析：火炬长明灯 2 号控制回路亮红灯，表明 2 号回路故障，可能原因包括控制盘保险烧坏或 2 号点火棒故障。

解决措施：

(1)点火线路优化。将高压电极与电缆连接后放入耐高温高压的石英管中，并填充高温胶，确保绝缘性、抗高温、防雨水及连接稳固。

(2)点火棒优化。选用石英玻璃作为点火棒外保护材料经试验验证具有高温抗骤冷性能，并填充高温陶瓷叠联，电缆外加装金属挠性管护套。

(3)优化点火棒错位。在点火棒下端加装固定环，解决自上而下安装时上端固定困难的问题。

(4)离子火焰检测优化。加长火焰检测探针长度，使其更大范围覆盖火焰区。

(5)火炬吹扫气用量优化。采用燃料气吹扫维持火炬筒体微正压，防止排放气倒流或空气进入引发爆炸。

10.1.5 乙二醇加注橇块

在天然气集输过程中，为避免水合物的生成，在一级节流后及外输计量后加注乙二醇。乙二醇加注橇块是连续加药(乙二醇)的专用设备，包括井口管线加注系统和外输管线加注系统。日常生产中，乙二醇加注橇块的常见故障主要集中于液位计、加注口单流阀及加注泵等。

1)乙二醇药剂罐液位显示故障

现象描述：在乙二醇加注橇块所有加注泵都停用的情况下，乙二醇药剂罐的液位不断上升，且在人机界面查询历史数据时发现药剂罐液位值一直缓慢上升。

原因分析：加注口单流阀内漏导致液位不断上升。

解决措施：重新确认流程的阀门开关状态，确认无误后关闭药剂罐出口球阀，并观察8h，液位恢复正常。

2)加注口单流阀故障

现象描述：某井井口乙二醇加注泵启动后，泵头压力不断上升。

原因分析：乙二醇加注口的单流阀堵塞。

解决措施：关井放空，用燃料气对该井地面流程进行吹扫置换。置换检测合格后，拆下井口乙二醇加注口单流阀，发现单流阀内部阀孔错位并存在少量杂质，将阀腔和阀体清洗干净后重新装回，恢复流程，井口乙二醇加注泵工作恢复正常。

3)乙二醇加注泵隔膜报警

现象描述：某井井口乙二醇加注泵和井口备用泵不能启动，控制柜内隔膜报警，按控制柜上的“消音”按钮和“故障消除”按钮后仍无作用。

原因分析：隔膜报警一般分为隔膜破裂和隔膜报警器误报警两种情况。首先检查压敏传感器，用活动扳手拧松压敏传感器上的泄压阀(操作时要特别注意：如果隔膜破裂，压敏传感器的压力与泵头压力相同)，若无液体泄出，则说明是压敏传感器进水或其他原因造成短路，引发误报警。

解决措施：①拆下压敏传感器，查看报警是否消除。报警消除后，在未安装压敏传感器的情况下启动乙二醇泵，井口备用泵应能正常启动。随后装回压敏传感器，备用泵即可恢复使用。②若拆下压敏传感器后报警未消除，说明报警器或线路出现了问题，需要检查线路。压敏传感器为220V电压信号，如果发生隔膜报警，严禁在未断开总电源的情况下拆卸和组装压敏传感器。

10.1.6 缓蚀剂加注橇块

缓蚀剂加注橇板用于高含硫气田集输系统的缓蚀剂连续加注，其作用是减缓加热炉盘管及下游抗硫碳钢材质管道内壁的腐蚀。该橇板将计量泵、药剂储存罐、控制系统及管路阀门等设备按技术规范和工艺流程集成于同一平台，实现药剂储存、计量、投加，并具有自动停泵及报警功能。该系统包括井口加注系统和外输管道加注系统。日常生产中，缓蚀剂加注橇块常见故障主要集中于加注泵和流量计等。

1)缓蚀剂加注泵流量计故障

现象描述：某加热炉前缓蚀剂加注泵在100%排量下，流量计无显示。

原因分析：缓蚀剂罐内杂质或缓蚀剂过于黏稠，堵塞齿轮流量计。

解决措施：首先关闭缓蚀剂泵流量计前截止阀，待压力升至高于加注口压力后，迅速打开流量计前截止阀，利用高速流体冲洗流量计排出堵塞物。若未恢复，则对流量计进行清洗，首先将流量变送器卸下，拆开本体，用清水反复清洗齿轮和齿轮槽，清洗完成后将其安装回原位。装复后启泵测试。

2)缓蚀剂加注泵排液故障

现象描述：某外输缓蚀剂泵流量计无流量显示，标定柱内液位不下降。

原因分析：外输缓蚀剂加注口处单向阀内漏，气流通过管线进入泵头，导致其出现气蚀现象，液体无法排出。上次关井时关闭了缓蚀剂泵，但未关闭缓蚀剂加注口处球阀，导致气流回窜至泵头。关井后未关闭泵流量计下游截止阀，站场管线内气体由加注口窜流至缓蚀剂加注泵泵头，导致不排液。

解决措施：关闭泵流量计下游截止阀，打开加注泵出口压力表处取样口针型阀，由标定柱进行泵的100%排量操作，排出泵头内气体。当标定柱液位下降，且压力表放空处有缓蚀剂流出流速随活塞运动变化，继续排液5min，未出现断流现象。随后将标定柱切换至正常流程，泵排量仍为100%，液体正常排出后。逐步降低排量，流量计显示随之减小，泵运行恢复正常。

3)缓蚀剂加注泵自动停泵故障

现象描述：气井生产过程中，某缓蚀剂井口加注泵启泵2h后自动停泵，就地控制盘“故障清除”指示灯显示红色，泵无法启动。

原因分析：隔膜报警器处压力表有压力显示，初步判断隔膜破裂。

解决措施：拆卸隔膜报警器处压力表后泵可正常启动，并发现压力表接口有缓蚀剂泄漏，确认隔膜破裂。更换新隔膜后恢复正常。

4)缓蚀剂加注泵异响故障

现象描述：加热炉缓蚀剂备用泵运行时出现异常响动，检查确认泵体螺栓无松动。

原因分析：逐步排查后判定响动源自轴承与齿轮箱处，泵轴磨损严重。

解决措施：使用洁净塑料盆接取放出的齿轮油，拆卸轴承与齿轮，检查发现轴承存在磨损现象，更换新的轴承及垫子。更换完成后装回，重新运行后声音恢复正常。

10.1.7 阀门CCI节流阀

CCI节流阀是一种用于控制流体流量和压力的设备。日常生产中，CCI节流阀常见故障主要集中于力矩故障及内漏等。

1) CCI 节流阀力矩故障

现象描述：气井在生产过程中，二级、三级节流阀经常发生堵塞、阀门卡滞、节流阀力矩跳断的现象，进而导致集气站集输管线憋压。

原因分析：由于节流阀具有自我保护功能，当节流阀被污物堵塞，导致阀门关闭过程中，关阀力矩增大超过设定值，就会发生力矩跳断情况。主要原因是阀杆与轴承之间因密封面沉积杂质，导致阀杆运动时“过紧”或阀门因长期不动作即“粘住”，但主要原因是阀杆与轴承之间沉积杂质，导致密封件损坏。

解决措施：在停井后对二级、三级节流阀进行正吹、反吹，并调大其设定力矩。此时二级节流阀故障排除，三级节流阀仍出现力矩跳断。通过接入燃料气管线吹扫，将三级节流阀拆开清洗后重新安装并重设阀位，最终二级、三级节流阀运转正常。

2) CCI 节流阀内漏故障

现象描述：某井二级节流阀执行机构面板显示为全关后，内漏依然严重，无法完全关闭。且现场实际开度总是比站控室给定开度小 2% 左右。

原因分析：该执行机构的死区值设置过大。

解决措施：将死区调整为一个稍小数值(如 0.5%)，调整后，现场节流阀能准确接收站控开度命令，全关状态下无内漏，恢复正常。

紧急排放阀(Blowdown Valve，BDV)用于在维护或紧急情况下释放集输管道中的多余流体，实现紧急泄压，是放空系统的重要组成部分。日常生产中，BDV 阀常见故障主要集中于异常泄压等。

3) 井口 BDV 自泄压故障

现象描述：巡检过程中发现某井口放空 BDV 自动泄压，压力由上次巡检的 1450psi 降至 1000psi。4h 后再次观察，压力表示数降为 300psi，但 BDV 未自动起跳。工作人员手动补压至 2000psi，以防 BDV 阀自动打开。经检查，阀体外部液压管线接头处未发现漏油现象。

原因分析：手动泵阀内漏导致压力下降。

解决措施：更换 BDV 手动泵，更换后手动打压至 1900psi。经过 3 天的观测，BDV 液压压力随环境温度正常波动，恢复正常。

4) 井口 BDV 前镍基闸阀故障

现象描述：对井口 BDV 阀门进行测试，关闭 BDV 前镍基闸阀至 1/4 处时手轮转动困难。由于测试要求镍基闸阀必须关到位，因此操作人员使用管钳强行关闭。当关闭到 3/4 处时，突然发出“嘣”的异响，阀轭与阀盖之间出现裂缝。

原因分析：井口 BDV 长期处于关闭状态，而镍基闸阀长期处于开启状态，导致高压高含硫天然气在二者之间一直处于静止状态，硫黄等杂质堆积在闸阀阀腔及闸板处。关闭阀门时，执行机构对阀杆施加向下的力驱动闸板，同时承受向上的反作用力。当闸板受阻时，强行关闭阀门会使执行机构承受过大反作用力，该力通过连接螺栓形成较大拉应力。若拉应力超过螺栓的屈伸度，螺栓就会断裂，导致阀轭与阀盖出现裂缝。

解决措施：清理阀腔内杂质，更换损坏螺栓。定期进行 BDV 测试，减少阀门开关困难现象。当遇到阀门开关困难时，应及时上报，待原因确定后再采取措施，禁止使用管钳等工具活动阀门，从而造成阀门损坏。

10.2 自控仪表常见故障及处理

在高含硫天然气集输过程中，自控仪表系统通过实时监测、精确控制、安全保护和集中监控等功能，确保生产过程的安全性、稳定性和经济性，是高效、安全输送天然气的重要环节。日常生产中，自控仪表常见故障主要集中于计量装置、自动化控制系统与火气仪表的运行异常等。

10.2.1 计量仪表类

流量计量仪表主要用于测量气体、液体流量。普光气田主要采用标准孔板流量计作为酸气混输工艺的计量仪表，其节流元件为标准孔板，又称为标准孔板流量计。日常生产中，高级孔板阀常见故障主要集中于齿轮轴断齿及注脂口渗漏等。

1)高级孔板阀齿轮轴断齿

现象描述：在高含硫天然气计量系统整改过程中，发现高级孔板阀齿轮轴断齿现象，部分加热炉高级孔板阀因断齿严重，导致孔板无法正常提出。

原因分析：齿轮轴材质不符合要求。

解决措施：更换符合材质要求的高级孔板阀齿轮轴；定期对高级孔板阀进行活动、拆卸及清洗。日常生产操作时应缓慢动作，切忌用力过猛导致轴齿轮断裂。

2)高级孔板阀注脂口渗漏

现象描述：巡检时发现井口分酸分离器区硫化氢探头报警(12ppm)，经排查确认加热炉高级孔板阀注脂口刺漏。

原因分析：环境温度较高，密封点受热易渗漏；高级孔板阀密封脂长时间接触硫化氢介质，老化失效。

解决措施：关井放空，重新注脂并冲压验漏，合格后开井生产。高温天气需加强动静密封点验漏巡查，同时定期对高级孔板阀进行注脂保养。

10.2.2 火气仪表类

火气测量仪表用于监控火灾事故、可燃气及毒气泄漏，具备报警及联锁关断功能。高含硫气田常用火气测量仪表包括感烟探测器、感温探测器、火焰探测器、可燃气体探测器及硫化氢气体探测器等。日常生产中，火气仪表常见故障主要为固定式硫化氢探头误报及可燃气体探测器误报等。

1)固定式硫化氢探头误报警

现象描述：某集气站火炬分液罐旁固定式硫化氢探头报警(0~3ppm)，但经多次验漏现场未发现漏点。

原因分析：值班人员发现现场正在加注的溶硫剂泵电缆搭接在固定式硫化氢探测器上，电流波动导致误报警。

解决措施：将该电缆线挪开之后，探头恢复正常。

2）固定式硫化氢探头大面积误报警

现象描述：某集气站出现 H_2S 探头大面积报警（覆盖井口、加热炉区、火炬分液罐区及收发球筒区），数值跳变且频率一致。对站场管道设备密封点进行检查，未发现漏点。

原因分析：部分探头故障引发连锁误报。

解决措施：报警的探头均由 SIS2 机柜供电，对 SIS2 机柜每个探头采用逐个断电判断法，将发电机橇块感温探头供电线拆除后各探头均正常。

3）可燃气体探测器误报警

现象描述：某集气站计量分离器可燃气体探头持续亮红灯报警，反复标定无效。

原因分析：在拆卸更换过程中发现，小昆虫钻入探测器进气口，使线路板出现问题导致误报警。

解决措施：取出小昆虫后探头恢复正常。夏天需加装防虫罩，避免昆虫侵入造成误报警。

10.2.3　SCADA 常见故障

普光气田采用数据采集与监视控制系统（Supervisory Control And Data Acquisition，SCADA），主要功能为：一是实现正常生产情况下的实时监控参数、远程切换工艺流程，达到沿线各站场有人值守、无人操作的运行管理水平；二是实现异常情况下及时定位事故点，通过预先设定的联锁关断逻辑控制 H_2S 逸散，降低事故危害。日常生产中，SCADA 系统常见故障主要集中于异常关断及执行故障等。

1）断电导致 ESD－1 异常关断

现象描述：值班人员发现 SCADA 系统和 CCTV 电脑突然断电，手操台旁路和超驰指示灯同时熄灭，站控室照明灯随之熄灭，随即听到地面安全阀关断及 BDV 打开的声音，同时发现火炬火焰突然增大，伴随淡蓝色火焰，推测集气站发生 ESD－1 关断。

原因分析：紧急命令线松动导致 UPS 停机，引发 SIS 系统停止工作，造成市电停电。

解决措施：将 UPS 主机上紧急停机信号线短接，恢复 UPS 供电，SCADA 系统和 CCTV 电脑恢复正常运行。

2）PCS 系统通信模块故障

现象描述：某集气站通过站控系统和现场操作均无法启动火炬分液罐罐底泵。

原因分析：卡件上的看门狗指示灯显示红色，该卡件内部程序陷入死循环，导致其控制的设备无法正常动作。

解决措施：现场做好屏蔽措施后，打开该通信模块盖子，断电后重新上电，通信恢复正常，现场设备可通过 SCADA 系统操作界面正常操作。

3）接线松动导致 ESD－1 级关断

现象描述：在无任何人员操作的前提下，站控室手操台上 ESD－1 级指示灯突然闪烁，站场出现一级关断。

原因分析：ASB－04501 组线进 DI 卡件的端子上存在虚接，触发此次关断。

解决措施：紧固端子后系统恢复正常。

4)XV阀命令执行故障

现象描述：某井XV阀轮换命令相反，人机界面操作时出现交叉动作现象。

原因分析：现场生产分支管与计量分支管接线接反。

解决措施：将现场两XV阀的命令线与状态线交换，在上位机数据库中修改两XV阀的扫描地址；进入组态软件交换数据库里两XV阀的PV source address中的location及描述，重新下载数据库。经过反复试验，两XV阀开关命令及状态反馈均正常。

5)集气站上位机市电总电源状态故障

现象描述：某区域按计划停电期间，某集气站市电总电源状态显示“绿色”，而其他停电集气站显示“红色”，存在差异。

原因分析：SCADA系统上位机总电源状态未及时刷新；总电源状态信号线机柜侧接线错误，导致持续输出常闭信号；总电源状态继电器故障，造成持续输出常闭信号；总电源状态继电器电源侧接线位置错误，引发持续输出常闭信号。

解决措施：将继电器电源更改为从双电源转换装置市电输入侧取电(在W型控制器市电输入端并接取电)，作为电源检测点。

6)SCADA系统AI程序对比失败导致站场保压关断

现象描述：某集气站井口压力、外输压力上位机显示降至0MPa，导致该集气站发生站场保压关断，地面安全阀关闭，外输ESDV关闭。

原因分析：SCADA系统AI程序比对失败，导致井口、外输压力输出为0。

解决措施：立即将手操台及人机界面复位，对井口、外输压力实施高/低超驰；现场关闭井口11#阀门和笼套阀门，确认站内流程畅通；在井口控制柜手动复位地面安全阀，随后将外输ESDV复位开启；复位比对模块程序后系统恢复正常，报调度室安排正常开井。

10.3 腐蚀防护方面常见故障及处理

普光气田采用“腐蚀监测+腐蚀检测+智能检测”的综合监测技术和“抗硫管材+缓蚀剂+防腐涂层+阴极保护”联合防腐工艺。腐蚀监测系统主要包括腐蚀挂片、电阻探针、线性极化探针和电指纹；腐蚀检测技术主要包括超声测厚、相控阵C扫描等；集输防腐工艺技术主要包括材质优化本质安全保护技术、集输内防腐技术、复合外防腐技术、管道硫沉积腐蚀防治技术、工艺管道及压力容器装置停产保护技术、压力容器腐蚀缺陷修复技术和站场检维修腐蚀检测与评价技术。

10.3.1 腐蚀挂片变形、脱落

现象描述：自气田投产以来，腐蚀挂片频繁出现变形、脱落现象，且挂片弯曲与断裂无明显分布规律，各类型监测点均未出现弯曲情况。

原因分析：挂片受管道内高压、高流速高含硫天然气冲击；腐蚀挂片紧固装置松动；挂片支架强度不够。

解决措施：采用自行锁紧螺母固定腐蚀挂片；升级腐蚀挂片支架材质以加强强度。

10. 3. 2　电阻探针渗漏问题

现象描述：某站人机界面分酸分离器旁出现 H_2S 气体报警，浓度维持在 3 ~ 5ppm。现场验漏后确认某井加热炉进口电阻探针处存在渗漏。

原因分析：电阻探针安装时受力不均，导致密封不严。

解决措施：将断裂探针取出并更换新探针，完成充压验漏测试，检查腐蚀监测机柜数据。开井过程中缓慢升压，避免电阻探针和腐蚀挂片因受气流巨大冲击而损坏。定期对电阻探针和腐蚀挂片进行检查，及时排除潜在故障。

10. 3. 3　腐蚀探针密封接口存在渗漏

现象描述：某站在上位机发现井口分离器橇块 H_2S 探头闪报，显示 7ppm，验漏发现加热炉进口管线腐蚀探针密封接口渗漏。

原因分析：加热炉进口管线腐蚀探针密封接口受温度变化影响，热胀冷缩导致渗漏。

解决措施：关井放空后更换加热炉进口腐蚀探针，开井后验漏确认无漏点，对该部位实施加密验漏监测。

10. 3. 4　阴保系统数据传输故障

现象描述：阴极保护电位数据传输系统将各智能测试桩的电位数据转换为模拟电流信号传至阀室 RTU、站场 SCADA 系统及中控室上位机，在阀室 RTU 部分显示数据与实际数据不符。

原因分析：阴保测试桩的参比输入电压经直流电压传感器转化为 4 ~ 20mA 远传信号，测试桩内起信号转换作用的直流电压传感器故障，出现信号失真，个别测试桩存在接线板电缆头虚接或个别模块损坏的情况，造成 RTU 显示数据与实际数据不符。

解决措施：更换测试桩线路板整体或重要元件，并重新紧固所有电缆接头。

思考与练习

1. 结合您目前的工作岗位，列举现场出现的生产异常问题。

2. 集气站工艺流程中，XV 阀无法远程操作，请判断故障原因并简述排查方法。

3. 加热炉流量计人机界面无流量数据显示，请判断故障原因并简述排查方法。

4. 集气站场冬季生产过程中，紧急放空阀测试时无法正常起跳，请分析故障原因并提出解决方法。

5. 普光气田目前在用的 ESDV 阀有哪几种，并说明各自操作要领。

附录　专有名词缩写对照一览表

缩写	全称及说明
A/O	缺氧－好氧活性污泥法
BAF	曝气生物滤池(Biofilter)
BOD_5	五日生化需氧量，反映水中有机物生物降解耗氧量
COD_{Cr}	化学需氧量，用重铬酸钾法氧化污染物耗氧量，表征有机物含量
CPU	中央处理单元(Central Processing Unit)
DTRO	碟管式反渗透膜(Disc Tube Reverse Osmosis)
ESD	紧急停车系统(Emergency Stop Device)
FGS	火气检测系统(Fire and Gas System)
HMI	人机界面(Human Machine Interface)
MBR	膜生物反应器(Membrane Bio Reactor)
MVR	机械压缩蒸发(Mechanical Vapor Recompression)
ORP	氧化还原电位(Oxidation－Reduction Potential)
PA/GA	站场广播对讲系统(Public Address/General Alarm)
PCS	过程控制系统(Process Control System)
PKS	上位机系统(Process Knowledge System)
PLC	可编程逻辑控制器(Programme Logic Controller)
RO	反渗透膜(Reverse Osmosis)
RTU	远程终端单元(Remote Terminal Unit)
SCADA	数据采集与监视控制系统(Supervisory Control And Data Acquisition)
SIS	安全仪表系统(Safety Instrumented System)
SV30	污泥沉降比(30min 沉降后污泥体积占比)
UPVC	硬脂聚氯乙烯(Unplasticized Polyvinyl Chloride)
VOCs	挥发性有机物(Volatile Organic Compounds)

后 记

能源安全和粮食安全是国家的生命线，习近平总书记强调能源的饭碗和中国的饭碗都必须牢牢端在自己手里。高含硫气田是保障能源安全、助力粮食安全的重要力量，在我国拥有近4万亿立方米的资源量，安全高效开发该类资源意义重大。普光气田是我国首个成功开发并安全平稳运行至今的特大型海相高含硫气田，先后建立了我国高含硫气田开发技术体系和人才高地，引领我国高含硫气田安全高效开发，带动我国涉硫装备及材料技术进步，使我国成为世界上少数几个掌握高含硫气田开发核心技术的国家之一和世界唯一具备高含硫气田开发装备全产业链的国家。

天然气集输是天然气工业生产中的关键环节，是实现天然气从井口到终端用户的重要途径，是涉及多个学科领域的复杂工程。为更好地支持我国高含硫气田安全高效开发和现场岗位实践，在前期编著的《高含硫气田输气工》《高含硫气田注水泵工》等教材基础上，结合近些年技术发展和经验更新编修了《天然气集输》，这既是编著的最终成果，也是普光气田开发建设的重要成果之一。

本书是一本集理论和实操于一体的培训教材，通过对采气工艺和井控技术的深入研究和系统梳理，并紧密结合普光气田生产现场实际编写，能够科学有效指导职工岗位实践，提升培训的实用性和针对性，促进职工素质能力提升，对保障气田安全高效开发具有重要作用。

在编写过程中，吴红旗、杭广社、杨大静、马志建全程统筹协调，确保编写工作高质量推进。古小红凭借多年积累的丰富理论知识和实践经验，带领编写组查阅了大量的文献资料、研究报告以及现场实践案例，每一个章节、每一个段落的撰写都经过了反复的斟酌和思考，力求将高含硫天然气集输技术最准确、最实用的知识呈现给读者，让读者更好地理解和掌握这项重要的专业技术。张庆生、李中超、曹英斌、朱德华、尹琦岭、商剑峰、彭鑫岭等专家给予了重要的指导和宝贵的支持与帮助，他们的建议和意见使本书的内容更加丰富、科学、全面。

衷心感谢所有参与本教材编写审核工作的同事和专家，还要感谢那些在百忙之中抽出时间为本教材提供案例和数据的一线工作人员，他们的付出让本书更具有实践指导意义。特别向在高含硫气田勘探开发领域做出重要贡献的工作者致以崇高的敬意。在气田开发初期，他们以筚路蓝缕、艰苦奋斗、不懈探索的精神，攻克一个个难题。他们的经验和智慧是本教材的重要理论和实践基础，他们崇高的科学家精神和石油人精神激励着我们不断前行，也让我们更加坚定将这些宝贵知识世代相传的决心。

对于广大读者，希望这本教材能成为你们学习天然气集输工艺技术的“良师益友”。无论是从事天然气集输的专业人员，还是对天然气集输感兴趣的读者，都能从本书中获得有益的知识和启发。当然，由于我们的水平有限，书中难免会存在一些不足之处，欢迎大家批评指正，我们将不胜感激。

天然气集输工艺技术的发展是一个不断演进的过程，相信随着科技的不断进步和实践经验的不断积累，这门技术将会不断完善和提升。希望本教材能够为天然气集输工艺技术的发展起到一定的推动作用，也希望更多的人能够关注和参与到这一领域的研究和实践中来，为我国的天然气产业的发展做出更大的贡献。

最后，要感谢出版社的编辑们，是他们的专业素养和辛勤工作让本教材得以顺利出版。他们对书稿的精心编辑和排版，使本教材的质量得到了极大的提升。

本书编写组